"十二五"普通高等教育本科国家级规划教材

高等学校计算机基础教育规划教材

程序设计基础

——从问题到程序（第3版）

王红梅 编著

清华大学出版社
北京

内 容 简 介

本书以 C 语言为工具，以程序设计过程为主线，结合实际问题，基于计算思维，通过“问题→想法→算法→程序”的问题求解过程，带领读者分析问题、构造算法、设计程序，在潜移默化中掌握程序设计语言的基本知识，掌握用计算机求解问题的一般过程和基本方法，提高计算思维能力以及应用程序设计语言解决实际问题的能力。

本书适用于程序设计的初学者，主要面向没有任何编程基础和编程经历的读者。本书遵循初学者的认知规律和知识基础，科学安排知识单元之间的拓扑关系，概念清晰，实例丰富，深入浅出，是程序设计初学者的理想教材。

图书在版编目（CIP）数据

程序设计基础：从问题到程序 / 王红梅编著. —3 版. —北京：清华大学出版社，2021.1（2024.9重印）
高等学校计算机基础教育规划教材
ISBN 978-7-302-56403-4

Ⅰ. ①程… Ⅱ. ①王… Ⅲ. ①C 语言－程序设计－高等学校－教材 Ⅳ. ①TP312.8

中国版本图书馆 CIP 数据核字（2020）第 170443 号

责任编辑：袁勤勇
封面设计：常雪影
责任校对：时翠兰
责任印制：杨　艳

出版发行：清华大学出版社
　　网　　址：https://www.tup.com.cn，https://www.wqxuetang.com
　　地　　址：北京清华大学学研大厦 A 座　　**邮　　编：**100084
　　社 总 机：010-83470000　　**邮　　购：**010-62786544
　　投稿与读者服务：010-62776969，c-service@tup.tsinghua.edu.cn
　　质 量 反 馈：010-62772015，zhiliang@tup.tsinghua.edu.cn
　　课 件 下 载：https://www.tup.com.cn，010-83470236
印 装 者：三河市天利华印刷装订有限公司
经　　销：全国新华书店
开　　本：185mm×260mm　　**印　　张：**18.5　　**字　　数：**496 千字
　　（附每课一练一本）
版　　次：2011 年 1 月第 1 版　2021 年 2 月第 3 版　　**印　　次：**2024 年 9 月第 8 次印刷
定　　价：59.90 元

产品编号：087986-03

前言

贯彻党的二十大精神，筑牢政治思想之魂。编者在对本书进行修订时牢牢把握这个根本原则。党的二十大报告提出，要坚持教育优先发展、科技自立自强、人才引领驱动，加快建设教育强国、科技强国、人才强国，坚持为党育人、为国育才，全面提高人才自主培养质量，着力造就拔尖创新人才，聚天下英才而用之。期望本书能够起到“培根铸魂，启智增慧”的作用。

在本书第 3 版修订之际，人类正在浩浩荡荡进入 5G 和人工智能时代，可以预见的是，未来 50 年人类生活将被重新塑造。在这个人工智能高速发展的时代，程序设计是每个人的基本技能，然而只会写代码是远远不够的，更重要的是在编程过程中建立计算思维。

程序设计是一个利用计算机求解问题的过程：首先需要分析问题，进行数据抽象，在形成求解问题的基本想法后，还要对求解方法进行算法抽象，然后通过编写和调试代码最终通过运行程序求解问题。这个过程正是计算思维的运用过程。

本书遵循初学者的认知规律和知识基础，以 C 语言为工具，以程序设计过程为主线，带领读者分析问题、构造算法、运用程序设计语言解决实际问题，在潜移默化中掌握程序设计的基本思想和一般方法，提高计算思维能力以及程序设计能力。本书在教学内容和教学设计等方面进行了如下处理。

（1）提炼程序设计基础的知识模块，根据 C 语言的特性构建知识单元之间的拓扑关系，如图 1 所示。本书自 2011 年出版以来，经过 9 年的教学实践和读者反馈，已被证明契合初学者的认知规律，因此，第 2 版和第 3 版均按照这样的拓扑结构逐渐展开各知识单元。

（2）针对 C 语言的结构不良性，根据知识单元的拓扑结构，规划了教材的三级目录。对于函数、指针、文件、程序的基本结构等具有一定难度的主题，采用增量的方式，先讲授基本内容，再讲授高级内容；对于数组、函数、指针等紧密耦合的知识单元，按照循序渐进的原则安排教学主线；对于 C 语言的低级特性，在最后一章单独介绍。

（3）强调语法和语义之间的关系，站在内存的角度讲语义。借鉴自然语言的学习方法，通过写语句理解基本语法，通过写程序学会使用语句。换言之，在讲授基本语法时只写有效代码（相当于学习语文的造句），避免无效代码的干扰和烦琐。

（4）任务驱动问题驱动，不断实践学以致用。每个知识单元由任务（引例）引出问题，带着问题学习理论知识，通过练习题巩固理论知识，通过程序实例展示知识的运用。以活页的形式提供了每课一练（作业），方便了教师留作业、学生交作业。

（5）按照“问题→想法→算法→程序”的模式进行程序设计。这个过程正是计算思维的运用过程，如图 2 所示。本书所有问题都用伪代码给出了算法描述，并且所有程序均在 Dev C++、Code::Blocks、Visual Studio C++等环境下调试通过。

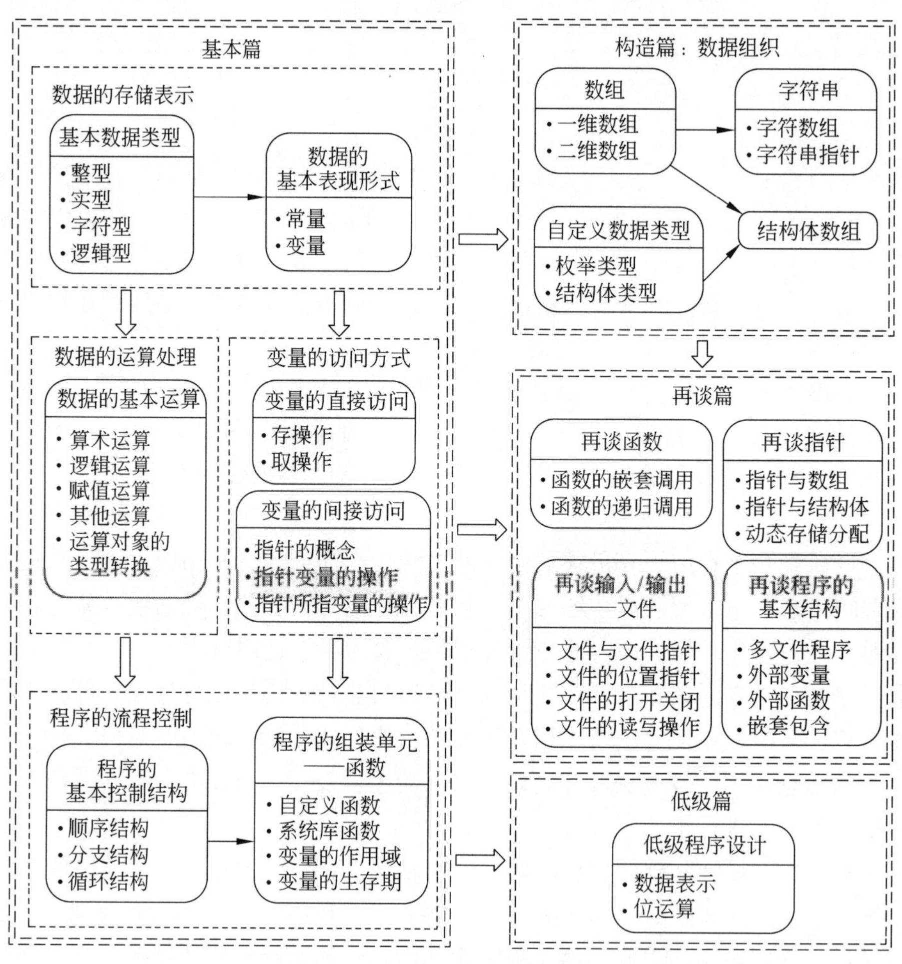

图 1　知识单元及其拓扑结构

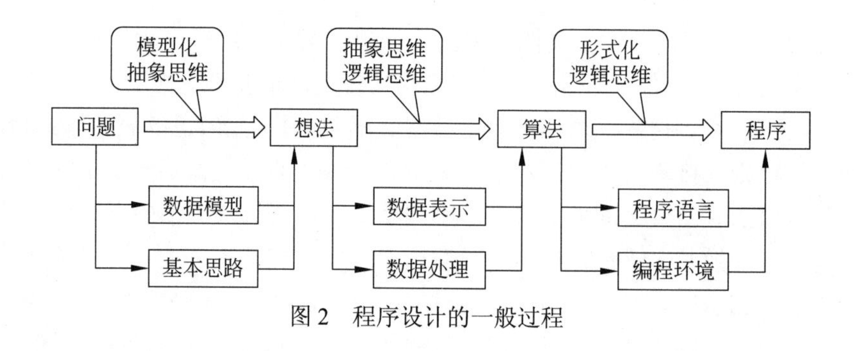

图 2　程序设计的一般过程

（6）提供了实验项目和数字教学资源。每章都设置了两类实验项目：一类是将教材中提供的程序设计实例上机实现，并进行延伸实验；另一类是需要学生独立完成的设计性实验。每章以二维码的形式给出了本章的课件、源代码和作业答案。

（7）将思政元素融入教学内容，传递正能量，增强责任感。随着教学内容的展开加入意志品德教育和工匠精神引导，讲好中国文化与中国故事，增强育人效果。

西南大学 2018 级计算机科学与技术专业王宇奇同学完成了本书的所有代码调试与校对，以及习题答案的整理工作。参加本书编写的还有姚庆安、孙旸、肖巍、潘超等老师，参加本书代码调试的还有 2017 级马子航，2018 级于政文、黄志鹏、常颖，2019 级刘阳等同学。由于作者的知识和写作水平有限，虽几经修改，仍难免有疏漏之处，欢迎同行专家和读者批评指正，以使本书在使用中不断改进、日臻完善。

作　者

2023 年 7 月

目 录

物有本末，事有终始。知所先后，则近道矣。

——《大学》

第1章 绪论

所有程序设计语言的最终目的都是编写程序控制计算机完成特定的工作任务，因此，各种各样的程序设计语言具有共同的知识基础：数据表示、运算处理、流程控制、数据传递等，无论选择哪种程序设计语言，编写什么程序，都会用到这些知识基础。只要理解了程序设计的基本思想，掌握了程序设计语言的基本规则，就能够触类旁通、举一反三。本书选择 C 语言作为工具来讲授程序设计的基本思想和一般方法，由于篇幅所限，本书仅讨论结构化程序设计。

1.1 程序、程序设计与程序设计语言

计算机是一个大容量、可以高速运转，但是没有思维的机器，计算机看起来聪明是因为它能够精确、快速地执行基本的算术运算和逻辑运算。用计算机求解问题，必须使用计算机能够识别的语言告诉计算机需要做哪些事，按什么步骤去做，计算机才会执行这些指令，为人们解决特定的实际问题。

1.1.1 程序设计的基本概念

广义地讲，程序是事情进行的先后次序，是对一系列动作的执行过程的描述，例如商标注册程序、助学贷款申请程序等。**计算机程序**（简称程序）是对计算机求解某一问题的工作步骤的描述，计算机通过执行程序为人们解决特定的计算问题。当今社会，很难想象还有哪些领域与计算机无关——航空铁路售票、音频视频播放、淘宝京东购物、百度地图导航等，这些与人们生活密切相关的应用，都是由计算机执行程序实现的。

如何描述计算机的工作步骤呢？计算机不能理解和执行人类的自然语言，因此，需要一种能够准确表达问题的求解步骤，同时还能够被计算机识别的符号语言。即使计算

机能够理解和执行人类的自然语言，人类语言也不适合描述复杂问题的求解步骤，这是因为人类语言具有一定程度的模糊性，这种模糊性使得语言可能产生歧义。**程序设计语言**是为了方便描述计算过程而人为设计的符号语言，是人与计算机之间进行信息交流的语言工具。相比人类语言，程序设计语言更简单、更精确，同时具有严格的语法、严谨的逻辑和巧妙的结构，能够清楚地描述解决问题的方法和步骤，是人类历史的一个伟大创举。如同人类文明有了语言和文字以后才有了蓬勃的发展，计算机配备了程序设计语言以后，才能够编写程序，才有了多姿多彩的生命。

★仓颉造字。仓颉，轩辕黄帝史官，相传他根据野兽的脚印研究出了汉字，并把流传于先民中的文字加以搜集、整理和使用，在创造汉字的过程中起到了重要作用。汉字经历了如下演变过程：甲骨文（商）→金文（周）→小篆（秦）→隶书（汉）→楷书（魏晋）→行书（魏晋）→草书（唐宋）。

程序设计是以某种程序设计语言为工具，编写能在计算机上运行的程序。程序设计过程应当包括分析、设计、编码、测试、排错等阶段，专业的程序设计人员称为**程序员**。需要强调的是，程序设计不仅仅是编写程序，而是从要解决的问题开始，进行问题分析，设计好解决方案后，才能够编写出正确的程序，最后还要在计算机上运行程序才能获得问题的解。

1.1.2　程序设计语言的发展

作为计算机学科的关键技术，程序设计语言一直经历着改进和变化[1]，其根本的推动力是对抽象机制的更高要求，以及对程序设计思想的更好支持。换言之，就是使程序设计语言能够更准确地模仿人类思考问题的形式，更贴近人类的思维。

1. 机器语言

在第一台电子计算机诞生后便产生了机器语言。**机器指令**（简称指令）是用二进制表示的、计算机可以直接识别和执行的命令。一条指令只能完成一个最基本的动作，如一次加法或一次移位，但一系列指令的组合却能够完成各种复杂的功能，这也是计算机的奇妙和强大功能所在。

★声不过五，五声之变，不可胜听也；色不过五，五色之变，不可胜观也；味不过五，五味之变，不可胜尝也。——《孙子兵法》

机器语言是面向计算机的编程语言，一台计算机硬件系统能够识别的所有指令的集合称为计算机的**指令系统**。显然，不同计算机的指令系统包含的指令种类和数目不同，

1　程序设计语言排行榜：在程序设计语言流行度的评估方面，TIOBE 一直是最为权威的机构之一。TIOBE 每个月发布前 100 位程序设计语言的份额，并进行跨年度同期比较，数据取样来源于互联网上富有经验的程序员、商业应用、著名搜索引擎的关键字排名、Alexa 网站上的排名等。

图 1.1 是一个机器语言程序示例。用机器语言编写程序相当烦琐，程序生产率很低，质量难以保证，并且程序不能通用。

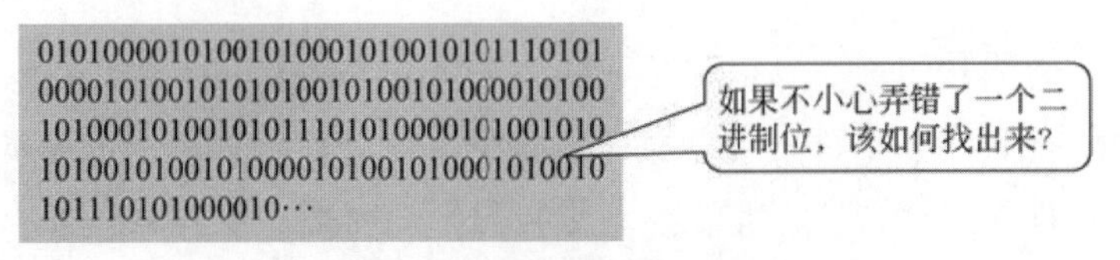

图 1.1　机器语言程序示例

2. 汇编语言

20 世纪 50 年代初出现了汇编语言，它使用助记符表示每条机器指令，例如 MOV 表示传送数据，ADD 表示加，SHL 表示将数据左移，还可以使用十进制数或十六进制数，图 1.2 是一个汇编语言程序示例。相对于机器语言，汇编语言简化了程序编写，而且不容易出错。显然，汇编程序与硬件密切相关，因此程序也不能通用。

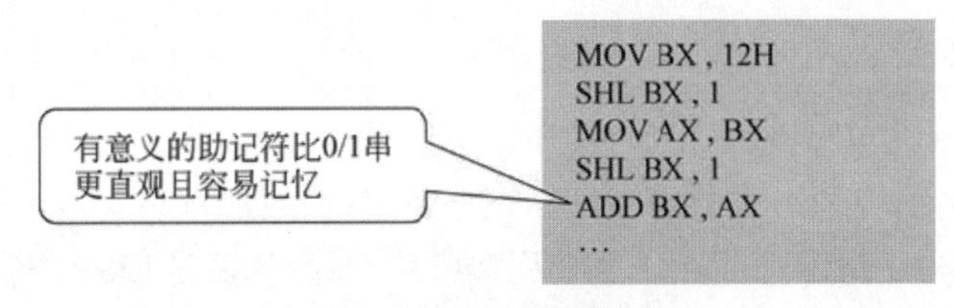

图 1.2　汇编语言程序示例

由于最终在计算机上执行的都是机器指令，因此，需要用一种翻译程序把汇编程序翻译成等价的机器指令，如图 1.3 所示。

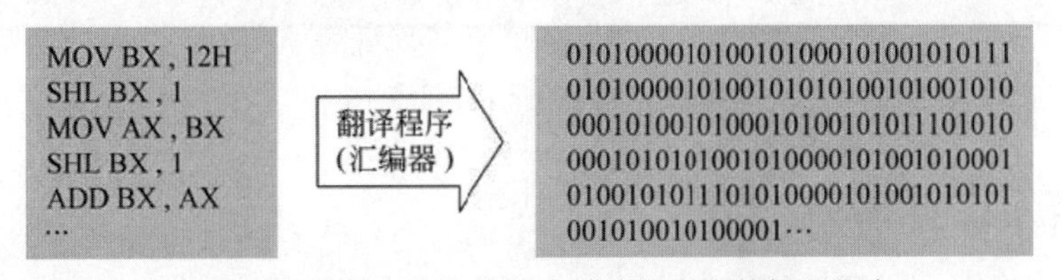

图 1.3　翻译程序将汇编程序转换成对应的机器指令

3. 高级语言

高级程序设计语言（简称**高级语言**，相应地，机器语言和汇编语言称为**低级语言**，低级意味着程序员要从机器的层面考虑问题）的指令形式类似于自然语言和数学语言，不仅容易学习，方便编程，也提高了程序的可读性。图 1.4 是一个高级语言（C 语言）程序示例。20 世纪 50 年代中期出现了第一个高级语言 FORTRAN，后来又相继出现了 COBOL、ALGOL、BASIC、C/C++、Java、C#、Python 等。目前，高级语言已形成一个

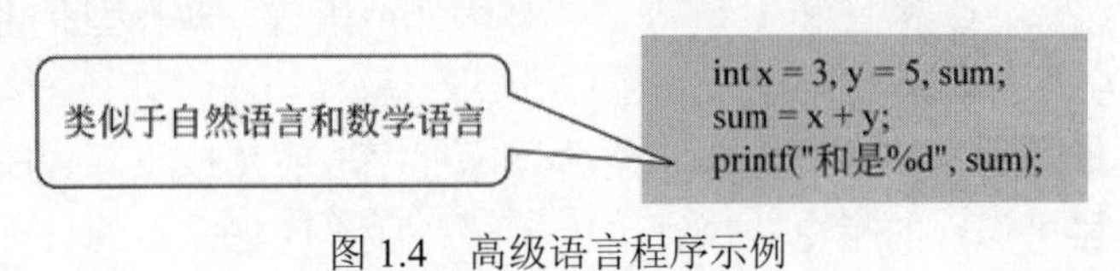

图 1.4　高级语言程序示例

庞大的家族，包括结构化程序设计语言、面向对象程序设计语言、可视化程序设计语言、网络程序设计语言等。

4. 非过程式语言

20 世纪 70 年代末到 80 年代初，随着数据库技术和微型计算机的发展，出现了面向问题的非过程式程序设计语言。非过程式语言只需要考虑“做什么”而不必考虑“如何做”，不涉及太多的算法细节，从而大幅提高软件生产率。使用最广泛的非过程式语言是结构化查询语言（Structured Query Language，SQL 语言），如 Oracle、DB2、Sybase、Informix 等数据库都可以使用 SQL 语言进行程序设计。图 1.5 是一个 SQL 语言程序示例。

图 1.5　SQL 语言程序示例

5. 知识型语言

20 世纪 80 年代中期，随着人工智能的研究和应用，为了适应现代计算机知识化、智能化的发展趋势，出现了知识型语言。知识型语言力求摆脱传统程序设计语言的状态转换语义模式，而是利用知识进行推理。知识型语言的典型代表是 LISP 语言和 Prolog 语言，图 1.6 是一个 Prolog 语言程序示例。

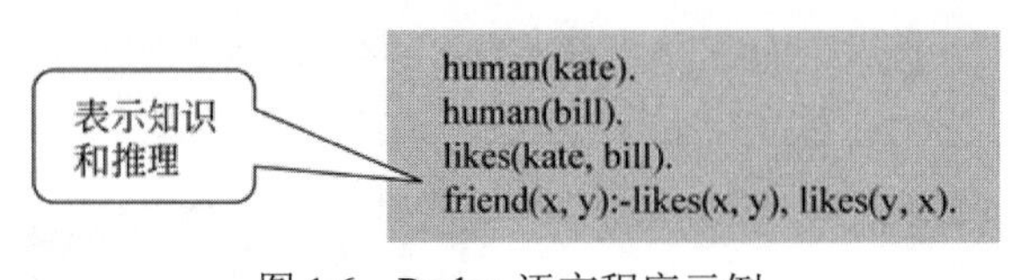

图 1.6　Prolog 语言程序示例

1.1.3　程序设计语言的分类

计算机只能识别和执行二进制的机器指令，高级语言编写的程序不能直接在计算机上执行，因此必须将高级语言编写的程序（称为源程序）转换为在逻辑上等价的机器指令（称为目标程序），这种转换程序称为**翻译程序**。按照计算机执行程序的过程，可以将程序设计语言分为两类：编译型和解释型。

编译型是先由编译程序（也称编译器）把源程序翻译成目标程序，然后再由计算机独立执行这个目标程序，如图 1.7 所示。编译是一个整体理解和翻译的过程，由于编译后形成了可执行的目标代码，所以，目标程序可以脱离其语言环境独立执行，但对源程序修改后需要重新编译。C 语言和 C++语言都是编译型语言。**解释型**是由解释程序（也称解释器）将源程序逐条翻译并执行，如图 1.8 所示。解释一般是翻译一句执行一句，在翻译过程中，并不把源程序翻译成一个完整的目标程序，而是按照源程序中语句的顺序逐条语句翻译成机器可识别的指令并执行。由于解释后不产生完整的目标代码，所以，源程序的执行不能脱离其解释环境，并且每次运行都需要重新解释。早期的 BASIC 语言和近年来流行的 Java、Python 语言都具有逐条解释执行程序的功能。

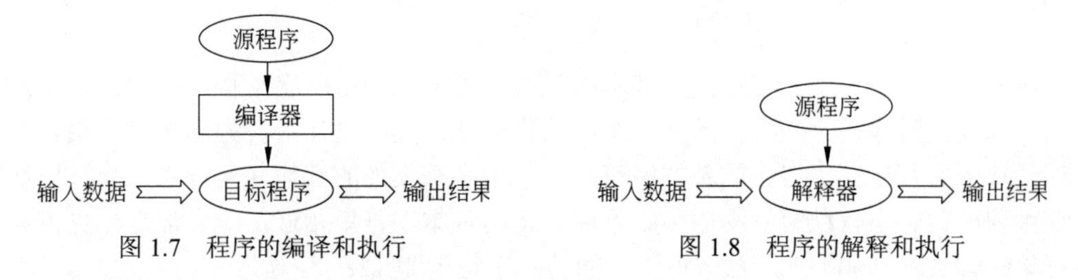

图 1.7 程序的编译和执行　　图 1.8 程序的解释和执行

编译和解释的区别在于，编译是一次性翻译，一旦源程序被编译，不再需要编译器和源程序；解释则在每次运行程序时都需要解释器和源程序。编译过程只执行一次，所以编译的速度并不是关键，而且生成的目标程序通常具有较快的执行效率；而解释是逐条执行源程序，没有进行代码的整体优化，因此执行效率略低，但支持跨平台，可移植性较好。

1.2 程序的基本构成

程序设计语言的根本目标在于使人类能够以熟悉的方式编写程序，因此，程序设计语言与自然语言之间存在很多相似之处。自然语言的一篇文章由段落、句子、单词和字母组成，类似地，程序设计语言的一个程序由模块、语句、单词和基本字符组成。例如，C 程序由一个或多个函数组成，函数由若干条语句构成，语句由单词构成，单词由基本符号构成。C 程序的基本构成如图 1.9 所示。

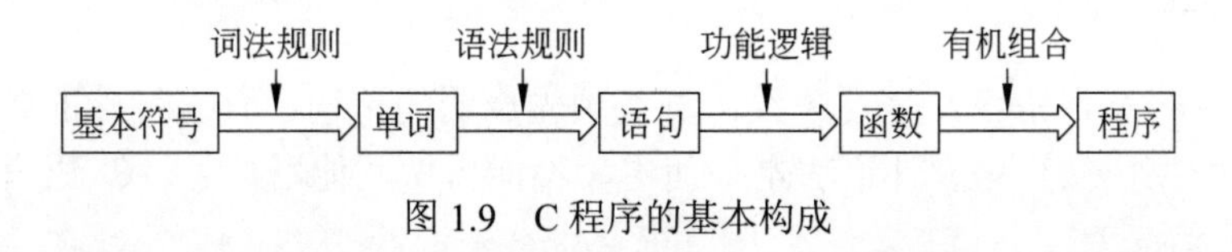

图 1.9 C 程序的基本构成

写文章首先语法要通，即要符合语言所规定的语法规则。但是语法通了并不意味着文章就符合要求了，有可能存在语义问题，如词不达意、文不对题等。类似地，程序设计语言由语法和语义两方面定义，其中，语法包括词法规则和语法规则：**词法规则**规定了如何由语言的基本符号构成词法单位（也称单词），**语法规则**规定了如何由单词构成语法单位（例如表达式、语句等）；**语义规则**规定了各语法单位的具体含义。需要强调的是，程序设计的前提是掌握程序设计语言的基本规则，更重要的是在程序设计实践中逐步培养运用程序设计语言解决实际问题的能力。

★“纸上得来终觉浅，绝知此事要躬行”，出自陆游的一首教子诗《冬夜读书示子聿》（子聿（yù）：陆游的小儿子）。全诗如下：古人学问无遗力，少壮工夫老始成。纸上得来终觉浅，绝知此事要躬行。

1.2.1 基本字符集

在程序设计语言中，字符是最基本的元素，将一些特定的字符按照一定的语法进行排列就构成了程序，这些特定的字符组成的集合就是程序设计语言的**基本字符集**。每种程序设计语言都定义了自己的基本字符集，基本字符集外的其他任何符号不允许出现在用这种程序设计语言编写的程序中。不同语言的基本字符集相近，一般都是计算机系统字符集（如 ASCII 码）的子集。C 语言的基本字符集[1]包括：

（1）英文字母：包括大写英文字母 A～Z 和小写英文字母 a～z；

（2）数字：包括数字 0～9；

（3）空白符：包括空格符、回车符、制表符；

（4）特殊字符：包括 29 个特殊字符，如表 1.1 所示。

表 1.1　C 语言基本字符集中的特殊字符

+	−	*	/	^	=	(	)	{	}
[	]	<	>	;	:	|	\	!	#
%	&	'	"	,	.	?	~	_	

1.2.2 词法单位

程序设计语言的词法单位也称为**单词**，由基本字符集中的字符根据词法规则组合而成。C 语言的单词有关键字、标识符、运算符和分隔符等。

1. 关键字

关键字（也称保留字）是程序设计语言预先声明的单词，具有特殊的含义和用途。换言之，关键字已被程序设计语言本身使用，不能再做其他用途了。C 语言的常用关键字如表 1.2 所示。

表 1.2　C 语言的常用关键字

auto	break	case	char	const	continue	default	do	double	else
enum	extern	float	for	goto	if	int	long	register	return
short	signed	static	struct	switch	typedef	union	unsigned	void	while

2. 标识符

标识符是编程人员声明的单词，用来表示各种程序对象（变量、类型、函数、文件

1　C 程序中所有的字符（包括特殊字符）都是英文符号，换言之，除了注释和提示信息，C 程序的所有字符都是在英文状态下输入的。

等）的名字。不同的程序设计语言对于标识符的构成遵循不同的规则，C 语言中标识符的构成规则如下：

（1）以字母（大写或小写）或下画线“_”开始；

（2）由字母（大写或小写）、下画线“_”或数字（0～9）组成；

（3）大写字母和小写字母代表不同的标识符[1]。

标识符虽然可以由编程人员根据词法规则随意命名，但标识符是用于标识某个程序对象的名字，为了便于阅读和理解，标识符命名应尽量体现相应的含义。例如，在读程序时，看到一个名为 max 的变量就可以猜到这个变量大概表示一个最大的数，而同样的含义用名为 x 的变量来表示，在读程序时就很难理解这个变量的含义。

3. 运算符

运算符就是表示运算的符号。在不同的程序设计语言中，运算符的种类、数量、表示符号和求值方向一般有所不同。C 语言提供了 50 多个运算符，包括算术运算符+、–、*、/和%分别表示加、减、乘、除和求余运算；关系运算符<、<=、>、>=、==和!=分别表示小于、小于或等于、大于、大于或等于、等于和不等运算；逻辑运算符&&、||和!分别表示与、或和非运算。

4. 分隔符

分隔符用于分隔单词或程序文本。在不同的程序设计语言中，分隔符的表示符号和含义一般有所不同，C 语言的分隔符如表 1.3 所示。空格是程序设计语言最常用的分隔符，C 语言规定在任何标识符、关键字和字面常量组成的两个相邻标识符之间至少有一个空格，否则将会被识别为一个单词。

表 1.3　C 语言的分隔符

(	)	{	}	[	]	;	:	,	"	'	#	\

练习题 1-1　以下都是错误的 C 语言标识符，请指出错误原因。

（1）6num　（2）ok?　（3）int　（4）max~Sum　（5）#count

练习题 1-2　在 C 程序中，变量名可以是汉字吗？为什么？

练习题 1-3　在语句“int x = Add(x, y);”中出现了哪些 C 语言的分隔符？

1.2.3　语法单位

程序设计语言的语法单位是由单词根据语法规则构成的，C 语言的语法单位有表达式、语句和函数等。

1　有些语言区分大小写，即大写字母和小写字母代表不同的标识符，则 student、Student、STUDENT 代表不同的标识符；有些语言不区分大小写，则 student、Student、STUDENT 代表同一个标识符。

1. 表达式

表达式由运算符和运算对象（也称操作数）组成，表示对运算对象进行相应的运算处理。C 语言有多种表达式，如算术表达式、关系表达式、逻辑表达式、赋值表达式、条件表达式和逗号表达式等。

练习题 1-4 请写出下列数学表达式对应的 C 语言表达式：

（1）2x+3y　（2）x^2+5x+1　（3）3<x<9

2. 语句

语句用来向计算机系统发出操作指令，计算机通过执行一系列语句来实现问题求解。类似于自然语言中的一句话，语句与行的长短无关，有些语句比较长可以写在两行或更多行，但仍是一条语句，如果相邻语句都比较短，也可以将多条语句写在同一行。因此，需要采取某种办法标识语句的结束。C 语言规定每条语句都以分号结尾，如图 1.10 所示。

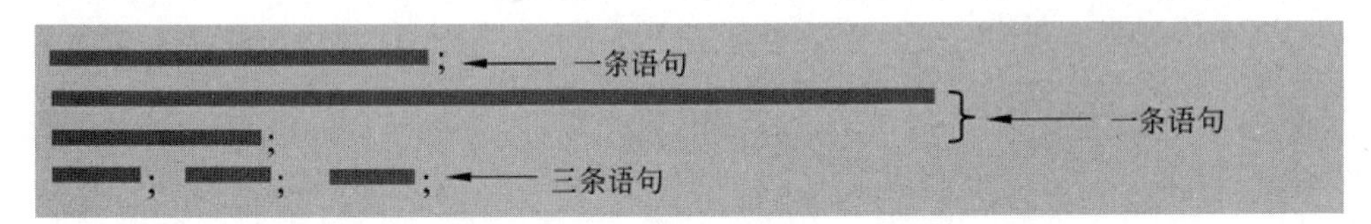

图 1.10　C 语句示例

3. 函数

为了使程序的逻辑清晰，通常将一个复杂的问题分解为多个子问题，每个子问题完成一项基本功能，求解子问题的语句序列构成**模块**。模块是能够完成某种功能并可重复执行的一段程序，这段程序只需编码一次，在需要执行这种功能时，调用这段代码即可，如图 1.11 所示。对于不同的程序设计语言，模块的实现机制不同，C 语言用**函数**实现模块。C 语言的函数分为两大类：一类是编译系统提供的函数，称为**库函数**；另一类是编程人员编写的函数，称为**自定义函数**。

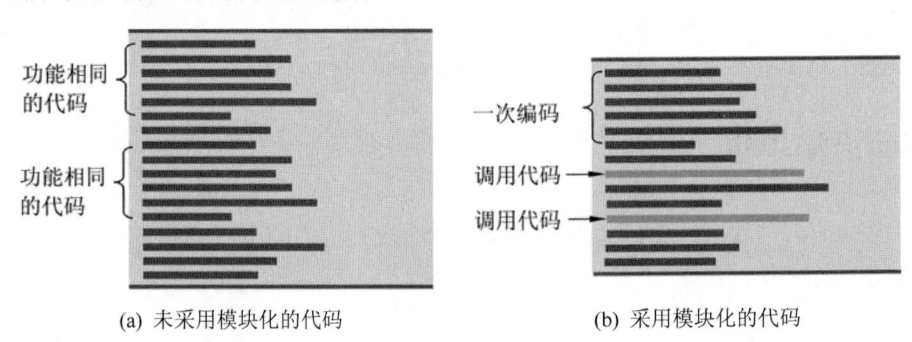

(a) 未采用模块化的代码　　(b) 采用模块化的代码

图 1.11　模块化思想示意图

1.3 初识 C 程序

1.3.1 C 程序示例

一个程序可以非常简单也可以特别复杂，这取决于程序所要实现的功能和具体的程序设计语言。下面请看两个简单的 C 程序。

例 1.1 显示文字“Hello World!”[1]。程序如下：

```
#include <stdio.h>                              /*预处理指令*/
                                                /*空行*/
int main( )                                     /*主函数*/
{
   printf("Hello World!\n");                    /*输出语句*/
   return 0;                                    /*返回状态码*/
}
```

例 1.2 计算 $x+y$ 的值。程序如下：

```
#include <stdio.h>                              /*预处理指令*/
                                                /*空行*/
int main( )                                     /*主函数*/
{
   int x, y, z;                                 /*变量定义*/
   printf("请输入两个整数: ");                    /*输出提示信息*/
   scanf("%d%d", &x, &y);                       /*输入数据*/
   z = x + y;                                   /*算术运算*/
   printf("这两个整数的和是%d\n", z);             /*输出结果*/
   return 0;                                    /*返回状态码*/
}
```

练习题 1-5 在例 1.1 和例 1.2 的程序中，哪些是关键字？哪些是标识符？哪些是分隔符？有几条语句？有什么表达式？有什么函数？

1.3.2 简单 C 程序的典型结构

观察例 1.1 和例 1.2，对 C 程序作如下总结：

---

1 1978 年 Brian Kernighan 的经典著作 *The C Programming Language* 中将显示“Hello World”作为开篇第一个程序，这段简短的代码逐渐演变成了具有特殊象征意义的里程碑，很多编程语言都用这个简短的程序作为第一个编写的程序。

1. 程序的结构

任何一种程序设计语言对于程序的结构都有具体的规定，例 1.1 和例 1.2 是两个简单的 C 程序，具有简单 C 程序的典型结构，如图 1.12 所示。

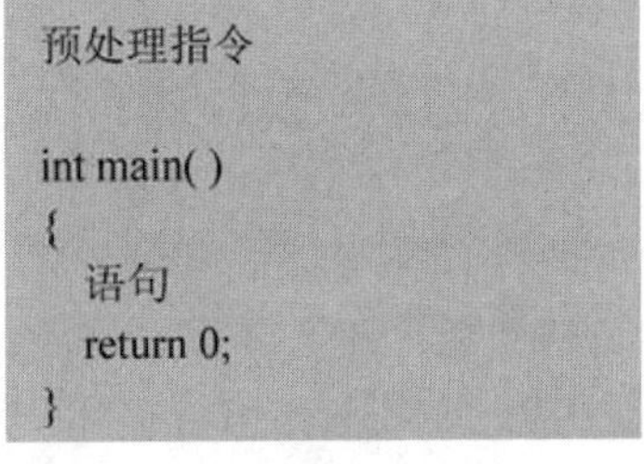

图 1.12　简单 C 程序的典型结构

2. 预处理指令

以“#”开头的命令称为**预处理指令**，所谓预处理是将源程序翻译成机器指令之前，对程序进行的某些编辑处理，如滤掉注释、文件包含等。预处理指令#include 将某个库文件包含到程序中，包含了库文件就可以直接调用该文件中的所有库函数。例如，库函数 scanf 和 printf 组织在库文件 stdio.h 中，在使用库函数 scanf 或 printf 之前，必须使用#include 将 stdio.h 包含进来[1]。需要强调的是，预处理指令不是 C 语句，因此末尾没有分号。

3. main 函数

一个 C 程序有且只能有一个 main 函数，称为**主函数**。不论 main 函数在整个程序中的位置如何，C 程序总是从 main 函数开始执行，直至程序执行结束。通常将 main 函数的返回值类型声明为 int 型，并在 main 函数执行结束时返回 0，表示程序正常终止[2]。

4. 注释语句

注释不是程序的可执行语句，是对程序的注解和说明。C 语言提供了两种注释方法。

① **块注释**：用“/*”和“*/”括起来，即位于符号“/*”和“*/”之间的所有字符均为注释内容。

② **行注释**：用“//”作为行注释的开始，即从符号“//”开始至本行的结尾均为注释内容。

块注释比较灵活，可以单独占一行，可以占用多行，也可以和其他程序文本出现在同一行。由于在对程序进行预处理时会滤掉“/*”和“*/”之间的所有内容，因此块注释不可以嵌套，否则会产生语法错误。例如，对于如下语句：

```
printf("Hello World!\n");          /*输出语句
return 0;                          /*返回*/状态码*/
```

预处理会将第一个“/*”和第一个“*/”之间的所有字符都当作是注释，则滤掉注释之后的语句如下：

1　几乎所有 C 程序都涉及输入/输出操作，都会使用库函数 scanf 或 printf，因此第一条预处理指令几乎都是#include <stdio.h>。

2　main 函数由操作系统调用，并且在执行结束时返回一个状态码，操作系统在程序终止时可以检测到这个状态码。

```
printf("Hello World!\n");      状态码*/
```

1.3.3 C 程序的输入/输出

程序的主要任务是对数据进行处理，数据处理一定会涉及数据的来源问题，处理结束后要输出处理结果。C 语言通过调用库函数实现数据的输入与输出操作，最常用的输入/输出函数是 scanf 和 printf。

printf 函数用于向标准输出设备（显示器）按规定格式输出信息，调用格式为：

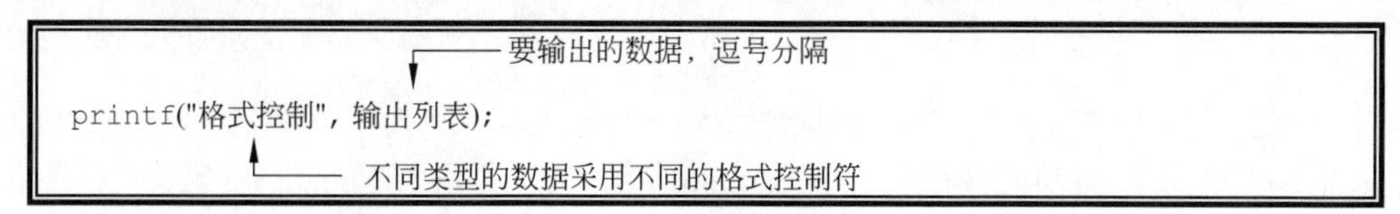

其中，格式控制包含两类字符，一类是由%开头的格式控制符，用于将输出列表上对应的输出项按照指定格式输出；另一类是普通字符，直接输出。输出列表是要输出的数据，这些数据可以是常量、变量或表达式，且与格式控制符一一对应。

调用 printf 函数执行输出操作时，将双引号内的普通字符原样输出，在格式控制符的位置按指定格式输出各输出项的值。例如，将变量 ch 的值以字符形式输出，将变量 radius 的值以整数形式输出，将变量 area 的值以小数形式输出，输出语句如下：

```
printf("ch=%c,radius=%d,area=%6.2f\n",ch,radius,area);
```

其中，“ch =”“, radius =”“, area =”均为普通字符，原样输出，“\n”为普通字符，其运行结果是将光标移到下一行的起始位置；其他为格式控制符，具体来说，在%c 的位置以字符形式输出变量 ch 的值，在%d 的位置以整数形式输出变量 radius 的值，在%6.2f 的位置以小数形式输出变量 area 的值，所占宽度为 6 位，其中小数部分占 2 位。假设变量 ch 的值为'a'，变量 radius 的值为 10，变量 area 的值为 314.5，则运行结果如下：

```
ch = a, radius = 10, area = 314.50
```

练习题 1-6 在例 1.1 中删除语句“printf("Hello World!\n");”中的“\n”，运行结果有什么不同？在例 1.2 中将语句“printf("请输入两个整数: ");”修改为“printf("请输入两个整数: \n");”，运行结果有什么不同？

练习题 1-7 在例 1.2 中，假设输入两个整数 3 和 5，将语句“printf("这两个整数的和是%d\n", z);”修改为“printf("这两个整数的和是%6.2f\n", z);”，程序的运行结果是什么？

scanf 函数用于从标准输入设备（键盘）按指定格式输入数据，调用格式为：

```
                 ┌── 变量地址，逗号分隔
scanf("格式控制", 地址列表);
       └── 不同类型的数据采用不同的格式控制符
```

其中，格式控制是由%开头的格式控制符；地址列表由逗号分隔的若干个变量地址组成，每个变量地址是在变量名的前面加上取地址运算符&，且与格式控制符一一对应[1]。

调用 scanf 函数执行输入操作时，将按照双引号内的格式控制符接收键盘输入的信息。例如，从键盘上输入一个整数存储到 int 型变量 x 中，输入一个小数存储到 float 型变量 y 中，输入一个小数存储到 double 型变量 z 中，输入一个字符存储到 char 型变量 ch 中，输入语句如下：

```
scanf("%d %f %lf %c", &x, &y, &z, &ch);
```

其中，“%d”表示将要输入一个 int 型整数，“%f”表示将要输入一个 float 型小数，“%lf”（l 是 long 的首字母）表示将要输入一个 double 型小数，“%c”表示将要输入一个 char 型字符。如果两个格式控制符之间没有分隔符，则在输入时可以用空格、回车或 Tab 键作为两个输入数据之间的间隔，下面的输入方式是等价的（□表示空格，<Enter>表示回车）：

方式一：25□3.5□18.5□a <Enter>

方式二：25 < Enter>

3.5 < Enter >

18.5 < Enter >

a < Enter >

方式三：25（按 Tab 键）3.5（按 Tab 键）18.5（按 Tab 键）a < Enter >

则变量 x 的值为 25，变量 y 的值为 3.5，变量 z 的值为 18.5，变量 ch 的值为'a'。

在执行 scanf 函数时，格式控制中除格式控制符之外的其他字符不能被输出，则在输入数据时需要在对应位置输入这些字符。例如，对于输入语句：

```
scanf("a = %d, b = %d, c = %d", &a, &b, &c);
```

假设输入三个整数 1、2 和 3，则数据的输入形式为：a = 1, b = 2, c = 3 < Enter >。因此，为了减少不必要的输入，在 scanf 函数的格式控制中尽量不要出现普通字符。良好的编程习惯是：在 scanf 函数之前用 printf 函数输出提示信息，在 scanf 函数中只出现格式控制符，以提高用户体验。

练习题 1-8 在例 1.2 中，将语句“scanf("%d%d", &x, &y);”修改为“scanf("%f%d", &x, &y);”，会出现什么现象？将语句“scanf("%d%d", &x, &y);”修改为“scanf("%d, %d", &x, &y);”，则数据的输入形式是什么？

练习题 1-9 从键盘上输入两个整数存储到 int 型变量 x 和 y 中，写出 scanf 输入语句并用 printf 函数输出提示信息。

---

1 初学者在使用函数 scanf 时常常忘记写变量名前面的取地址符&，通常编译器不会提示出错，但是运行程序会出现莫名其妙的结果，也可能导致程序崩溃。如果在输入数据后程序异常退出，请首先检查是否在函数 scanf 中漏写了&。

1.3.4 C 程序的上机过程

C 程序的上机过程通常包括程序编辑、程序编译、程序连接、运行调试等步骤，如图 1.13 所示。所有程序设计语言都是在某种编程环境下进行程序开发，C 语言常用的编程环境有 Dev C++、C-Free、Code::Blocks、Visual Studio C++、Microsoft Visual C++等，这些编程环境大都遵循 C 标准，只是在某些细节或库函数等方面略有差异。熟练使用编程环境是提高编程效率的因素之一，初学者应该尽快熟悉编程环境。

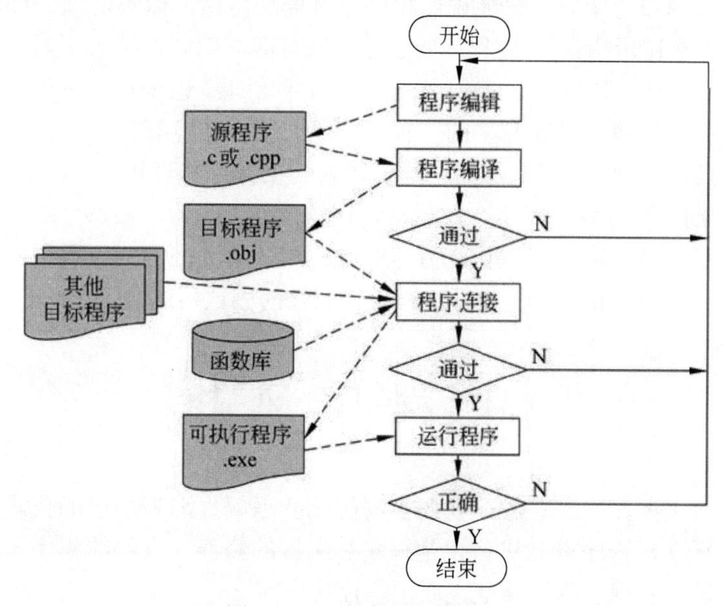

图 1.13　C 程序的上机过程

1. 程序编辑

所有的程序代码都是编程人员在计算机前通过键盘录入的，录入程序以及修改程序的过程称为**程序编辑**[1]。一般的编程环境都提供编辑程序的窗口，有些编程环境用不同的颜色标注程序中的不同元素来帮助编程人员减少错误，提供帮助功能来减少编程人员需要记忆和键入的符号，提供自动缩进功能来维护程序的良好格式。

2. 程序编译

C 语言采用编译的方式，由编译器将源程序翻译成二进制目标代码，一般的编程环境都提供了编译按钮实现程序编译。当编译器无法识别程序中的单词或语法单位时，说

1　编辑程序时经常用到的按键：Tab（将光标移到下一个对齐位置），Home（将光标移到本行开头位置），End（将光标移到本行结尾位置），Shift+Home（选中当前光标到本行开头的文本），Shift+End（选中当前光标到本行结尾的文本），Shift+←（选中当前光标到前一个字符的文本），Shift+→（选中当前光标到后一个字符的文本），Shift+↑（选中当前光标到上一行同一列的文本），Shift+↓（选中当前光标到下一行同一列的文本）。

明程序出现了语法错误，信息窗口会显示相应的错误信息[1]。

3. 程序连接

编译后产生的目标文件还不能直接运行，连接是把目标文件和其他目标文件（如果有）、系统提供的库函数以及操作系统提供的资源连接到一个可执行文件中，一般的编程环境都提供了连接按钮实现程序连接。

4. 运行调试

程序通过编译和连接后，只能说明程序没有语法错误，但不能保证程序没有逻辑错误。如果程序存在逻辑错误[2]，则程序的运行结果可能与期望的结果不同，**调试**是在程序中查找错误并修改错误的过程。调试程序需要耐心和经验，也是程序设计最基本的技能。调试最困难的工作是找出错误发生的位置，一般的编程环境都会提供一些调试程序的工具，帮助编程人员找到程序的错误点。调试通常需要结合测试用例，其简单格式为[输入数据，预期结果]，观察程序的运行结果与预期结果是否一致。显然，测试用例越多，就越能够发现隐藏的逻辑错误，但是，穷尽所有的测试用例在实际应用中是不可行的，通常根据程序的逻辑结构和功能，设计一些有代表性的测试用例。

1.4 程序风格

程序风格的主要作用是使程序代码容易阅读和理解，清晰易懂的代码是衡量程序质量的一个重要标准，程序设计风格也是程序员必备的修养。良好的程序风格来源于长期的编程实践，最好的程序风格就是遵循一些行业标准。

1.4.1 标识符的命名规则

规范的标识符命名可以使程序更加统一，更容易在同行之间进行交流。业界共有四种命名法则：驼峰命名法、匈牙利命名法、帕斯卡命名法和下画线命名法，其中前三种是较为流行的命名法。驼峰命名法分为小驼峰式和大驼峰式，小驼峰式是除第一个单词外，每个单词的首字母大写，大驼峰式是所有单词的首字母大写[3]。本书对标识符的命名采用驼峰命名法，具体如下。

1　在初学程序设计时就应该培养自己的程序查错能力，养成编译之前人工检查的习惯，不要过分依赖编译器，这一点在编写大型程序时尤为重要。

2　1947 年，美国海军使用 Mark-Ⅱ计算机来计算导弹的运行轨迹时，有一只小虫粘在了计算机的电路板上，使得系统出现故障停止了工作，从那以后，人们将程序中难以发现的逻辑错误称为 bug。这只小虫的尸体被贴在管理日志上，收藏在弗吉尼亚的一个海军博物馆里。

3　驼峰命名法（Camel-Case）一词来自 Perl 语言中普遍使用的大小写混合格式，这样的标识符看上去就像骆驼峰一样此起彼伏，故得名，而 Larry Wall 等所著的畅销书 *Programming Perl* 的封面图片正是一匹骆驼。

（1）符号常量：用大写字母表示符号常量，例如 PI、NUM。

（2）变量：变量名尽量使用名词，并采用小驼峰式命名，例如 studentName。

（3）函数：函数名尽量使用动词或形容词，并采用大驼峰式命名，例如 PrintTri。由于库函数都是用小写字母命名的，采用大驼峰式命名还能从视觉上区别库函数和自定义函数。

（4）自定义数据类型：自定义数据类型名采用大驼峰式命名，并且以单词 Type 结尾，例如 StudentType、DateType 等。

（5）全局变量：为了便于区别全局变量和局部变量，全局变量名的第一个字符是大写字母 G，例如 Gsum、Gsecret 等。

1.4.2 注释

注释是编程人员为了增加程序的可读性和易懂性而人为增加的说明性信息。在什么地方加注释，注释应该包括什么信息，注释应该采用什么格式，业内并没有统一标准，很多公司都会建立内部标准并要求开发团队遵守和使用[1]。下面是一些良好的注释习惯。

（1）在程序（或函数）前说明程序名（或函数名）、作者、功能、编写日期以及其他内容。例如：

```
/**********************************
 * 程序名：example1.cpp          *
 * 作  者：wanghongmei           *
 * 功  能：求最大公约数          *
 * 日  期：2020-08-11            *
**********************************/
```

（2）对程序段、语句、符号常量或变量定义等加注释，说明程序段的功能、语句的作用、常量或变量的含义等。例如：

```
int length, width;              /*长方形的长和宽*/
sum = 0;                        /*初始化累加器*/
```

（3）当修改有注释的程序时，若修改了程序内容，则相应的注释也必须进行修改。错误的注释往往比没有注释更糟糕。

★当今的系统开发工作都是依托项目团队，因此要求程序员具有良好的团队合作精神、精益求精的工匠精神，除了认真编写每一个函数、细致测试每一个程序，还要根据团队要求认真为程序加上必要的注释。

1 由于注释不是程序的可执行部分，所以很多程序员不愿意写，但注释对程序的理解和维护非常重要。要成为一个优秀的程序员一定要养成给程序加注释的习惯，在软件项目开发团队的合作开发中更是如此。

1.4.3 缩进

按照程序的嵌套层次使程序呈现阶梯形的缩进格式，逻辑上属于同一个层次的互相对齐，逻辑上属于内部层次的推到下一个对齐的位置。建议设置 Tab 键的空格数量并采用 Tab 键进行缩进，一般采用四个空格的缩进方式，本书限于篇幅，采用两个空格的缩进方式，例如：

```
int main( )
{
  while (…)
  {
    …
  }
  return 0;
}
```

1.4.4 行文格式

程序的行文格式主要通过合理利用空格和空行，使程序层次分明、段落清晰。良好的行文格式能够增强程序的清晰性，也有助于发现程序中的错误。

大多数情况下，程序中单词之间空格的数量没有严格要求，如果两个单词合并后（即取消空格）不产生其他单词，则单词之间不要求一定有空格。但是，添加必要的空格可以使程序更便于阅读和理解。例如，通常在运算符的两边都各加一个空格，在作为分隔符的逗号或分号的后面加一个空格。观察下面两条语句，显然第二条语句更便于阅读：

```
volume=length*width*height;
volume = length * width * height;
```

空行可以在视觉上把程序划分成逻辑单元，使读程序的人更容易辨别程序的结构。例如，在主函数 main 之前加一个空行，在变量定义和可执行语句之间加一个空行。就像没有章节的书一样，没有空行的程序很难阅读。观察下面两个程序，显然第二个程序更便于阅读。本书限于篇幅，没有在变量定义和可执行语句间加空行。

```
#include <stdio.h>
int main( ){int x=3, y=5; printf("x+y=%d", x+y); return 0;}
```

```
#include <stdio.h>
                                          /*空行*/
int main( )
{                                         /*大括号单独占一行*/
```

```
    int x = 3, y = 5;                               /*变量定义单独占一行*/
                                                    /*空行*/
    printf("x + y = %d", x + y);
    return 0 ;
}                                                   /*大括号单独占一行*/
```

1.4.5 大括号风格

大括号的风格有两种：K&R 风格和 Allman 风格[1]。K&R 风格的每个大括号都单独放在一行，其优点是易于检查匹配；Allman 风格的左大括号出现在行的末尾，右大括号单独占一行，其优点是程序比较紧凑。例如：

```
int main( )                     /*K&R 风格*/
{
  …
}
```

```
int main( ) {                   /*Allman 风格*/
  …
}
```

1.5 本章实验项目

〖**实验 1**〗安装 C 语言的编程环境。常用的 C 语言编程环境有 Dev C++、C-Free、Code::Blocks、Visual Studio C++、Microsoft Visual C++等。

〖**实验 2**〗在编程环境下编辑、编译、连接并运行例 1.1。延伸实验：①去掉预处理指令“#include <stdio.h>”，编译程序出现什么错误？②去掉主函数的返回值类型，编译程序出现什么错误？③去掉语句“return 0;”，编译程序出现什么错误？

〖**实验 3**〗在编程环境下编辑、编译、连接并运行例 1.2。延伸实验：①去掉 scanf 函数中变量 x 前的取地址符&，运行程序出现什么情况？②将 scanf 函数中第一个格式控制修改为%f，运行程序出现什么情况？

〖**实验 4**〗在编程环境下重新编辑如下程序，使程序具有良好的程序风格。

```
#include <stdio.h>
int main( ){int flag=0; int i, x;printf("请输入 10 个整数: ");
for(i=1;i<=10;i++){scanf("%d", &x); if (x<0) {flag=1; break;}}
if (flag==1) printf("输入的整数有负数\n"); else printf("输入的整数没有负数\n");
return 0;}
```

---

1 K&R 风格是 C 语言的创始人 Kernighan 和 Ritchie 使用的风格；Allman 风格因 Eric Allman 和其他 UNIX 工作者使用而得名。

1.6 本章教学资源

<table>
<tr><td>练习题
答案</td><td colspan="4">练习题 1-1 （1）以数字 6 开头；（2）有特殊字符?；（3）int 是关键字；（4）有特殊字符~；（5）有特殊字符#。
练习题 1-2 不可以。在 C 语言中，组成标识符的字符只能是英文字母、数字或下画线。
练习题 1-3 在语句 “int x = Add(x, y);” 中，关键字 int 和变量名 x 之间用空格分隔，变量名 x 和 y 之间用逗号分隔。
练习题 1-4 （1）2*x+3*y （2）x*x+5*x+1 （3）(3<x)&&(x<9)
练习题 1-5 在例 1.2 的程序中，出现的关键字有 include、int、return；出现的标识符有 main、x、y、z；出现的分隔符是空格、逗号；有 6 条语句；有算术表达式 x+y，有赋值表达式 z=x+y；main 是主函数，scanf 和 printf 是库函数。例 1.1 请读者自行分析。
练习题 1-6 光标在 Hello World 的后面；光标在下一行起始位置。
练习题 1-7 这两个整数的和是 8.00。
练习题 1-8 程序异常退出；假设输入两个整数 3 和 5，则输入形式是 3, 5。
练习题 1-9 printf("请输入两个整数："); scanf("%d%d", &x, &y);</td></tr>
<tr><td>二维码</td><td>
课件</td><td>
源代码</td><td>
“每课一练”
答案（1）</td><td>
“每课一练”
答案（2）</td></tr>
</table>

程序源码说明：

instance 表示引例和程序设计实例，后接序号和章节号一致。例如，instance 5-1 表示引例 5.1，instance 5-1-2 表示 5.1.2 节的程序设计实例。

exercise 表示练习题，后接序号和各章每小节给出练习题的序号一致。例如，exercise7-10 表示练习题 7-10。

君子务本，本立而道生。

——《论语》

第2章

算法与计算思维

算法是计算机科学的重要基石，同时也是计算机科学研究中的一项永恒主题。在计算机无处不在的现代社会，对于非计算机专业的学生，读懂算法并掌握计算思维应该是一项必备的基本技能；对于计算机相关专业的学生，设计算法和运用计算思维也应该是一项最基本的要求。

2.1 程序的灵魂——算法

算法的概念在计算机领域几乎无处不在，算法对程序设计的指导可以延续几年甚至几十年。例如，用于数据检索的Hash算法产生于20世纪50年代，用于数据排序的快速排序算法发明于20世纪60年代，但这些算法至今仍被人们广泛使用。

2.1.1 什么是算法

通俗地讲，算法是解决问题的方法，现实生活中关于算法的实例不胜枚举，如菜谱、四则运算法则等。严格地说，**算法**是对特定问题求解步骤的一种描述，是指令的有限序列。此外，构成算法的求解步骤还必须满足以下要求：

（1）有穷性：每个求解步骤必须在有穷时间内完成。

（2）确定性：每个求解步骤必须有确切的含义，不存在二义性。

（3）可行性：每个求解步骤均是计算机可实现的。

可以将算法看成是一个黑盒子，算法的设计者需要描述算法的求解步骤，而算法的使用者无须了解计算过程，只需输入特定数据，执行算法的操作步骤，就可以得到输出（问题的解），如图2.1所示。

需要强调的是，算法是问题的解决方案，这个解决方案本身并不是问题的答案，而是能获得答案的指令序列，而且算法不依赖于具体的程序设计语言，同一算法可以用任何程序设计语言来实现。

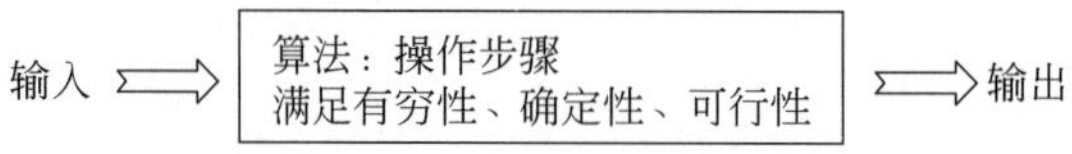

输入 ⟹ 算法：操作步骤
满足有穷性、确定性、可行性 ⟹ 输出

图 2.1 算法的概念

★算法的中文名称出自《周髀算经》(西周—秦汉)，西汉时期张苍编撰的《九章算术》创立了机械化算法体系，在世界数学史上首次阐述了分数、负数及其加减运算法则，其中的“更相减损术”可以用来求两个数的最大公约数，原文是“可半者半之，不可半者，副置分母、子之数，以少减多，更相减损，求其等也。”

2.1.2 如何描述算法

算法设计者在构思和设计了一个算法之后，必须清楚准确地将问题的求解步骤记录下来，即**描述算法**。常用的描述算法的方法有自然语言、程序流程图和伪代码等。下面以欧几里得算法[1]为例介绍描述算法的方法。

【问题】 求两个自然数的最大公约数。

【想法】 设两个自然数是 m 和 n，欧几里得算法的基本思想是将 m 和 n 辗转相除直到余数为 0。例如，$m = 35$，$n = 25$，计算过程如图 2.2 所示，当余数 r 为 0 时，除数 n 就是所求的最大公约数。

	被除数m	除数n	余数r
第1次相除	35	25	10
第2次相除	25	10	5
第3次相除	10	5	0

图 2.2 欧几里得算法的计算过程

【算法——自然语言描述**】** 欧几里得算法用自然语言描述如下：

步骤 1：将 m 除以 n 得到余数 r；
步骤 2：若 r 等于 0，则 n 为最大公约数，算法结束；否则执行步骤 3；
步骤 3：将 n 的值放在 m 中，将 r 的值放在 n 中，重新执行步骤 1。

【算法——程序流程图描述**】** **程序流程图**是一种传统的描述算法的方法，表 2.1 给出

表 2.1 程序流程图的基本符号

图形符号	名 称	含 义
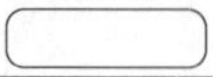 （圆角矩形）	起始/终止	开始或结束
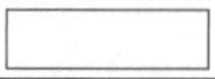 （矩形）	处理	处理或运算
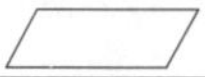 （平行四边形）	输入/输出	输入/输出
 （菱形）	判断	根据是否满足条件，执行两条路径中的某一条路径
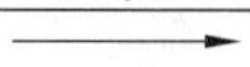 （箭头）	控制流	执行路径，箭头代表方向

1 古希腊数学家欧几里得编撰的《几何原本》(公元前 300 年左右) 创立了逻辑演绎体系，欧几里得算法是世界上公认的最早算法。

了程序流程图的基本符号。欧几里得算法用程序流程图描述如图 2.3 所示。

用自然语言描述算法的优点是容易理解，缺点是容易出现二义性，并且算法通常都很冗长。用程序流程图描述算法的优点是对控制流程的描述很直观，便于初学者掌握，缺点是严密性较差。通常采用伪代码描述算法。

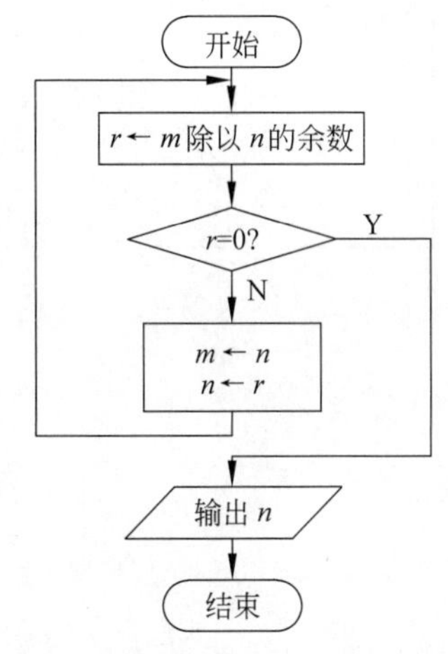

图 2.3　流程图描述欧几里得算法

【算法——伪代码描述】伪代码是介于自然语言和程序设计语言之间的描述方法，它保留了程序设计语言严谨的结构、语句的形式和控制成分，处理和条件允许使用自然语言来表达，至于算法中自然语言的成分有多少，取决于算法的抽象级别。欧几里得算法用伪代码描述如下：

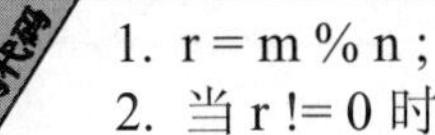

```
1. r = m % n;
2. 当 r != 0 时，重复执行下述操作：
   2.1  m = n;
   2.2  n = r;
   2.3  r = m % n;
3. 输出 n;
```

由于伪代码符合人类的思考习惯，书写方便，易于理解和修改，因此被称为“算法语言”。本书的伪代码采用 C 语言的基本语法，下面请看几个例子。

例 2.1　用伪代码描述求解下列问题的算法：

（1）两个瓶子 A 和 B 分别盛放酱油和醋，要求将 A 瓶和 B 瓶的液体互换。

（2）将三个数由小到大排序。

（3）在一个含有 n 个元素的集合中查找最大值元素。

解：（1）取一个空瓶 C，用来暂存某种液体，算法如下：

```
1. 将 A 瓶的酱油倒入 C 瓶，即 C ← A;
2. 将 B 瓶的醋倒入 A 瓶，即 A ← B;
3. 将 C 瓶暂存的酱油倒入 B 瓶，即 B ← C;
```

（2）设三个数分别存放在变量 x、y 和 z 中，先将 x 和 y 进行比较，如果 x>y，则将 x 和 y 交换；再将 z 和 y、x 进行比较，有以下三种情况：①如果 z≥y，此时变量 x、y 和 z 即为从小到大排列；②如果 x≤z<y，则将 y 和 z 交换；③如果 z<x，则从小到大依次为 z、x、y，可以将 z 暂存到一个临时变量 temp 中，将 y 的值传给 z，将 x 的值传给 y，将 temp 中暂存的值传给 x。假设变量 x、y 和 z 的值分别是 3、6 和 1，执行过程如图 2.4 所示。以上三种情况可以先判断情况③，如果不满足则 z 一定大于或等于 x，再判断情况②，如果不满足则一定是情况①，无须执行任何操作，算法如下：

1. 如果 x＞y，则将 x 和 y 交换；
2. 如果 z＜x，则 temp = z； z = y； y = x； x = temp；
   否则，如果 z＜y，则将 y 和 z 交换；
3. 输出 x, y, z；

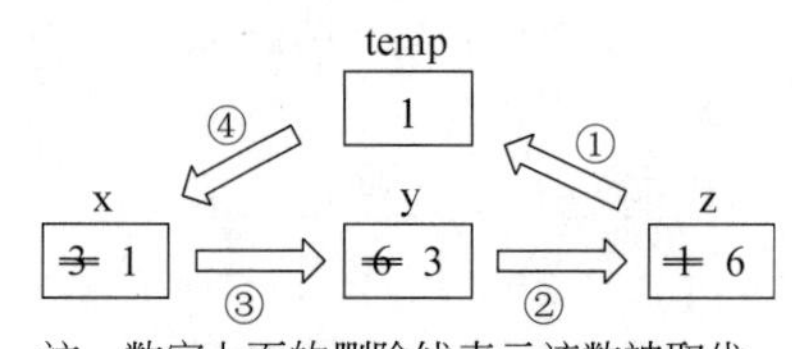

注：数字上面的删除线表示该数被取代

图 2.4　z＜x 时执行的操作

（3）设最大值为 max，先假定第 1 个元素为最大值元素，然后依次将第 2、3、…、n 个元素与 max 比较，max 中保存的始终是每次比较后的最大值元素，算法如下：

1. max = 第 1 个元素；
2. 初始化被比较元素的序号 i = 2；
3. 当 i 小于或等于 n 时重复执行下述操作：
   3.1 如果第 i 个元素大于 max，则 max = 第 i 个元素；
   3.2 将 i 的值增 1，准备比较下一个元素；
4. 输出 max；

练习题 2-1　用伪代码描述《九章算术》里的“更相减损术”求最大公约数算法。

2.1.3　如何评价算法

算法是解决问题的方法，一个问题可以有多种解决方法，因此，不同的算法之间就有了优劣之分。如何对算法进行比较和评价呢？算法可以比较的方面很多，如易读性、健壮性、可维护性、可扩展性等，但这些都不是最关键的方面，算法的核心和灵魂是效率，也就是解决问题的速度。试想，一个需要运行很多年才能给出正确结果的算法，就算其他方面的性能再好，也是一个不实用的算法。一个较好的算法应该具有较短的执行时间，并占用较少的辅助存储空间。

★有一种奇迹，叫中国速度！2020 年春节，武汉爆发了新型冠状病毒肺炎疫情，被称为“宇宙最拼工地”的火神山医院，历时 10 天 10 夜，在 2 月 2 日上午举行了交付仪式，它的完工意味着上千名感染新型冠状病毒的肺炎患者能在这里得到救治。港珠澳大桥、福建龙岩站改造、北京三元桥整体换梁、北京大兴国际机场航站楼、中国高铁……中华人民共和国成立初期，中国经济一穷二白，经历 70 年沧桑巨变，中国经济总量已跃居世界第二。有一种奇迹，叫“中国速度”！

如何度量一个算法的效率呢？撇开与计算机软硬件有关的因素，影响算法时间代价的最主要因素是问题规模。对于许多实际问题，如果算法在规模较大的数据集上运行，那么效率就成为一个重要的问题。**问题规模**是指输入量的多少，一般来说，它可以从问题描述中得到。例如，找出 100 以内的所有素数，问题规模是 100；将 n 个整数进行排序，问题规模是 n。一个显而易见的事实是：几乎所有的算法，对于规模更大的输入需要运行更长的时间。例如，找出 10000 以内的所有素数比找出 100 以内的所有素数需要更多的时间，待排序的数据量 n 越大就需要越多的时间。所以运行算法所需要的时间 T 是问题规模 n 的函数，记作 $T(n)$。

要精确地表示算法的运行时间函数常常是很困难的，为了客观地反映一个算法的运行时间，可以用算法中基本语句的执行次数来度量算法的工作量。**基本语句**是执行次数与整个算法的执行次数成正比的语句，基本语句对算法运行时间的贡献最大，是算法中最重要的操作。算法的**时间复杂度**是对算法所消耗资源的一种估算方法，只关注在输入规模增大时基本语句执行次数的数量级，采用大 O（读作“大欧”）符号刻画算法运行时间的增长趋势。

定义 2-1 若存在两个正的常数 c 和 n_0，对于任意 $n \geqslant n_0$，都有 $T(n) \leqslant c \times f(n)$，则称 $T(n)=O(f(n))$（或称算法在 $O(f(n))$中）。

该定义说明，函数 $T(n)$和 $f(n)$具有相同的增长趋势，并且 $T(n)$的增长至多趋同于函数 $f(n)$的增长，其含义如图 2.5 所示。

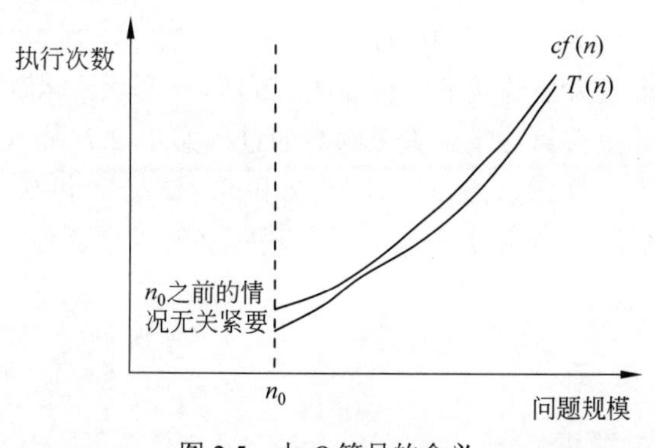

图 2.5 大 O 符号的含义

定理 2-1 若 $A(n)=a_m n^m + a_{m-1} n^{m-1} + \cdots + a_1 n + a_0$ 是一个 m 次多项式，则 $A(n)=O(n^m)$。

该定理说明，在计算任何算法的时间复杂度时，可以忽略所有低次幂以及最高次幂的系数，这样能够简化算法分析，并且使注意力集中在最重要的一点——增长率上。

例 2.2 分析例 2.1 问题（2）和（3）的时间复杂度。

解：在问题（2）中，问题规模是 3 个整数，算法依次执行 3 条指令，比较语句最多执行 3 次，赋值语句最多执行 7 次，执行次数不是问题规模的函数，而是一个常数，因此时间复杂度是 $O(1)$。

在问题（3）中，问题规模是集合中的元素个数 n，算法的基本语句是步骤 3.1 的比较语句，共执行 $n-1$ 次，因此时间复杂度是 $O(n)$。

算法的时间复杂度不是从时间量上度量算法的运行效率，而是度量算法运行时间的增长趋势。换言之，算法的时间复杂度分析是一种估算技术，只考查当问题规模充分大时，算法中基本语句的执行次数在渐近意义下的阶，是从数量级的角度来评价算法的效率。常见的时间复杂度如下：

$$O(\log_2 n) < O(n) < O(n*\log_2 n) < O(n^2) < O(n^3) < \cdots < O(2^n) < O(n!)$$

练习题 2-2 分析以下程序段的时间复杂度。

```
(1) for (i = 1; i <= n; ++i)
        ++x;
```

```
(2) for (i = 1; i <= n; ++i)
        for (j = 1; j <= n; ++j)
          ++x;
```

2.1.4 算法的重要性

利用计算机解决问题最重要的一步是抽象算法，也就是从计算机的角度设想计算机是如何一步一步完成这个任务的，告诉计算机需要做哪些事，按什么步骤去做。一般来说，对不同解决方案的抽象描述产生了相应的不同算法，而不同的算法将设计出相应的不同程序，这些程序的解题思路不同，复杂程度不同，解题效率也不相同。

例 2.3 用短除法和欧几里得算法求两个自然数的最大公约数，请通过一个具体实例比较两个算法的效率。

解： 短除法是找出这两个自然数的所有公因子，再将这些公因子相乘，结果就是这两个数的最大公约数。例如，48 和 36 的公因子有 2、2、3，则 48 和 36 的最大公约数是 2×2×3=12，短除法求最大公约数的过程如图 2.6 所示。欧几里得算法是将两个数辗转相除直到余数为 0，欧几里得算法求最大公约数的过程如图 2.7 所示。对于两个自然数 48 和 36，短除法须进行 12 次求余操作（对于 12 和 9，试除 2 和 3 得到公因子 3；对于 4 和 3，试除 2 和 3 后结束），而欧几里得算法只进行 2 次求余操作。

```
2 | 48   36
   2 | 24   18
      3 | 12   9
            4   3
```

图 2.6 短除法求最大公约数

被除数	除数	余数
48	36	12
36	12	0

图 2.7 欧几里得算法求最大公约数

算法研究的核心是时间（速度）。人们可能有这样的疑问：既然计算机硬件技术的发展使得计算机的性能不断提高，还有必要研究算法吗？现代计算机在计算能力和存储容量上的革命仅仅提供了计算更复杂问题的有效工具，计算机的功能越强大，人们就越想去尝试更复杂的问题，而更复杂的问题需要更大的计算量。实际上，计算机技术的每一个重要进步都与算法研究的突破密切相关，发明（或发现）算法是一个非常有创造性和值得付出的过程。

★我国在云计算、大数据、人工智能、5G 和量子通信等新一代信息技术领域取得了举世瞩目的成就，其中算法起到了关键作用。但是在高端制造等许多核心技术领域，我们仍处于产业链较低端，为了改变这种现状，大学生需要“为中华之崛起而读书”。

2.2 计算思维

计算思维是区别于以数学为代表的逻辑思维和以物理为代表的实证思维的第三种思维方式。程序设计是一个利用计算机进行问题求解的过程，首先需要分析问题，进行数据抽象，在形成求解问题的基本思路后，还要对求解方法进行算法抽象，然后通过编写和调试代码最终通过运行程序求解问题，这个过程正是计算思维的运用过程。

2.2.1 程序设计的一般过程

冯·诺依曼计算机体系结构[1]的核心是存储程序，计算机的工作过程就是运行程序的过程。但是计算机不能分析问题并产生问题的解决方案，必须由人来分析问题，确定并描述问题的解决方案，然后让计算机执行程序最终获得问题的解。程序设计的一般过程如图 2.8 所示。

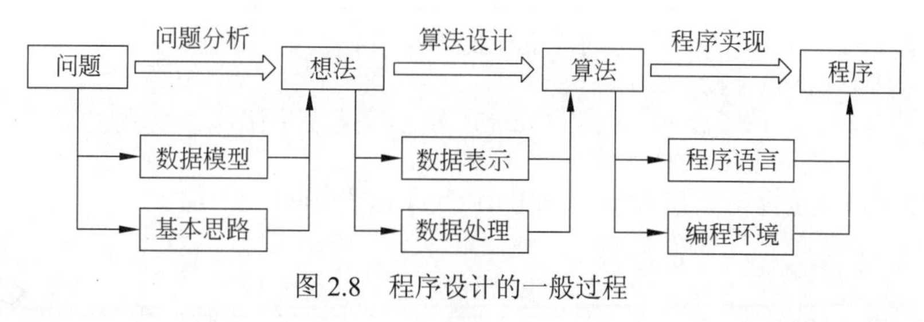

图 2.8 程序设计的一般过程

1. 问题分析

由问题到想法的主要任务是抽象出具体的数据模型，并形成问题求解的基本思路。程序的原始输入、中间结果和最终输出都以数据的形式存储在计算机的内存中，因此程序设计的第一个阶段需要分析问题，搞清楚求解的目标是什么，给出了哪些已知信息，程序要处理哪些数据，数据之间的逻辑关系是什么，针对实际问题进行数据抽象，在具体的数据模型上思考求解问题的基本思路。

2. 算法设计

程序设计的关键是求解问题的方法和步骤，其核心是算法。由想法到算法的主要任务是完成数据表示和数据处理，即如何存储问题的数据模型，将数据模型从机外表示转换为机内表示，如何形式化问题求解的基本思路，确定具体的操作步骤，将问题的解决方案形成算法。有些问题很简单，很容易就可以得到问题的解决方案，如果问题比较复

---

1 1945 年 6 月，冯·诺依曼带领研究小组提出了 EDVAC（Electronic Discrete Variable Computer）方案，该方案指出计算机应具有五个基本部件：运算器、控制器、存储器、输入设备和输出设备，并描述了这五大部件的功能和相互关系。时至今日，所有的计算机都没有突破冯·诺依曼计算机的基本结构。

杂，就需要更多的思考才能得到问题的解决方案。

3. 程序实现

由算法到程序的主要任务是将算法的操作步骤转换为某种程序设计语言对应的语句，转换所依据的规则就是某种程序设计语言的语法，换言之，就是用某种程序设计语言描述要处理的数据以及数据处理的过程。

需要强调的是，很多初学者认为程序实现最重要，在程序设计时越过问题分析和算法设计直接进入编码，这是非常错误的学习方法。初学者应该按照"问题→想法→算法→程序"的一般过程进行程序设计训练，在循序渐进提高程序设计能力的同时，培养思考问题的良好习惯。下面通过一个例子说明程序设计的一般过程。

【问题】 鸡兔同笼问题。假设笼子里共有 M 只头 N 只脚，问鸡和兔子各有多少只？

【想法】 设鸡有 x 只，兔子有 y 只，则有如下方程组成立：

$$\begin{cases} x + y = M \\ 2x + 4y = N \end{cases} \quad \text{且满足 } 0 \leqslant x, y \leqslant M$$

【算法】 设变量 chicken 表示鸡的个数，rabbit 表示兔子的个数，算法如下：

```
1. chicken 从 0~M 重复执行下述操作：
   1.1 rabbit = M – chicken;
   1.2 如果(2 * chicken + 4 * rabbit 等于 N)，则跳出循环;
   1.3 将 chicken 的值增 1;
2. 如果是提前跳出循环，则输出 chicken 和 rabbit 的值;
   否则输出"无解";
```

【程序】 以 chicken 作为循环变量，依次试探变量 chicken 和 rabbit 的取值是否满足方程组，程序如下：

```c
#include <stdio.h>                          /*使用库函数 printf 和 scanf*/
                                            /*空行，下面是主函数*/
int main( )
{
    int M, N;                               /*M 存储头的个数，N 存储脚的个数*/
    int chicken, rabbit;                    /*分别存储鸡和兔子的个数*/
    printf("请输入头的个数和脚的个数:");      /*输出提示信息*/
    scanf("%d%d", &M, &N);                  /*从键盘接收两个整数*/
    chicken = 0;
    while (chicken <= M)                    /*依次进行试探*/
    {
      rabbit = M - chicken;
      if (2 * chicken + 4 * rabbit == N) break;     /*方程组已解，跳出循环*/
      chicken++;
    }
    if (chicken <= M)                       /*如果满足条件，则提前跳出循环*/
```

```
        printf("鸡有%d只，兔子有%d只\n", chicken, rabbit);
      else
        printf("输入数据不合理，无解\n");
      return 0;                                  /*将0返回操作系统，表明程序正常结束*/
   }
```

2.2.2 程序设计与计算思维

计算思维是基于计算机科学的概念体系进行问题求解、系统设计，以及理解人类行为等一系列涵盖计算机科学广度的思维活动。实际上，在计算机没有出现之前，人类的思维体系中就有了计算思维的概念，只不过由于缺少自动化计算工具的支持，计算思维与其他思维方式融合在一起。

简单理解，计算思维就是用计算机求解问题的过程中运用的思维活动。事实上，用计算机求解问题是建立在高度抽象的级别上，表现为采用模型化方式理解问题，将实际问题抽象为数据模型，采用形式化方式描述问题的解决方案，建立符号系统并对其实施变换，通过计算机执行程序实现自动化计算，在描述问题和求解问题的过程中，主要采用抽象思维和逻辑思维，程序设计过程中运用的计算思维如图2.9所示。

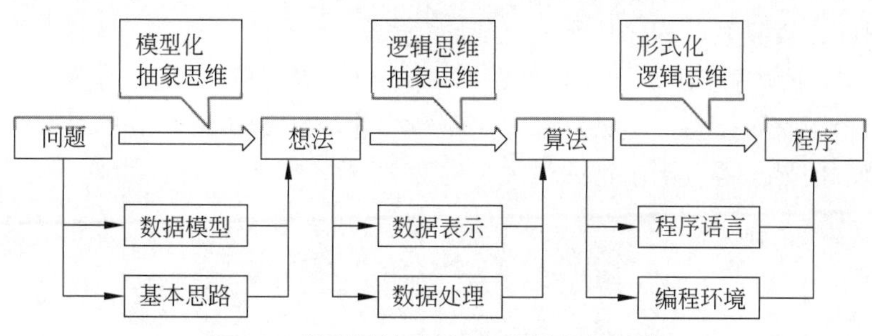

图2.9 程序设计过程中运用的计算思维

程序设计是从抽象问题到解决问题的完整过程，正是计算思维的运用过程，因此，按照“问题→想法→算法→程序”的一般过程进行程序设计训练就像思维体操，不仅能够循序渐进地提高程序设计能力，还能够在潜移默化中提高计算思维能力。

计算思维是一种思考方式，乔布斯曾说：每一个人都应该学习如何编程，因为编程教会你如何思考。具有计算思维的人应该能够深刻理解问题的计算特性，明确什么问题可以被计算以及如何进行计算，更好地利用计算机解决所面对的计算问题。计算机已经成为当今社会的普通工具，这个世界越来越依赖算法的驱动，计算思维是一种面向未来的核心认知能力。让我们通过程序设计挖掘思维潜力，给思维插上计算的翅膀。

2.2.3 程序的基本框架

用计算机求解实际问题时，通常需要用户提供必要的数据信息，要求程序能够对不同的数据进行处理，程序处理的结果需要以用户可以理解的形式输出。因此，程序一般由三部分组成：输入（Input）、处理（Process）和输出（Output），称为 IPO 框架。所谓**输入/输出**是以计算机主机为主体而言的，从计算机向外部输出设备（如显示器、打印机、磁盘等）输出数据称为**输出**，从外部输入设备（如键盘、鼠标、扫描仪、磁盘等）向计算机输入数据称为**输入**，如图 2.10 所示。

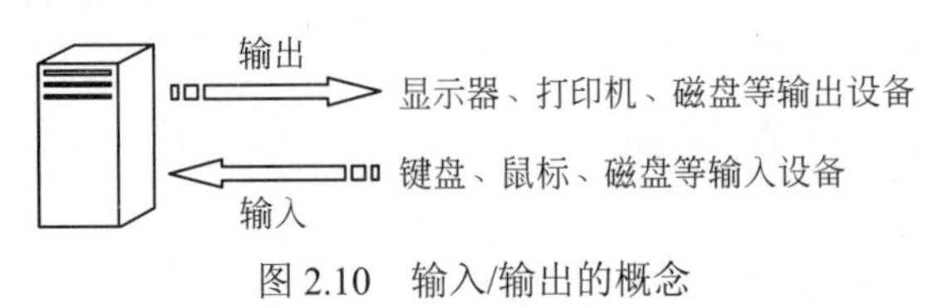

图 2.10　输入/输出的概念

程序的输入是在程序的开始或运行过程中，以用户手工输入、参数传递输入、文件输入、随机数据输入等形式，由外部输入设备向计算机输入数据。标准输入设备是键盘，因此，用户手工输入是一种常见的输入数据的方法，在 C 语言中由函数 scanf 实现。

程序的输出是在程序的运行过程中或结束之前，以屏幕显示输出、数据传递输出、文件输出等形式，将程序的运算结果向外部输出设备输出。标准输出设备是显示器，因此，屏幕显示输出是一种常见的输出数据的方法，在 C 语言中由函数 printf 实现。

程序的主要工作是根据用户提供的输入数据进行运算处理，并将结果以用户可以理解的形式进行输出。处理是程序最重要的部分，有些问题很简单，程序的处理语句比较少，如果问题比较复杂，程序代码就可能比较长。

例 2.4　以下程序实现求两个自然数的最大公约数，程序首先是输入部分，用户从键盘上输入两个正整数；然后是处理部分，辗转相除得到变量 m 和 n 的最大公约数；最后是输出部分，向显示器输出求得的最大公约数。

```
#include <stdio.h>

int main( )
{
    int m, n, r;
    printf("请输入两个正整数: ");            } 输入部分
    scanf("%d %d", &m, &n);
    r = m % n;
    while (r != 0)
    {                                          } 处理部分
      m = n; n = r; r = m % n;
    }
    printf ("最大公约数是: %d\n", n);       } 输出部分
    return 0 ;
}
```

练习题 2-3　分析第 1 章例 1.2 程序，划分输入、处理和输出部分的代码段。

2.3　本章实验项目

〖**实验**〗 请上机实现 2.2.1 节程序设计实例（鸡兔同笼）。假设从键盘上输入两个整数 4 和 12，写出程序的运行结果。延伸实验：①分析程序框架，划分输入、处理和输出部分的代码段；②将 while 循环修改为 for 循环，程序段如下，观察语句有什么不同，并上机实现。

```
for (chicken = 0; chicken <= M; chicken++)
{
  rabbit = M - chicken;
  if (2 * chicken + 4 * rabbit == N) break;
}
```

2.4　本章教学资源

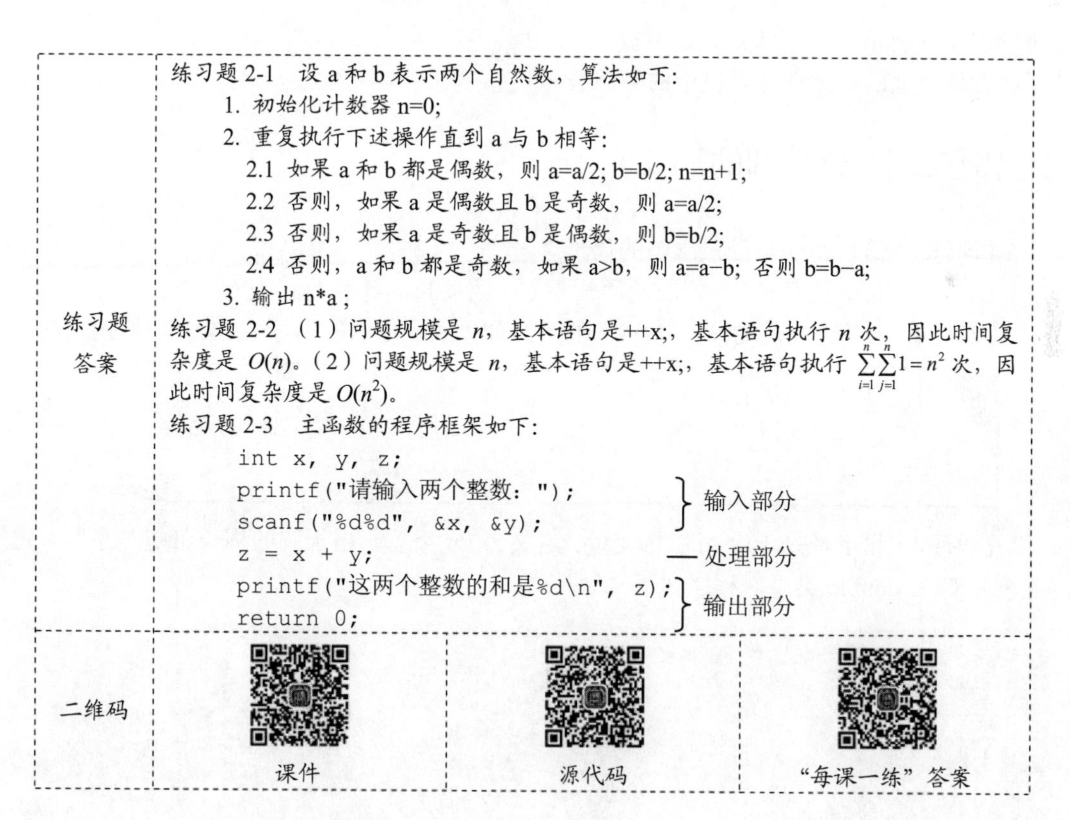

练习题答案

练习题 2-1　设 a 和 b 表示两个自然数，算法如下：

1. 初始化计数器 n=0;
2. 重复执行下述操作直到 a 与 b 相等：
   - 2.1 如果 a 和 b 都是偶数，则 a=a/2; b=b/2; n=n+1;
   - 2.2 否则，如果 a 是偶数且 b 是奇数，则 a=a/2;
   - 2.3 否则，如果 a 是奇数且 b 是偶数，则 b=b/2;
   - 2.4 否则，a 和 b 都是奇数，如果 a>b，则 a=a−b; 否则 b=b−a;
3. 输出 n*a ;

练习题 2-2 （1）问题规模是 n，基本语句是++x;，基本语句执行 n 次，因此时间复杂度是 $O(n)$。（2）问题规模是 n，基本语句是++x;，基本语句执行 $\sum_{i=1}^{n}\sum_{j=1}^{n}1=n^2$ 次，因此时间复杂度是 $O(n^2)$。

练习题 2-3　主函数的程序框架如下：

```
int x, y, z;
printf("请输入两个整数：");       } 输入部分
scanf("%d%d", &x, &y);
z = x + y;                        — 处理部分
printf("这两个整数的和是%d\n", z); } 输出部分
return 0;
```

二维码

课件	源代码	“每课一练”答案

博学之，审问之，慎思之，明辨之，笃行之。
——《中庸》

第3章 数据的存储表示

程序的执行过程是对数据进行处理的过程，因此，程序设计的首要问题是数据表示，即如何将待处理的数据存储在计算机的内存中。在计算机内部一切数据均用0和1的二进制编码来表示，为了深刻理解数据表示，就需要了解计算机内部的二进制数字世界，了解各种类型的数据在计算机中的存储表示。

【引例3.1】 计算圆的周长

【问题】 给定圆的半径，求圆的周长。

【想法】 设圆的半径为r，圆的周长为C，圆周长的计算公式为$C = 2\pi r$。

【算法】 设变量r和C分别表示圆的半径和周长，假设π等于3.14，算法如下：

1. 给定半径值r;
2. C = 2 * 3.14 * r;
3. 输出C;

【程序】 设半径是10，可以将变量r定义为int类型，由于圆的周长可能是小数，定义变量C为double类型，程序如下：

```
#include <stdio.h>
#define PI 3.14                              /*定义符号常量PI*/

int main( )
{
    int r = 10;                              /*变量r存储圆半径*/
    double C;                                /*变量C存储圆周长*/
    C = 2 * PI * r;                          /*给变量C赋值*/
    printf("半径r = %d, 周长C = %6.2f\n", r, C);
```

```
    return 0;
}
```

练习题 3-1 如果半径是小数，将 π 的精度提高为 3.14159，求圆的面积，应该如何修改程序？

练习题 3-2 在引例 3.1 的程序中，有哪些熟悉的单词和语句？程序中出现了哪些新的语法？

3.1 存储数据的载体

电子计算机使用电子器件的不同状态来表示信息，电信号一般只有两种状态，如高电平和低电平、通路和断路，因此，计算机内部是一个二进制数字世界。

3.1.1 二进制

1. 进位计数制

按进位（当某一位的值达到某个固定量时，向高位进位）的原则进行计数的方法称为**进位计数制**，简称**进制**。在日常生活中，人们使用最多的是十进制，此外，也使用许多非十进制的计数方法，例如，时间采用六十进制，月份采用十二进制。一般地，r 进制数通常写作$(a_n\cdots a_1a_0.a_{-1}\cdots a_{-m})_r$，其中 $a_i\in\{0, 1,\cdots, r-1\}$（$-m\leqslant i\leqslant n$），$r$ 称为**基数**。例如，二进制数 1101 写作$(1101)_2$，十进制数 689.12 写作$(689.12)_{10}$，表 3.1 所示是几种常用的进制。

表 3.1 几种常用的进制

进制	基数	进位原则	基本符号（数码）
十进制	10	逢 10 进 1，借 1 当 10	0, 1, 2, 3, 4, 5, 6, 7, 8, 9
二进制	2	逢 2 进 1，借 1 当 2	0, 1
八进制	8	逢 8 进 1，借 1 当 8	0, 1, 2, 3, 4, 5, 6, 7
十六进制	16	逢 16 进 1，借 1 当 16	0, 1, 2, 3, 4, 5, 6, 7, 8, 9, A, B, C, D, E, F

注：十六进制的数码 A, B, C, D, E, F 可以用小写字母。

在进位计数制中，处于不同位置的数码代表不同的值。例如，在十进制中，数码 8 在个位表示 8，在十位表示 80，在百位表示 800，在小数点后 1 位表示 0.8，所以，每个位置都对应一个权重，称为**位权值**。对于 r 进制数$(a_n\cdots a_1a_0.a_{-1}\cdots a_{-m})_r$，小数点前面的位权值依次为 $r^0, r^1, \cdots, r^n$，小数点后面的位权值依次为 $r^{-1}, r^{-2},\cdots, r^{-m}$，每个位置的数码所表示的值等于该数码乘以该位置的位权值。

★二进制与中国八卦：二进制是德国数学家莱布尼茨在 18 世纪发明的，他曾写信给当时在康熙皇帝身边工作的法国传教士白晋，询问有关八卦的问题并仔细研究过八卦。八卦的主要元素是阴爻和阳爻，用数字表示就是 0 和 1，其中 0 表示阴爻，1 表示阳爻。八卦：坤（kūn）艮（gèn）坎（kǎn）巽（xùn）震（zhèn）离（lí）兑（duì）乾（qián）分别对应的二进制数是：000、001、010、011、100、101、110、111。

2. 二进制数与十进制数之间的转换

由于人们习惯使用十进制，而计算机内部使用二进制，所以计算机系统需要进行十进制数和二进制数之间的转换。

（1）二进制数转换为十进制数

将二进制数转换为十进制数只需将二进制数按位权值展开然后求和，所得结果即为对应的十进制数。

例 3.1 将二进制数 1101.11 转换为十进制数。

解： $1101.11 = 1\times2^3+1\times2^2+0\times2^1+1\times2^0+1\times2^{-1}+1\times2^{-2} = 13.75$

则 $(1101.11)_2 = (13.75)_{10}$

（2）十进制数转换为二进制数

将十进制数转换为二进制数需要将十进制数分解为整数部分和小数部分，分别进行转换，然后相加得到转换的最终结果。

将十进制整数转换为二进制整数的规则是：**除基取余，逆序排列**，即将十进制整数逐次除以二进制的基数 2，直到商为 0，然后将得到的余数逆序排列，先得到的余数为低位，后得到的余数为高位。

例 3.2 将十进制整数 46 转换为二进制整数。

解：

被除数	商	余数
46	23	0
23	11	1
11	5	1
5	2	1
2	1	0
1	0	1

↑ 逆序排列

则 $(46)_{10} = (101110)_2$

将十进制小数转换为二进制小数的规则是：**乘基取整，正序排列**，即将十进制小数逐次乘以二进制的基数 2，直到积的小数部分为 0，然后将得到的整数正序排列，先得到的整数为高位，后得到的整数为低位。

例 3.3 将十进制小数 0.375 转换为二进制小数。

解：

乘数	积	整数
0.375	0.75	0
0.75	1.5	1
0.5	1.0	1

↓ 正序排列

则 $(0.375)_{10} = (0.011)_2$

练习题 3-3 将十进制整数 123 转换为二进制整数。

练习题 3-4 将十进制小数 0.1 转换为二进制小数，精确到小数点后 8 位。

3.1.2 内存

计算机执行程序的过程是连续不断地从内存中取出指令予以分析并执行，从内存中读取数据进行处理再存储到内存中，如图 3.1 所示。由于数据的存储和处理都是基于内存进行的，所以，学习程序设计的一个关键是要深刻理解内存。

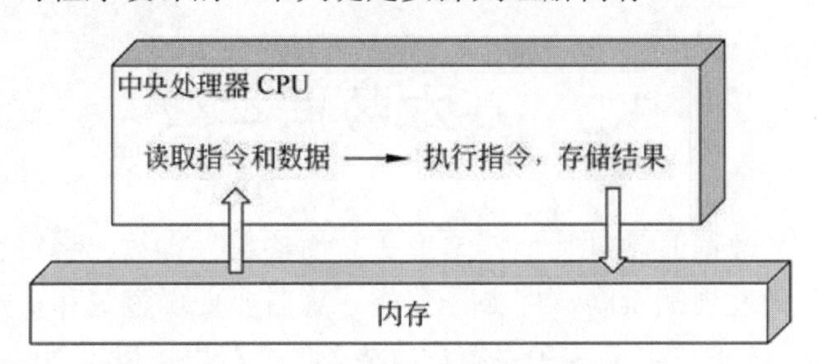

图 3.1 计算机执行程序的过程

内存的最小存储单位是**位**（bit），每位可以存储 1 位二进制数[1]。**存储单元**是可管理的最小存储单位，典型的存储单元是**字节**（Byte），每字节可以存储 8 位二进制数。内存由单独的、可编址的存储单元组成，每个存储单元的编号称为**存储地址**（简称地址）。地址一般从 0 开始连续编号，如图 3.2 所示。

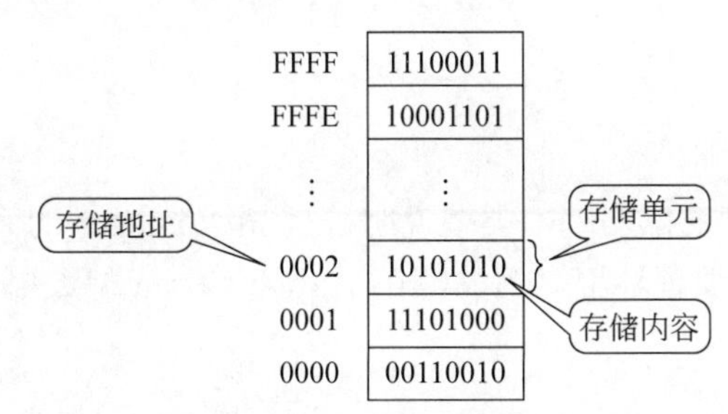

图 3.2 内存示意图

如果要访问内存中某个存储单元的数据，就必须知道这个存储单元的地址，然后按地址存入或取出数据。为了正确访问数据，必须指明一个数据占用多少连续的存储单元，例如，在图 3.3 所示内存中，假设存储单元中存储的数据是整数，箭头指向存储该整数的存储单元的起始地址，如果整数占用 2 个存储单元，其数据值为 10248，如果整数占用 4 个存储单元，其数据值为 534536。

练习题 3-5 假设某连续内存单元的二进制编码是 0010100000011001，读取 1 个存储单元的整数值是多少？读取 2 个存储单元的整数值是多少？

练习题 3-6 假设某连续内存单元的二进制编码是 0010100000011001，这 2 字节的二进制编码表示什么？

---

1 内存通常指的是随机存储器 RAM，RAM 芯片包含可以存储指令和数据的电路，只要不断电，任意时刻存储单元的内容都不会是空的，一定是 0 和 1 的编码。

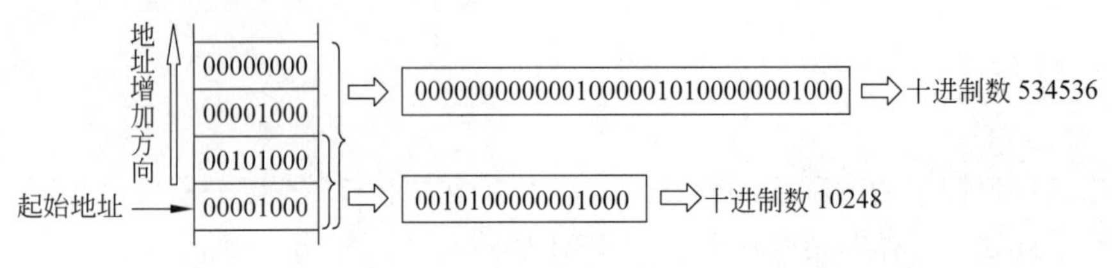

图 3.3　访问数据需要指明起始地址和占用的存储单元数

3.2　基本数据类型

在实际问题中，数据通常以某种特定形式（如整数、实数、字符、逻辑等）存在，不同形式的数据其处理规则不同，例如，数值计算需要处理整数和实数，整数和实数都可以参与算术运算；人的姓名需要用字符串来表示，字符串可以拼接，还可以比较大小；有些问题的回答只有“是”或“否”两种逻辑结果，逻辑数据可以参与逻辑运算，等等。为此，程序设计语言引入了数据类型的概念[1]。

数据类型是数据的一种属性，包含三层含义：第一，分配一定的存储空间，不同类型的数据具有不同的存储格式；第二，确定一个值的集合，不同类型的数据具有不同的取值范围；第三，确定一个运算集合，不同类型的数据可以进行的运算集合不同。

3.2.1　整型

在 C 语言中，整型数据的基本类型说明符是 int（integer 的简写）。整型数据所占字节数取决于机器字长和编程环境，例如，在 Turbo C 中 int 型数据占 2 字节，在 Dev C++ 中 int 型数据占 4 字节。

1. 存储格式

在微型计算机中，整型数据的存储格式一般采用**补码表示法**[2]，其编码规则是：用 1 位二进制数表示整数的符号（称为符号位），正数的补码符号位为 0，其余各位与数的绝对值相同，负数的补码符号位为 1，其余各位是数的绝对值取反后在最末位加 1。

在数学中，整数的长度是指该数所占的实际位数，实际应用时有几位就写几位，例如 135 的长度是 3。在计算机中，整数的长度是指该数所占的二进制位数，同类型的数据长度一般是固定的，不足部分用 0 补足。

1　不同的程序设计语言可能提供不同的基本数据类型，但在概念上都是相似的，只是定义形式和语法规则不同，某种语言没有定义的数据类型，一般可以用另一种数据类型替代，具有相同的作用。

2　补码来源于模数系统及补数的概念。设某种计量器的容量是 m，则 $-x$ 的补数是 $m-|x|$。例如，两位十进制数能够表示数的容量是 100，则(−50, 50)、(−49, 51)、…、(−1, 99)互为补数。在模数系统中，一个数减去另一个数，等于第一个数加上第二个数的补数，再与容量求余，例如 52−49 = (52+51) mod 100 = 3。

例 3.4 假设用 1 字节表示整数，写出整数 69、−69、9、−9 的补码表示。

解： $(69)_{10}=(1000101)_2$，则$[69]_{补}=\mathbf{0}1000101$

$(-69)_{10}=(-1000101)_2$，则$[-69]_{补}=\mathbf{1}0111010+1=\mathbf{1}0111011$

$(9)_{10}=(1001)_2=(0001001)_2$，则$[9]_{补}=\mathbf{0}0001001$

$(-9)_{10}=(-1001)_2=(-0001001)_2$，则$[-9]_{补}=\mathbf{1}1110110+1=\mathbf{1}1110111$

假设 int 型数据占 2 字节，则 int 型数据的存储格式如图 3.4 所示。注意：高字节存放在高地址的内存单元中，低字节存放在低地址的内存单元中。

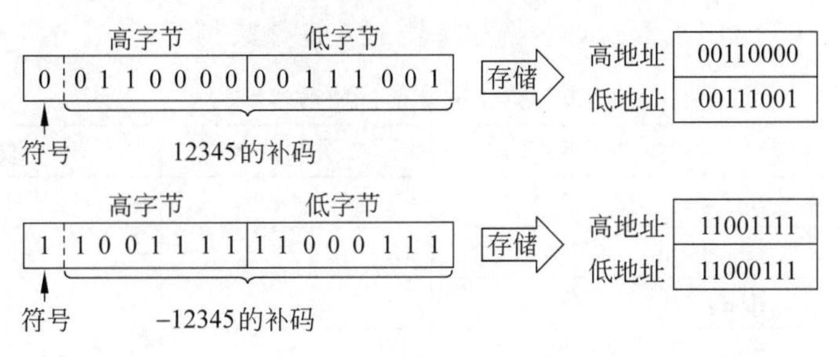

图 3.4 int 型数据的存储格式

2. 取值范围

从数学概念上讲，整型数据的值域是全体整数，但计算机内存和其他硬件设备只能存储和操作一定量的数据，因此，计算机只能表示某一范围的整数。例如，4 位二进制能够表示的整数范围是$-2^3\sim2^3-1$，如表 3.2 所示，以此类推，n 位二进制能够表示的整数范围是$-2^{n-1}\sim2^{n-1}-1$。

表 3.2 4 位二进制表示的整数范围

位串	**0**111	**0**110	**0**101	**0**100	**0**011	**0**010	**0**001	**0**000	**1**111	**1**110	**1**101	**1**100	**1**011	**1**010	**1**001	**1**000
数值	7	6	5	4	3	2	1	0	−1	−2	−3	−4	−5	−6	−7	−8

注：二进制位串是对应数值的补码表示，左边第一位是符号位。

★从所有二进制位全部是 0，逐个加 1，0111 再加 1 就变成了 1000，也就是从正数的顶峰一下子就落入了负数，从这种变化是否能领悟到一点人生的道理？《易经》认为当人或事全部都是阳爻的时候，反而会盛极必衰。我们做人做事，不要过分，要谦虚温润，留有余地。

C 语言根据取值范围的不同，将整型数据进一步分为基本整型（int）、短整型（修饰符 short）和长整型（修饰符 long）。在某些情况下，要处理的整数全是非负整数，此时没有必要保留符号位，可以把最高位也作为数值处理，这样的数称为**无符号数**（修饰符 unsigned），对以上三种整型数据都可以加上 unsigned 表示无符号数[1]。显然，无符号整型数据能够表示的整数范围比有符号整型数据能够表示的整数范围扩大一倍，如图 3.5 所示。

1 无符号整数主要用于系统编程和低级的、与机器相关的应用中。一般情况下，都将整数定义为有符号整数，通常是 int 型。

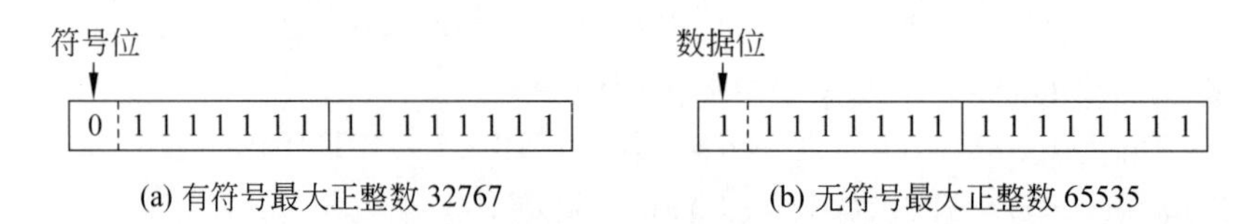

(a) 有符号最大正整数 32767　　(b) 无符号最大正整数 65535

图 3.5　2 字节的有符号最大正整数和无符号最大正整数

标准 C 没有具体规定各种整型数据在内存中所占的二进制位数，只要求 long 型数据的长度不短于 int 型，short 型数据的长度不长于 int 型，因而在各种机型和编程环境下可能有所不同。表 3.3 给出了 Dev C++编程环境的 6 种整数类型。

表 3.3　Dev C++的整数类型

类型名	类型说明符	二进制位数	取值范围
基本整型	int	32	$-2^{31}\sim2^{31}-1$
短整型	short int	16	$-2^{15}\sim2^{15}-1$
长整型	long int	32	$-2^{31}\sim2^{31}-1$
无符号整型	unsigned int	32	$0\sim2^{32}-1$
无符号短整型	unsigned short int	16	$0\sim2^{16}-1$
无符号长整型	unsigned long int	32	$0\sim2^{32}-1$

注：①标准 C 没有规定类型说明符的顺序，因此 unsigned short int 和 short unsigned int 是一样的；②标准 C 允许省略说明符 int 来缩写除基本整型之外的整数类型，例如 short int 可以缩写为 short，unsigned short int 可以缩写为 unsigned short；③C99 中增加了 long long int 类型以表示更大的整数。

3. 运算集合

在 C 语言中，整型数据可以进行基本的算术运算和逻辑运算。由于整数采用补码表示，一个数减去另一个数，等于第一个数加上第二个数的补数，因此可以用加法运算代替减法运算（符号位参与运算），从而在计算机硬件实现上可以简化电路设计。需要强调的是，由于整型数据能够表示的整数是有限的，如果运算结果超出了系统能够表示的整数范围，则运算会得到错误的结果，这种错误现象称为**溢出**。

例 3.5　假设用 1 字节表示整数，计算 68−61、68+61，写出二进制计算过程。

解：$[68]_补$＝**0**1000100，$[61]_补$＝**0**0111101，$[-61]_补$＝**1**1000011，计算过程如下：

	01000100	$[68]_补$		**0**1000100	$[68]_补$
+	**1**1000011	$[-61]_补$	+	**0**0111101	$[61]_补$
	00000111	$[7]_补$		**1**0000001	$[-127]_补$

由于 68＋61＝129，超出了 8 位二进制能够表示的整数范围，得到了错误的结果，因此，对整型数据进行算术运算要注意溢出问题。

练习题 3-7　假设用 2 字节表示整数，能够表示的整数范围是多少？

练习题 3-8　假设用 2 字节表示整数，写出 61−68 的二进制计算过程。

3.2.2 实型

实型也称为浮点型，用来表示实数，因此，实型数据也称为实数或浮点数。C 语言提供了两种实数类型：单精度（类型说明符是 float）和双精度（类型说明符是 double），这两种类型能够表示数据的精度和范围有所不同。

1. 存储格式

在计算机中通常采用**浮点表示法**表示实数。一个实数 X 的浮点形式表示为：

$$X = M \times r^{E} \tag{3.1}$$

其中，r 表示基数，由于计算机采用二进制，因此，基数为 2；E 为 r 的指数，称为**阶码**，其值确定了实数 X 中小数点的位置；M 为实数 X 的小数，称为**尾数**，其位数反映了实数 X 的精度（即有效数字）。为了保证不损失有效数字，大多数计算机都对尾数进行规格化处理，即通过调整阶码使尾数的最高位为 1，并且采用补码形式来表示阶码和尾数，如图 3.6 所示。

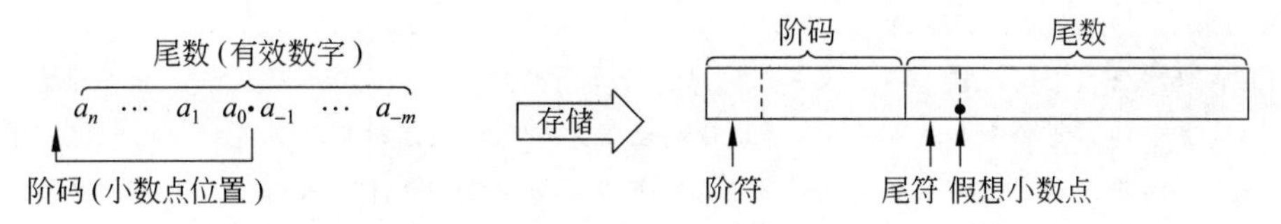

图 3.6 浮点表示法的一般格式

例 3.6 假设某编译系统的 float 型数据占 32 位二进制，其中 24 位表示尾数，8 位表示阶码，写出 68.625 在内存中的存放形式。

解：$(68.625)_{10}=(1000100.101)_2=(0.1000100101\times2^{111})_2$，则 68.625 在内存中的存放形式如图 3.7 所示。注意：阶码是整数，要在阶码绝对值的前面补 0；尾数为小数，要在尾数绝对值的后面补 0。

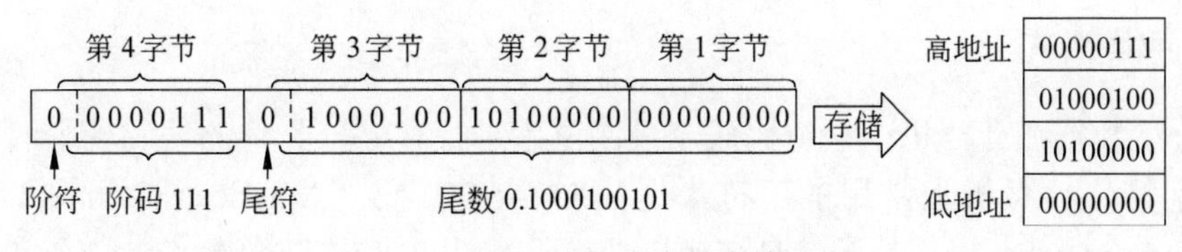

图 3.7 68.625 在内存中的存放形式

2. 取值范围

一般情况下，float 型数据在内存中占 4 字节，double 型数据在内存中占 8 字节，但是标准 C 没有具体规定用多少位来表示阶码，用多少位来表示尾数，应由具体的编译系统来决定。显然，尾数所占的位数越多，能表示的数据精度就越高，阶码所占的位数越多，能表示的数据范围就越大。

根据 IEEE 标准，float 型数据占 32 位，其中尾数占 24 位，阶码占 8 位；而 double

型数据占 64 位，其中尾数占 52 位，阶码占 12 位。大多数编译系统都遵循 IEEE 标准，表 3.4 给出了 Dev C++编程环境的实数类型及其取值范围。

表 3.4　Dev C++的实数类型

类型名	类型说明符	二进制位数	取值范围（阶码）	精度（尾数）
单精度浮点型	float	32	$10^{-38}\sim10^{38}$	7~8 位十进制有效数字
双精度浮点型	double	64	$10^{-308}\sim10^{308}$	15~16 位十进制有效数字

注：C99 中增加了 long double 类型以表示更大的实数。

3. 运算集合

在 C 语言中，实型数据可以进行加、减、乘、除等算术运算，同样需要注意溢出问题，要保证运算结果在系统能够表示的实数范围。由于实型数据的精度是有限的，所以一般应避免将两个实型数据比较大小。实型数据一般不能进行逻辑运算，对实数进行逻辑运算没有实际意义。

练习题 3-9　假设某编译系统的 float 型数据占 32 位二进制，其中 24 位表示尾数，8 位表示阶码，写出实数−12.75 在内存中的存放形式。

★阿拉伯数字传入中国之前，中国人是如何进行计算的呢？我国古代劳动人民使用算筹作为计算工具，这也是“运筹帷幄”“略逊一筹”等成语的由来。在春秋战国时期，算筹的使用已经非常普遍了。南北朝时期，祖冲之用算筹作为计算工具将圆周率精确到 3.1415926 和 3.1415927 之间，我国古代精密的天文历法也是借助算筹制定的。

3.2.3　字符型

计算机除了能够进行数值计算，还具备对非数值信息的处理能力。字符是最基本的非数值数据，因而在程序设计语言的基本数据类型中大都包含字符型。

1. 存储格式

字符型数据在计算机中被编码成二进制位串进行存储，具体的编码规则取决于系统采用的字符集。微机上常用的字符集是标准 ASCII 码（American Standard Code for Information Interchange，美国信息交换标准代码），由 7 位二进制数表示一个字符，总共可以表示 128 个字符。例如，字符'a'对应的二进制位串是 1100001，其编码值为 97。扩展 ASCII 码由 8 位二进制数表示一个字符，总共可以表示 256 个字符。Unicode 由 16 位二进制数表示一个字符，总共可以表示 2^{16} 个字符。Unicode、扩展 ASCII 码和标准 ASCII 码都是向下兼容的[1]。

1　向下兼容（Downward compatibility）又称向后兼容（Backward compatibility），指在一个程序或者类库更新到较新的版本后，用旧版本创建的文档或系统仍能被正常操作或使用，或在旧版本类库的基础上开发的程序仍能正常运行。向下兼容保证用户在进行软件或硬件升级时，以前的程序在新环境中仍然有效。

在 C 语言中，字符型的类型说明符是 char（character 的简写），一般情况下，char 型数据在内存中需要 1 字节存储对应的 ASCII 码，例如字符'a'在内存中的存放形式如图 3.8 所示。

'a' 的 ASCII码为 97 存储 01100001

图 3.8　字符'a'在内存中的存放形式

2. 取值范围

字符型数据的取值范围是“由实现定义”[1]的，不同的编译器有不同的处理方式。一般情况下，由于字符型数据没有符号，因此，字符型的二进制位串与无符号整数在存储格式上完全相同，字符型数据的取值范围是 ASCII 码值为 0～255 对应的字符。

3. 运算集合

不同的程序设计语言为字符型数据提供的运算集合不同。在 C 语言中，由于字符存储的是其 ASCII 码，因此具有数值特征，可以像整数一样参加数值运算，此时，相当于对字符的 ASCII 码进行运算[2]。例如，字符'A'加 1 的运算结果对应字符'B'，字符'B'减去字符'A'的运算结果为这两个字符在 ASCII 码中的距离，即 1。但是，对两个字符型数据执行加、乘和除等算术运算没有实际意义。

练习题 3-10　写出字符'A'在内存中的二进制存放形式。

练习题 3-11　设变量 ch 表示字符'X'，则 ch−2、ch+2、ch−32、ch+32 分别表示什么字符？

3.2.4　逻辑型

计算机除了能够进行算术运算，还能够进行逻辑判断，具备分辨各种情况的信息处理能力。因此，很多程序设计语言的基本数据类型都包括逻辑型。

1. 存储格式

逻辑型也称为布尔型，不同的程序设计语言对逻辑型数据的表示有所不同，同一程序设计语言的不同编译器、甚至同一编译器的不同版本对逻辑型数据的表示也有所不同。标准 C 没有定义逻辑型，以 1（或非 0）表示真，以 0 表示假；C99 将逻辑型定义为一种基本数据类型，其类型说明符为 bool（来源于逻辑代数的奠基人 George Boole），在内存中需要 1 字节的存储空间。

1　由实现定义：所谓实现是指软件在特定开发平台上进行的编译、连接和执行。因此，根据实现的不同，程序的行为可能会有差异。应该避免编写与实现定义行为相关的程序，例如，使用运算符/和%时，尽量保证运算对象均为正数。

2　几个有用的运算：假设 ch 是小写字母，则 ch − 32 是对应的大写字母；假设 ch 是大写字母，则 ch + 32 是对应的小写字母；假设 ch 是数字字符，则 ch − '0'是对应的数值；假设整型变量 ch 的值是 0～9，则 ch + '0'是对应的数字字符。

2. 取值范围

原则上，逻辑型数据只有两个可能的取值：真和假，但在不同的程序设计语言中逻辑型数据的取值有所不同。标准 C 以非 0 表示真，以 0 表示假，bool 类型[1]只有两个值：true =1、false = 0。

3. 运算集合

原则上，逻辑型数据只能进行逻辑运算，但不同的程序设计语言为逻辑型数据提供的运算集合不同。C 语言的逻辑型数据还可以作为数值型数据进行算术运算，例如，若变量 x 的值为 10，则(x > 5) + (x > 8)的运算结果为 2，其含义是关系表达式成立的个数。

练习题 3-12 变量 x 的值为 3，写出下列表达式的计算结果。
（1）(x − 5) && (x > 1)　（2）(x − 3) || (x > 1)　（3）!(x > 1) + !(x > 2) +!(x > 3)

3.3 常　　量

常量是在程序的运行过程中值不能被改变的量，即不接受程序修改的固定值。程序设计语言一般提供两种类型的常量：字面常量和符号常量。

3.3.1 字面常量

字面常量指常量本身的字面意义就是它所代表的常量值。字面常量可以直接书写在程序中，并且字面常量的数据类型由其直观表示形式决定。C 语言的字面常量及其数据类型如图 3.9 所示。

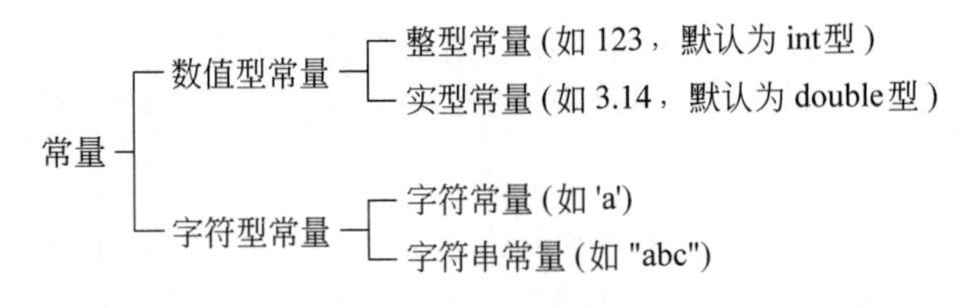

图 3.9 C 语言的字面常量及其数据类型

1. 整型常量

整型常量一般用来表示整数。C 语言允许以十进制（不能以数字 0 开头）、八进制（以数字 0 开头）和十六进制（以 0x 或 0X 开头）表示一个整型常量[2]。表 3.5 给出了整型常

1 非零包括正整数和负整数。例如 1 和−1 都表示真。关键字 bool 在 C++中可以使用，如果编写 C 程序，在源程序中要包含 stdbool.h 头文件。

2 编写普通程序通常采用十进制。八进制和十六进制可以直接对内存的二进制位进行操作，一般用来编写低级程序。注意十进制整数不能以数字 0 开头，否则将被解释为八进制整数。

量示例。

表 3.5 整型常量示例

进制	合法的整型常量表示	不合法的整型常量表示
十进制	123	0123（不能以数字 0 开头）
	−123	−123,456（不能含有逗号）
八进制	0123	123（无前导 0）
	−0123	O123（前导不能是字母 O 或 o）
十六进制	0x123	5A（无前导 0x 或 0X）
	−0X1AF0	OX12A（前导不能是字母 O 或 o）

需要说明的是，十进制、八进制和十六进制只是整数的三种不同表现形式，在计算机内部都转换为相应的二进制数存储。例如，整数 10 的十进制、八进制和十六进制表示分别为 10、012 和 0xa，在内存中对应同一个二进制数，假设用 2 字节表示一个整数，存储示意图如图 3.10 所示。

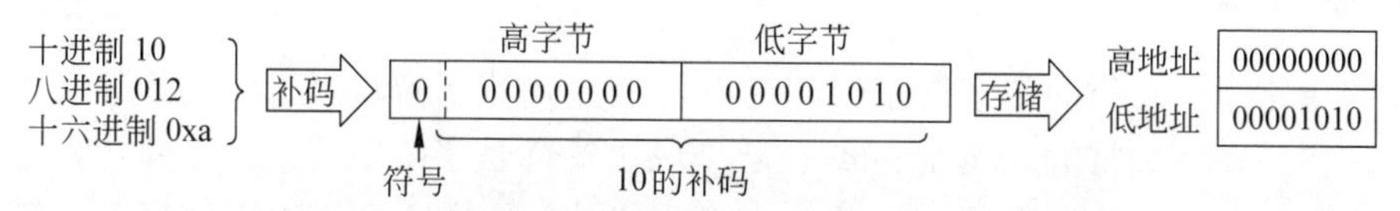

图 3.10 不同进制的表现形式对应的同一个二进制存储

2. 实型常量

实型常量一般只采用十进制，其表示形式有小数形式和指数形式。小数形式包含小数点，并且小数点两边必须有数字[1]；指数形式包含字母 E（或 e），并且 E 之前必须有数字，E 之后必须是整数。表 3.6 给出了实型常量示例。

表 3.6 实型常量示例

形式	合法的实型常量表示	不合法的实型常量表示
小数形式	12.3，12.0，0.12	.3（小数点前没有数字）
	−12.0，−0.12	3.（小数点后没有数字）
指数形式	1E2，12.3E5，12.3E−5	1.2E1.5（E 之后是小数）
	−12.3E5，−12.3E−5	E5（E 之前没有数字）

3. 字符常量

字符常量通常指的是单个字符，在 C 语言中用单引号将单个字符括起来，其中单引号是定界符，例如'a'、'A'、'1'、'#'等都是字符常量。有些特殊字符（例如换行符、退格符）无法采用这种方式表示，不能在屏幕上显示，也无法从键盘输入。为了表示字符集中的每一个字符，C 语言提供了转义字符。**转义字符**以反斜杠\开头，其含义是将反斜杠后面

1 有些编译器允许小数形式的数据在小数点之前或之后没有数字，例如，.5 和 5.都是合法的。建议小数点前后必须有数字，以保证程序的清晰性。

的字符转换成另外的含义。需要强调的是，转义字符虽然形式上由多个字符组成，但仍是字符常量，只代表一个字符，使用方法与其他字符常量相同。常用的转义字符如表 3.7 所示。

表 3.7 常用的转义字符

转义字符	含 义	转义字符	含 义
\a	响铃（BEL）	\\	反斜杠
\b	退格（Backspace）	\?	问号
\f	换页	\'	单引号
\n	换行（Enter）	\"	双引号
\r	回车	\0	空字符（NULL）
\t	水平跳格（Tab）	\ddd	1～3 位八进制数所代表的字符
\v	垂直跳格	\xhh	1～2 位十六进制数所代表的字符

注：①反斜杠后面的字母（即转义字符）只能是小写字母；②垂直跳格'\v'和换页'\f'对屏幕没有任何影响，但会影响打印机的操作；③反斜杠后面的八进制数（或十六进制数）表示对应的 ASCII 码所表示的字符，例如'\376'代表图形字符■。

4. 字符串常量

字符串常量通常指的是字符序列，在 C 语言中用双引号将字符序列括起来，其中双引号是定界符，例如"This is a string"、"a"、"%d"等都是字符串常量。不同的程序设计语言存储字符串的方式有所不同，C 语言对字符串的存储方式为：串中的每个字符（转义字符被看成是一个字符）以 ASCII 码值的二进制形式连续存储，并在最后一个字符的后面存放一个终结符'\0'（ASCII 码值为 0）。例如字符串"This is a string"在内存中的存放形式如图 3.11 所示。注意在写字符串时不能加终结符'\0'，'\0'是系统自动加上的。

T	h	i	s		i	s		a		s	t	r	i	n	g	\0

图 3.11 字符串"This is a string"在内存中的存放形式

练习题 3-13 为什么转义字符'\ddd'是 1~3 位八进制数？'\xhh'是 1~2 位十六进制数？

练习题 3-14 在屏幕上打印文件路径"C:\\book\chapter1.docx"，写出输出语句。

练习题 3-15 字符'x'和字符串"x"在存储表示上有什么不同？

3.3.2 符号常量

符号常量是用标识符来代表字面常量，实际上就是为字面常量起名字。C 语言可以用预处理指令#define 定义符号常量，也可以用 const 语句定义符号常量，两者的区别是，用#define 定义符号常量是在预处理时用常量值替换符号常量，用 const 定义符号常量是在程序执行时用常量值替换符号常量。

1. 用#define 定义符号常量

【语法】 用#define 定义符号常量的一般形式如下：

```
#define 符号常量  常量值 ←—— 行尾没有分号
```

其中，#define 是预处理指令，因此，行尾不能有分号；符号常量是一个标识符[1]；常量值可以是一个字面常量，也可以是一个表达式。

【语义】 将符号常量的值定义为常量值，在对源程序进行预处理时，将每一个符号常量替换为相应的常量值。

例如，如下预处理指令定义了符号常量 PI 的值：

```
#define  PI  3.14
```

程序中的语句：

```
area = 2 * PI * radius;
```

预处理后的结果为：

```
area = 2 * 3.14 * radius;
```

2. 用 const 定义符号常量

【语法】 用 const 定义符号常量的一般形式如下：

```
const 类型名 符号常量 = 常量值;←—— 以分号结尾
```

其中，类型名是任意合法的数据类型，包括基本数据类型和自定义数据类型；符号常量是一个标识符；常量值可以是一个字面常量，也可以是一个表达式，其值的数据类型必须与类型名兼容；const 是一条语句，因此要以分号结尾。

【语义】 定义一个符号常量并指定该常量的值，在执行程序时将每一个符号常量替换为相应的常量值。

例如，如下语句定义了符号常量 PI 的值：

```
const double PI = 3.14;
```

程序中的语句：

```
area = 2 * PI * radius;
```

在执行该语句时，符号常量 PI 用 3.14 代替。

通常在主函数之前定义符号常量，这样程序中的所有符号常量在预处理或执行时都能够被替换。使用符号常量有如下好处：

（1）程序的可读性好。符号常量的名字通常要尽可能地表达它所代表的含义，以提高程序的可读性。

1　为了与变量名、函数名等标识符区分开，符号常量通常只用大写字母，这虽然不是 C 语言本身的要求，但是大多数 C 程序员都遵循这个规范。

（2）程序的可修改性好。如果程序中需要对多次使用的符号常量的值进行修改，只需对定义符号常量中的常量值进行修改，即只修改一次。例如，如果程序需要提高 π 的精度，则只需修改符号常量的定义语句：

```
const  double  PI = 3.1415926;
```

（3）避免误操作。符号常量的值在其作用域内不能再被赋予其他值，从而避免程序中的误操作。例如，如果程序中已经对 PI 进行了符号常量定义，则对于如下赋值语句：

```
PI = 3.1415926;
```

编译器将给出错误提示。

练习题 3-16 分别用#define 和 const 两种方法定义自然对数的底 2.71828。

3.4 变　量

变量是程序设计语言的一个最重要的概念。大多数程序在执行时都需要从外界接收一些输入数据，在得到结果数据之前往往产生一系列的中间数据，因此，在程序的执行过程中需要用存储单元来存储这些数据，这类存储单元就是变量。

3.4.1 变量的概念

变量代表内存中存储某类数据的存储单元，对变量进行运算处理，实质上就是对该存储单元中的数据进行运算处理。变量用一个标识符来表示，称为**变量名**。每个变量都属于某个确定的数据类型，在内存中占据一定的存储单元，在该存储单元中存放变量的值，因此，变量具有如下属性：

（1）地址：变量所在存储单元的地址。不同类型的变量占据不同数量的存储单元，存放变量的第一个存储单元的地址（即起始地址）就是该变量的地址。

（2）变量名：变量所在存储单元的助记符。

（3）变量值：存储在相应存储单元中的数据，即该变量所具有的值。

（4）类型：变量所属的数据类型。类型决定了变量的存储方式（即该变量占据存储单元的字节数和存储格式）、取值范围，以及允许对变量采取的操作。

编译器在对源程序进行编译时，会给每个变量按照其所属的数据类型分配一块特定大小的存储单元，并将变量名与这块存储单元**绑定**[1]在一起。在程序中对变量进行存取操作，实际上是通过变量名找到相应的存储地址，将数据存入该存储单元，或从该存储单元中读取数据。例如，设有 int 型变量 radius 分配在内存 F000 开始的存储单元中，变量

1　绑定（binding）是计算机科学的一个核心概念，从字面上理解，有捆绑的意思。绑定是通过将一个对象（或事物）与某种属性相联系，从而使抽象的概念具体化的过程。绑定在计算机领域非常普遍，如数据绑定、变量绑定、网卡绑定等。

的属性如图 3.12 所示。

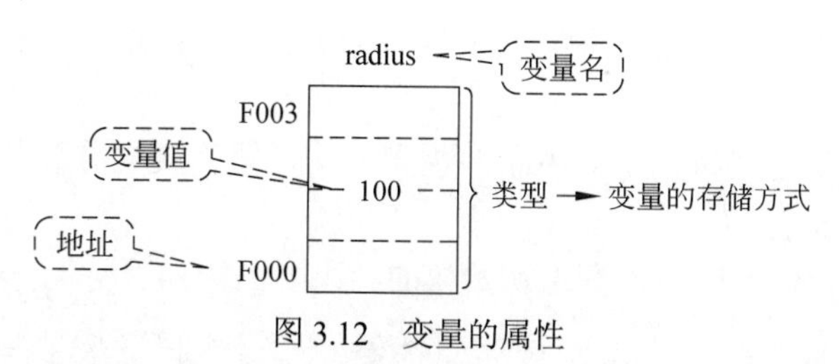

图 3.12　变量的属性

3.4.2　变量的定义和初始化

程序中需要哪些变量，变量应该采用什么数据类型，是由具体问题的需要决定的。C 语言要求程序中的所有变量必须“先定义，后使用”，在变量定义[1]中引进变量并规定该变量的属性。

【语法】 变量定义的一般形式如下：

```
类型名　变量名列表;
```

其中，类型名是任意合法的数据类型，包括基本数据类型和自定义数据类型；变量名列表是一个变量名或由逗号分隔的多个变量名；最后用分号表示结束变量定义。

【语义】 将变量名列表的各个变量定义为类型名的数据类型，编译器根据类型名为各变量分配相应的存储单元，并将变量名与该存储单元**绑定**到一起。

变量定义后编译器会给该变量分配一块存储空间，但是从程序开始执行到给变量赋值之前，该变量没有确定值，这时称该变量为**“值无定义的”**，严格来说，该变量的值是一个随机数。下面是几个变量定义的例子，其存储示意图如图 3.13 所示。

```
int radius, area;
float length;
double width;
char ch;
```

radius [随机数]　area [随机数]　length [随机数]　width [随机数]　ch [随机数]

图 3.13　值无定义的变量

变量的初始化是指在定义变量的同时为其赋初值，使该变量成为**“值有定义的”**。

【语法】 变量初始化的一般形式如下：

```
类型名　变量名 = 表达式;
```

1　变量声明与变量定义。声明一个变量只是将变量的有关信息告诉编译器，使得编译器认识该变量，但并不一定进行内存分配。而定义一个变量意味着给变量分配内存空间，同时将变量名与这个内存空间绑定在一起。

其中，类型名是任何合法的数据类型；变量名必须是一个，如果为多个变量进行初始化，则用逗号分隔；表达式可以是任意类型相容的合法表达式；最后用分号表示结束变量的初始化。

【语义】 将变量定义为类型名表示的类型，编译器为变量分配相应的存储单元，并将表达式的值赋给该变量[1]。

下面是变量初始化的例子，变量初始化的结果如图 3.14 所示。

```
int radius = 10, area;
float length = 3.5, width = 2.5;
char ch = 'x';
```

radius	area	length	width	ch
10	随机数	3.5	2.5	x

图 3.14 变量的初始化

3.4.3 变量的赋值

从内存的角度看，程序运行的过程是通过变量定义向内存申请存储空间，并通过赋值的方式不断修改这些存储单元的内容，最终得到问题的解，因此，为变量赋值是程序中最基本的操作，甚至可以说程序是由嵌入不同控制结构中的赋值语句组成。

【语法】 赋值语句的一般形式如下：

```
变量 = 表达式;
```

其中，"="是赋值运算符；表达式可以是任意类型相容的合法表达式。

【语义】 计算表达式的值，然后将这个值（即表达式的运算结果）写入（存储）到变量中。

所谓变量就是一段内存单元，给变量赋值就是向这段内存单元写入数据，可以将赋值运算符"="理解为写入"←"，右侧是要写入的数据，左侧是接收数据的变量。例如：length = 3.5 的含义是 length ← 3.5，即将 3.5 写入变量 length 中。下面是变量赋值的例子，其存储如图 3.15 所示。

```
float length, width;
length = 3.5;
width = 2.5;
```

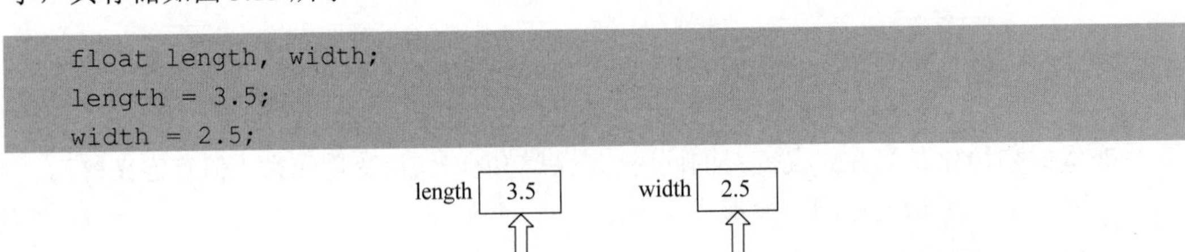

图 3.15 变量的赋值操作

1 如果定义一个变量时没有为其赋初值，直接引用这个变量是很危险的，因为此时变量的值可能是一个随机值，从而引发程序的逻辑错误，有时会得到莫名其妙的结果。一个良好的编程习惯是：在定义一个变量时就给变量赋初值，使变量处于"值有定义的"状态。

如果变量出现在赋值运算符的右侧，其操作是读取变量的值进行运算处理，需要强调的是，读取操作执行后该变量的值保持不变，相当于从中复制一份出来。下面是读取变量的例子，首先读取变量 length 和 width 的值，然后执行表达式的计算，最后将表达式的值赋给变量 area，而变量 length 和 width 的值保持不变，如图 3.16 所示。

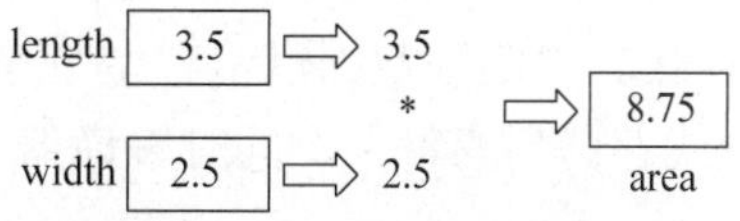

图 3.16　变量的读取操作

```
float length = 3.5, width = 2.5;
float area = length * width;
```

对“值有定义的”变量可以赋予新值，变量被赋予新值后便失去了原来的值，相当于用新值覆盖了旧值[1]。例如，执行变量初始化语句：

```
int radius = 10;
```

再执行赋值语句：

```
radius = 20;
```

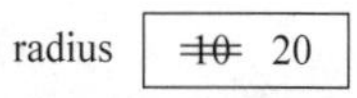

图 3.17　变量的重新赋值

则变量 radius 被赋予新值，如图 3.17 所示。因为变量占用的存储单元只能存放一个值，向该存储单元存入一个新值，其旧值必然被覆盖掉。

给变量赋值需要注意如下两个问题：

（1）取值范围。由于变量所占的存储单元数是有限的，因此变量能够表示的数据都有一定的取值范围，对变量进行赋值要保证变量值在这个范围内。例如：

```
short int radius = 60000;
```

假设 short int 型变量占用 2 字节，其取值范围是−32768～32767，而 60000 超出了 short int 型变量的取值范围，因此产生溢出。又如：

```
float length = 1.0e100;
```

假设 float 型变量占用 4 字节，其取值范围是 10^{-38}～10^{38}，而 1.0e100 超出了 float 型变量的取值范围，因此产生溢出。再如：

```
float length = 123.456789;
```

由于 float 型变量最多只能精确表示 8 位有效数字，因此，只能精确存储前 8 个数字即 123.45678，最后一位数字是一个随机值。

（2）数据类型。当赋值运算符两侧的数据类型不一致时，系统将进行自动类型转换，

1　C 语言中变量的含义和数学中变量的含义不同，C 语言中的变量代表保存数据的存储单元，而数学中的变量代表未知数。例如，x = x + 1 在数学上是不成立的，在 C 语言中表示把变量 x 的值加 1，然后再存入变量 x 中。

一般是将右侧表达式值的数据类型转换成左侧变量的数据类型[1]，数值数据的具体转换情况如下：

① 将实型数据赋给整型变量时，将舍弃该实型数据的小数部分，将整数部分以补码形式存储到变量中，同时编译器会给出一个警告。例如：

```
int radius = 6.85;
```

则变量 radius 的值为 6。

② 将整型数据赋给实型变量时，数值不变，将该整型数据以浮点形式存储到变量中。例如：

```
float length = 123;
```

则变量 length 的值为 123.0。

练习题 3-17 假设变量已正确定义，如下均是错误的赋值语句，请指出错误原因。

（1）x + 1 = y; （2）x == 365; （3）5 = x + y;

练习题 3-18 设有变量初始化语句 “float length = 123.456789;” 表达式 “length == 123.456789” 的运算结果是多少？

3.5 程序设计实例

3.5.1 程序设计实例 3.1——温度转换

【问题】 将给定的华氏温度转换为对应的摄氏温度。

【想法】 设 C 和 F 分别表示摄氏温度和华氏温度，温度转换的计算公式如下：

$$C = 5\times(F - 32)/ 9 \tag{3.2}$$

【算法】 设变量 temC 表示摄氏温度，变量 temF 表示华氏温度，算法如下：

1. 给定华氏温度 temF;
2. temC = 5 * (temF − 32) / 9;
3. 输出 temC;

【程序】 由于温度值可能是小数，因此将变量 temC 和 temF 定义为 double 型。在程序中为变量 temF 赋值，程序如下：

```
#include <stdio.h>

int main( )
```

1 在为变量进行赋值时，赋值运算符两侧的数据类型最好相同，至少右侧表达式的结果类型比左侧变量的类型级别低，或者右侧表达式的值在左侧变量的取值范围内，否则运行程序可能会出现错误的结果。

```
{
  double temC, temF;                        /*存储摄氏温度和华氏温度*/
  temF = 100;                               /*为变量 temF 赋值*/
  temC = 5 * (temF - 32) / 9;               /*将表达式的运算结果赋给变量 temC*/
  printf("华氏温度%5.2f 对应的摄氏温度是%5.2f\n", temF, temC);
  return 0;
}
```

3.5.2 程序设计实例 3.2——计算本息和

【问题】 假设人民币储蓄年利率为 1.95%，现存入 10 万元人民币，求一年后本息和。

【想法】 设 r 表示年利率，x 表示本金，y 表示利息，则利息的计算公式如下：

$$y = x \times r \tag{3.3}$$

【算法】 设变量 interest 表示利息，变量 foundMoney 表示本金，sumMoney 表示本息和，设符号常量 RATE 表示年利率，算法如下：

1. 给定本金值 foundMoney;
2. interest = foundMoney * RATE;
3. sumMoney = foundMoney + interest;
4. 输出 sumMoney;

【程序】 由于利率是一个相对固定的常量，为了提高程序的可读性以及方便修改，将利率定义为符号常量 RATE。程序如下：

```
#include <stdio.h>
const double RATE = 0.0195;                   /*将利率定义为符号常量 RATE*/

int main( )
{
  double interest, foundMoney, sumMoney;
  foundMoney = 1e5;                           /*foundMoney 赋值为 100000*/
  interest = foundMoney * RATE;               /*计算利息*/
  sumMoney = foundMoney + interest;
  printf("存入人民币%8.2f 元，", foundMoney);
  printf("一年后本息和为%8.2f 元\n", sumMoney);
  return 0;
}
```

3.6 本章实验项目

〖**实验 1**〗 上机运行 3.5.1 节程序设计实例 3.1，写出程序的运行结果。延伸实验：①将表达式 5 * (temF − 32) / 9 修改为 5 / 9 * (temF − 32)，写出程序的运行结果；②如果不设变量 temC，并且在定义变量 temF 时进行初始化，请修改程序。

〖**实验 2**〗 上机运行 3.5.2 节程序设计实例 3.2，写出程序的运行结果。延伸实验：①如果年利率上浮 40%，请修改程序；②如果利息所得税为 20%，计算扣除利息所得税后的本息和，请修改程序。

3.7 本章教学资源

练习题答案

练习题 3-1 修改后程序如下：

```
#include <stdio.h>
#define PI 3.14159
int main( )
{
  double r = 2.5, C;
  C = PI * r * r;
  printf("半径 r=%6.2f, 面积 C=%6.2f\n", r, C);
  return 0;
}
```

练习题 3-2 熟悉的单词和语句有：关键字 include、int、double、return 等，标识符 r、C 等，预处理指令、输出语句等。

练习题 3-3 $(123)_{10} = (1111011)_2$

练习题 3-4 $(0.1)_2 = (0.00011001)_{10}$

练习题 3-5 读取 1 个存储单元的整数是 25，读取 2 个存储单元的整数是 10265。

练习题 3-6 没有说明存储格式，不能具体地回答这个问题，因为存储单元中存放的可以是用于计算的数值数据、表示文本字符的编码、图像的一部分、操作数据的指令以及其他各种数据。数据和操作数据的指令在逻辑上是相同的，它们存储在相同的地方，意识到这一点很重要，它正是"存储程序"的意义所在。

练习题 3-7 2 字节能够表示的整数范围是 $-2^{15} \sim (2^{15}-1)$。

练习题 3-8 $[61]_{补}$ = **0**000000000111101，$[-68]_{补}$ = **1**111111110111100

	0000000000111101	$[61]_{补}$
+	1111111110111100	$[-68]_{补}$
	1111111111111001	$[-7]_{补}$

练习题 3-9 $(-12.75)_{10}=(-1100.11)_2=(-0.110011 \times 2^{100})_2$，阶码是 100，尾数是−0.110011。

第4字节	第3字节	第2字节	第1字节
0 ⁝ 0 0 0 0 1 0 0	1 ⁝ 0 0 1 1 0 1 0	0 0 0 0 0 0 0 0	0 0 0 0 0 0 0 0

练习题 3-10 'A'的 ASCII 码为 65 存储→ 010010001

练习题 3-11 ch−2 表示字符'V'，ch+2 表示字符'Z'，ch−32 表示字符'8'，ch+32 表示字符'x'。

练习题 3-12 （1）1 （2）1 （3）1

练习题 3-13 3 位八进制数的最大整数是 777，对应的十进制整数是 511，2 位十六进制

<table>
<tr>
<td></td>
<td colspan="4">数的最大整数是 FF,对应的十进制整数是 255,足够表示标准 ASCII 码集合的所有字符。
练习题 3-14　printf("C:\\\\book\\chapter1.docx")
练习题 3-15　字符'x'在内存中占 1 字节，字符串"x"在内存中占 2 字节。
练习题 3-16　#define LOGe 2.71828　　　const double LOGe = 2.71828;
练习题 3-17（1）赋值运算符左侧不能是表达式;（2）==是判等运算符;（3）赋值运算符左侧不能是数字。
练习题 3-18　判等运算结果不确定，因为 123.456789 超过 float 型数据表示的精度，最后一位是随机数。</td>
</tr>
<tr>
<td>二维码</td>
<td>
课件</td>
<td>
源代码</td>
<td>
“每课一练”
答案（1）</td>
<td>
“每课一练”
答案（2）</td>
</tr>
</table>

天行健，君子以自强不息；地势坤，君子以厚德载物。

——《周易》

第4章

数据的运算处理

程序的执行过程是对数据进行处理的过程，因此，程序中不仅需要使用常量和变量来存储求解问题涉及的数据，还需要对这些数据进行各种运算处理。本章介绍 C 语言的常用运算。

4.1 算术运算

【引例 4.1】 计算三角形的周长

【问题】 已知三角形三个边的边长，计算三角形的周长。

【想法】 假设给定的三个边长可以构成一个三角形，将这三个边长相加得到周长。

【算法】 设变量 a、b 和 c 存储三个边长，变量 triC 存储周长，算法如下：

1. 给变量 a、b 和 c 赋值;
2. triC = a + b + c;
3. 输出 triC;

【程序】 定义 int 型变量 a、b 和 c 并进行初始化，定义 int 型变量 triC 存储周长，程序如下：

```
#include <stdio.h>

int main ( )
{
  int a = 6, b = 5, c = 5;
  int triC;
```

```
    triC = a + b + c;
    printf("三角形的周长是：%d\n", triC);
    return 0;
}
```

练习题 4-1 引例 4.1 程序的运行结果是什么？程序中出现了哪些新的语法？

4.1.1 算术运算

所谓**算术运算**就是数值运算，由算术运算符、运算对象和圆括号组成的式子称为**算术表达式**。算术表达式的运算对象和运算结果均为数值型数据，一般可以是整型和实型。人们在进行算术运算时往往不区分运算对象是整型还是实型，为了照顾这种习惯，大多数程序设计语言允许在整型和实型之间进行混合算术运算。

【语法】 算术表达式的一般形式如下：

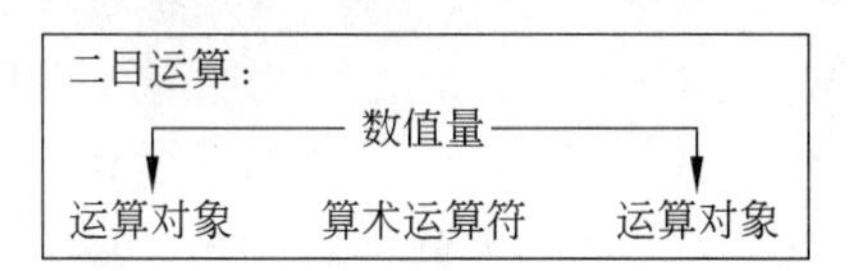

或

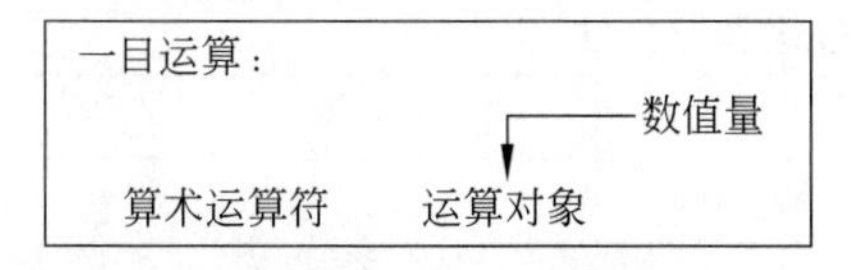

其中，二目运算（也称双目运算）是指该运算符需要两个运算对象，一目运算（也称单目运算）是指该运算符需要一个运算对象；运算对象通常是数值量，可以是常量、变量，还可以是另一个表达式。C 语言的算术运算符如表 4.1 所示。

【语义】 执行算术运算符规定的算术运算。

表 4.1 C 语言的算术运算符

运算符	运算规则	运算类别	结合方式	运算对象	运算结果	举例
+	取正	一目	左结合	整型或实型	整型或实型	+5, +12.3, +x
-	取负					−5, −12.3, −x
+	加法	二目		整型或实型	若两个运算对象都是整型，则为整型，否则为实型	3 + 5, 3.5 + 8, x + 3
-	减法					3 − 5, 3.5 − 8, x − 3
*	乘法					3 * 5, 3.5 * 8, x * 3
/	除法					3 / 5, 3.5 / 8, x / 3
%	求余			整型	整型	3 % 5, 16 % 8, x % 3

在 C 语言中进行算术运算需要注意以下问题：

（1）两个整数相除的结果为整数，舍去小数部分，例如：7/3 的运算结果为 2，3/7 的运算结果为 0。

（2）求余运算的运算对象均为整数，不能用于实数，例如：7%3 的运算结果为 1，3%7 的运算结果为 3。

（3）C 标准没有定义运算符/和%对负数的运算规则，这部分内容由实现来定义，如果运算对象为负数，则运算结果不确定。例如：对于−7/3，有的系统给出的结果为−2，有的系统给出的结果为−3；对于−7%3，有的系统给出的结果为−1，有的系统给出的结果为 2。

4.1.2 运算符的优先级和结合性

运算符的优先级是指在表达式中具有不同的运算符时，表达式的求值顺序，优先级高的先于优先级低的进行运算。例如，表达式 5 + 3 % 2 等价于 5 + (3 % 2)，这是因为%运算的优先级高于+运算的优先级。**运算符的结合性**是指在运算对象两侧运算符的优先级相同时，表达式的求值方向，即运算对象按什么顺序进行运算。通常有两种求值方向：左结合和右结合，左结合是将运算对象用左侧的运算符进行运算，右结合是将运算对象用右侧的运算符进行运算。例如，表达式 2+x−3 等价于(2+x)−3，这是因为变量 x 两侧运算符的优先级相同，运算符+和−的结合性是左结合，所以变量 x 先用左侧的运算符进行运算。每种运算符都具有确定的优先级和结合性。C 语言常用运算符的优先级和结合性如表 4.2 所示，可以用圆括号来改变运算符的执行顺序[1]。

表 4.2 常用运算符的优先级和结合性

<table>
<tr><th>运算符</th><th>运算规则</th><th>结合性</th><th>优先级</th></tr>
<tr><td>!</td><td>逻辑非</td><td rowspan="2">右结合</td><td rowspan="10">高
↑
低</td></tr>
<tr><td>++、−−、+、−</td><td>自增、自减、取正、取负</td></tr>
<tr><td>*、/、%</td><td>乘、除、取余</td><td rowspan="5">左结合</td></tr>
<tr><td>+、−</td><td>加、减</td></tr>
<tr><td><、<=、>、>=</td><td>小于、小于或等于、大于、大于或等于</td></tr>
<tr><td>==、!=</td><td>等于、不等于</td></tr>
<tr><td>&&、||</td><td>逻辑与、逻辑或</td></tr>
<tr><td>? :</td><td>条件</td><td rowspan="2">右结合</td></tr>
<tr><td>=</td><td>赋值</td></tr>
<tr><td>,</td><td>逗号</td><td>左结合</td></tr>
</table>

4.1.3 程序设计实例 4.1——通用产品代码

【问题】通用产品代码（Universal Product Code，UPC）是指商品条形码下方的数字，每个 UPC 表示为一个 12 位的数，可以通过扫描商品的 UPC 条形码获得该商品的生产商

1 程序中应该避免使用晦涩并且容易出错的表达式。可以在容易出错或不确定的地方按照自己的本意适当给表达式加括号，也可以将复杂的表达式拆分为多个子表达式，然后分别计算子表达式的值。

等信息。UPC 的最后一位是校验位，用来校验条形码扫描的结果是否正确。假设计算校验位的步骤如下：

（1）将奇数位的数字相加；

（2）将偶数位的数字相加；

（3）将步骤（1）的结果乘以 3 再减去步骤（2）的结果；

（4）将步骤（3）的结果除以 10 取余数。

从键盘输入一个 11 位的数字，用上述方法计算校验位，生成 12 位的 UPC 并输出。

【想法】 由于 11 位整数超出 int 型的表示范围，所以，不能用一个整型变量直接存储这个 UPC 码。可以用 11 个变量（upc1~upc11）来接收每一位数字，然后对这 11 个变量进行相应的算术运算，将运算结果存储到变量 upc12 中，最后依次输出变量 upc1~upc12 的值。

【算法】 设变量 upc1~upc12 表示 UPC 的每一位数字，sum1 和 sum2 分别对应奇数位数字之和以及偶数位数字之和，算法如下：

1. 输入一个 11 位数，将每一位数字存储到变量 upc1~upc11 中；
2. sum1 = upc1 + upc3 + upc5 + upc7 + upc9 + upc11;
3. sum2 = upc2 + upc4 + upc6 + upc8 + upc10;
4. upc12 = (sum1 * 3 – sum2) % 10;
5. 依次输出 upc1~upc12;

【程序】 由于使用变量 upc1~upc12 表示 UPC 的每一位数字，在接收键盘输入时，注意每位数字之间用空格分隔，以保证将每一位数字存入相应变量。程序如下：

```
#include <stdio.h>

int main( )
{
    int upc1, upc2, upc3, upc4, upc5, upc6, upc7, upc8, upc9, upc10, upc11;
    int upc12, sum1, sum2;
    printf("请依次输入 UPC 码的每一位数字，用空格分隔：");
    scanf("%d %d %d %d", &upc1, &upc2, &upc3, &upc4);
    scanf("%d %d %d %d", &upc5, &upc6, &upc7, &upc8);
    scanf("%d %d %d", &upc9, &upc10, &upc11);
    sum1 = upc1 + upc3 + upc5 + upc7 + upc9 + upc11;
    sum2 = upc2 + upc4 + upc6 + upc8 + upc10;
    upc12 = (sum1 * 3 - sum2) % 10;
    printf("UPC 码是%d%d%d%d%d", upc1, upc2, upc3, upc4, upc5);
    printf("%d%d%d%d%d%d, ", upc6, upc7, upc8, upc9, upc10, upc11);
    printf("校验码是%d\n", upc12);
    return 0;
}
```

4.2 逻 辑 运 算

逻辑思维最基本的功能就是能够分辨各种情况，这些各种可能的情况称为逻辑条件。通常采用关系运算和逻辑运算来表达逻辑条件，关系运算可以看作是逻辑运算的简单形式，较复杂的逻辑条件就需要采用逻辑运算来表示。

【引例 4.2】 判断闰年

【问题】 对于给定的年份，判断该年是否是闰年。

【想法】 闰年是满足下列条件之一的年份：①能被 4 整除，但不能被 100 整除；② 能被 400 整除。

【算法】 设变量 year 表示年份，则条件①可以表示为：year % 4 等于 0 并且 year % 100 不等于 0，条件②可以表示为：year % 400 等于 0，年份 year 只要满足条件①和②之一即是闰年。算法用伪代码描述如下：

1. 给变量 year 赋值;
2. 如果(year % 4 等于 0 且 year %100 不等于 0)或(year % 400 等于 0)，
   则输出是闰年; 否则输出不是闰年;

【程序】 由于年份 year 只要满足条件①和②之一即是闰年，因此，闰年的判定条件是 (year % 4 == 0 && year %100 != 0) || (year % 400 == 0)，程序如下：

```
#include <stdio.h>

int main ( )
{
   int year = 2014;
   if ((year % 4 == 0 && year %100 != 0) || (year % 400 == 0))
      printf("%d 年是闰年\n", year);
   else
      printf("%d 年不是闰年\n", year);
   return 0;
}
```

练习题 4-2 如果从键盘输入年份，如何修改程序？

练习题 4-3 引例 4.2 程序的运行结果是什么？程序中出现了哪些新的语法？

4.2.1 关系运算

由关系运算符、运算对象和圆括号组成的式子称为**关系表达式**。关系表达式的运算对象是任何可以进行比较的数据，在C语言中，可以是整型、实型或字符型[1]；关系表达式的运算结果是逻辑值，即只有逻辑真和逻辑假两个值。

【语法】 关系表达式的一般形式如下：

运算对象　关系运算符　运算对象

其中，运算对象可以是常量、变量，还可以是另一个合法的表达式；C 语言的关系运算符如表 4.3 所示。

【语义】 执行关系运算符定义的比较运算，若满足该关系表达式，则结果为真（1），否则结果为假（0）。

表 4.3　C 语言的关系运算符

运算符	运算规则	运算类型	结合方式	运算对象	运算结果	举例
<	小于	二目	左结合	整型、实型或字符型	满足则为真(1)，不满足则为假(0)	5 < 3，x < 2
<=	小于或等于					3 <= 3，x <= 2
>	大于					5 > 3，2 > x
>=	大于或等于					3 >= 3，2 >= x
= =	等于					3 = = 3，x = = 2
!=	不等于					3 != 3，2 != x

本质上，关系运算就是比较运算，也就是将两个值进行比较，比较的结果取决于编译系统采用的字符集，常用的字符集是 ASCII 码。例如，对于 a > 5，假设 a 的值为 8 则满足条件（即 a > 5 成立），运算结果为 1；假设 a 的值为 3 则不满足条件（即 a > 5 不成立），运算结果为 0。

4.2.2　逻辑运算

由逻辑运算符、运算对象和圆括号组成的式子称为**逻辑表达式**。C 语言规定参与逻辑运算的运算对象可以是整型、实型和字符型；逻辑表达式的运算结果是逻辑值，即只有逻辑真和逻辑假两个值。

【语法】 逻辑表达式的一般形式如下：

二目运算： 运算对象　逻辑运算符　运算对象	或	一目运算： 逻辑运算符　运算对象

其中，运算对象可以是常量、变量，还可以是另一个合法的表达式；C 语言的逻辑运算符如表 4.4 所示。

1　由于浮点数在计算机中有时不能精确表示，所以浮点数的比较是不可靠的。常常引入一个极小数来对这种误差进行修正，经验表明 10^8 比较合适，一般情况下既不会漏判也不会误判。例如，对于两个 double 型变量 x 和 y，可以将表达式 x > y 写作 x − y > 1e8。

【语义】 执行逻辑运算符规定的逻辑运算，逻辑运算规则如下[1]：

（1）如果运算对象 1 和运算对象 2 都是非 0 值，则“运算对象 1 && 运算对象 2”的运算结果为逻辑真；

（2）如果运算对象 1 和运算对象 2 至少有一个是非 0 值，则“运算对象 1 || 运算对象 2”的运算结果为逻辑真；

（3）如果运算对象是 0 值，则“!运算对象”的运算结果为逻辑真；

（4）所有其他情况，运算结果均为逻辑假。

表 4.4 C 语言的逻辑运算符

<table>
<tr><th>运算符</th><th>运算规则</th><th>运算类型</th><th>结合方式</th><th>运算对象</th><th>运算结果</th><th>举例</th></tr>
<tr><td>&&</td><td>与</td><td rowspan="2">二目</td><td rowspan="3">左结合</td><td rowspan="3">整型、实型或字符型</td><td rowspan="3">满足为真，不满足为假</td><td>5 && 2, x && 2</td></tr>
<tr><td>||</td><td>或</td><td>5 || 2, x || y</td></tr>
<tr><td>!</td><td>非</td><td>一目</td><td>!2, !x</td></tr>
</table>

例 4.1 写出下列逻辑条件对应的逻辑表达式：

（1）小于 100 的偶数　　（2）x 大于 3 并且小于 8　　（3）x 和 y 不同时为 0

解：（1）设变量 x 表示一个整数，逻辑表达式为：(x < 100) && (x % 2 == 0)。

（2）逻辑表达式为：(x > 3) && (x < 8)。如果写成：3 < x < 8，则先计算 3 < x，再判断该值是否小于 8，则表达式 3 < x 的结果无论是真（1）还是假（0），值都小于 8，因此，表达式 3 < x < 8 的值永远为真。

（3）逻辑表达式为：!(x == 0 && y == 0)或 x != 0 || y != 0，这两个表达式是等价的。

★Logic 最早被清末翻译家严复翻译成中文“逻辑”，中国古代称逻辑学为名辩学，是名学和辩学的合称，代表著作是《墨经·小取》《公孙龙子·名实论》和《荀子·正名》。墨子提出了“辩”和“故”等逻辑概念，公孙龙阐述了著名的“白马非马”逻辑命题。

4.2.3 程序设计实例 4.2——赛车评论

【问题】 4 个赛车手进行比赛，下面是 4 个评论员的评论。A：2 号赛车一定能赢；B：4 号赛车一定能赢；C：3 号赛车一定不能赢；D：B 的评论是错误的。已知只有一位评论员是正确的，请问 2 号赛车是否能赢？

【想法】 将 4 位评论员的评论分别描述为关系表达式，统计 2 号赛车赢得胜利时关系表达式成立的个数，若仅有一个表达式成立，则 2 号赛车能够赢得胜利。

【算法】 设字符型变量 thisCar 表示赛车编号，各个评论对应的关系表达式如下：

A：thisCar == '2'，B：thisCar == '4'，C：thisCar != '3'，D：thisCar != '4'

---

1 逻辑表达式按从左到右的顺序计算，一旦得到表达式的结果就停止计算，这称为**逻辑短路**。例如，对于表达式 exp1 && exp2，先计算 exp1，若其值为假，则整个表达式一定为假，不再计算 exp2 的值；对于表达式 exp1 || exp2，先计算 exp1，若其值为真，则整个表达式一定为真，不再计算 exp2 的值。

统计 thisCar 的值为'2'时，上述表达式成立的个数。算法如下：

1. 初始化 thisCar = '2';
2. count = (thisCar == '2')+(thisCar == '4')+(thisCar != '3')+(thisCar != '4');
3. 如果 count 等于 1，则输出“2 号赛车能够赢得胜利！”；
   否则输出“2 号赛车不能赢得胜利！”；

【程序】 定义 char 型变量 thisCar 并初始化为'2'，统计 4 个评论对应的关系表达式成立的个数。程序如下：

```
#include <stdio.h>

int main( )
{
  char thisCar = '2';            /*thisCar 表示赛车编号，为字符型*/
  int count;
  count = (thisCar == '2') + (thisCar =='4') + (thisCar != '3') + (thisCar != '4');
  if (count == 1)
    printf("%c 号赛车能够赢得胜利！\n", thisCar);
  else
    printf("%c 号赛车不能赢得胜利！\n", thisCar);
  return 0;
}
```

4.3 赋 值 运 算

4.3.1 赋值运算

C 语言把赋值作为一种运算，用赋值运算符将变量和表达式连接起来的式子称为**赋值表达式**。

【语法】 赋值表达式的一般形式如下：

```
变量 = 表达式
```

其中，“=”是赋值运算符；赋值运算符的左侧只能是变量，右侧表达式可以是任意类型相容的合法表达式。

【语义】 计算表达式的值；将该值赋给赋值运算符左侧的变量；将该值作为整个赋值表达式的值。

在赋值表达式中，赋值运算符右侧的表达式也可以是一个赋值表达式，并且赋值运算符采用右结合方式，计算时先进行右侧表达式赋值，再将结果赋给左侧变量。例如：赋值表达式 x = y = 5 等价于 x = (y = 5)，即先计算赋值表达式 y = 5，再将该表达式的值 5

赋给变量 x，结果使得变量 x 和 y 都被赋值为 5。

在进行赋值运算时，如果赋值运算符两侧的数据类型不同，系统首先将赋值运算符右侧表达式的类型自动转换为左侧变量的类型，再给变量赋值，同时编译器会给出一个警告。例如：假定变量 x 为 int 型，则计算表达式 x = 2.5 *3 后，变量 x 的值是 7，该赋值表达式的值也是 7。

4.3.2 复合赋值运算

C 语言提供了复合赋值运算符来简写赋值表达式，将算术运算符与赋值运算符组合在一起就构成了复合赋值运算符，具体有+=、−=、*=、/=和%=等。例如，可以将表达式“radius = radius + 20”简写为“radius += 20”。如果赋值运算符的右侧是一个表达式，则将该表达式看成一个整体，例如，表达式“x *= y + 3”等价于“x = x * (y + 3)”。

当赋值运算符左侧的变量名很长时，可以使用复合赋值运算符来简写赋值表达式。有些程序员不提倡使用复合赋值运算符，因为当表达式较为复杂时，理解上可能会出现歧义。例如，表达式“x *= y + 3”可能被错误地理解为“x = x * y + 3”。

4.3.3 自增/自减运算

程序中经常出现使变量增 1 或减 1 的操作，C 语言提供了自增（++）和自减（− −）运算符实现变量的加 1 和减 1 操作[1]，++运算使变量的值增 1，− −运算使变量的值减 1。

【语法】 自增/自减运算符在变量之前称为**前置运算**，一般形式如下：

```
++ (−−) 变量
```

自增/自减运算符在变量之后称为**后置运算**，一般形式如下：

```
变量++ (−−)
```

【语义】 前置运算先使变量的值增（减）1，再以变化后的值参与其他运算；后置运算先以变量的值参与其他运算，再使变量的值增（减）1。

从本质上讲，自增（自减）运算是变量加 1（减 1）运算的简写，例如，表达式“i ++”和“++ i”等价于“i = i + 1”，表达式“i − −”和“− −i”等价于“i = i − 1”。需要强调的是，自增/自减运算符的运算对象只能是变量，不能是常量或表达式。原则上，自增/自减运算符可以用于所有类型的变量，但极少用于 float 和 double 型变量。

例 4.2 对于如下程序段，写出每个赋值语句执行后变量 a 和 b 的值。

---

1 一般情况下，不希望运算符改变表达式中运算对象的值，例如，计算表达式 x+y 的值，变量 x 和 y 的值不发生变化。由于自增/自减运算符在进行算术运算时，变量的值发生了变化，使得运算结果可能与期望结果不相符，因此，一般不使用自增/自减运算符构造较为复杂的表达式。

```
int a = 3, b;
b = a++;
b = ++a;
```

解：表达式“b = a++”等价于“b = a，a = a + 1”，因此，变量b的值为3，变量a的值为4；表达式“b = ++a”等价于“a = a + 1，b = a”，因此，变量a的值为5，变量b的值也为5。

练习题 4-4 设有 int 型变量 x、y 和 z，逐条执行下面四条语句，写出每个赋值语句执行后变量 x、y 和 z 的值。

```
(1) x = y = z = 2;
(2) x = y + z;
(3) x = y++;
(4) x += y + z;
```

★简体中文是现代中文的一种标准化写法。汉字从甲骨文、金文发展为篆书，再发展为隶书、楷书，其总趋势就是从繁到简。王羲之的行书《兰亭集序》有 324 个字，其中 102 个是简化字。20 世纪 50 年代中期，在周恩来总理的直接主持关心下，上百名专家对数千个常用的汉字进行了一次字体简化，从而让数以亿计的人民大众能够尽早、尽快地识字认字，提高了人们使用文字的速度，提升了大众整体的文化水平。

4.4 其他运算

4.4.1 逗号运算

在 C 语言中，逗号既可作为分隔符，又可作为运算符。逗号作为运算符时，将若干个独立的表达式连接在一起，组成逗号表达式。

【语法】 逗号表达式的一般形式如下：

```
表达式 1, 表达式 2, … , 表达式 n
```

其中，表达式可以是任意合法的 C 语言表达式。

【语义】 先计算表达式 1 的值，再计算表达式 2 的值，……，最后计算表达式 *n* 的值，并将表达式 *n* 的值作为逗号表达式的值。

逗号运算符的优先级是所有运算符中最低的，其结合性是左结合。例如，逗号表达式“x = 3, y = 4, z = x + y”等价于“(x = 3), (y = 4), (z = x + y)”，从左至右依次计算三个赋值表达式后，逗号表达式的值为 7。

逗号表达式常用于 for 循环语句。

4.4.2 取长度运算

取长度运算符 sizeof 是一个单目运算符，用于计算某种类型的数据对象在内存中所占的字节数。

【语法】 取长度表达式的一般形式如下：

```
sizeof(类型或表达式)
```

其中，类型是任意合法的数据类型，包括基本数据类型和自定义数据类型；表达式是任意合法的表达式。

【语义】 编译时执行，计算类型或表达式的值在内存中所占的字节数。

需要注意的是，由于 sizeof 运算符是在编译时执行，因此并不对括号内的表达式本身求值。例如，sizeof(int)的值是 4，表示 int 型数据在内存中占用 4 字节；sizeof(double)的值是 8，表示 double 型数据在内存中占用 8 字节；假定变量 x 是 int 型，则 sizeof(x)的值是 4，表示变量 x 在内存中占用 4 字节；sizeof(x++)的值也是 4，表示表达式 x++的值在内存中占用 4 字节，但不计算 x++。

4.4.3 条件运算

条件运算符由符号“?”和符号“:”组成，两个符号必须一起使用，条件运算符是 C 语言唯一一个三目运算符（要求 3 个运算对象）。

【语法】 条件表达式的一般形式如下：

```
表达式1 ? 表达式2 : 表达式3
```

其中，表达式 1、表达式 2 和表达式 3 可以是任意合法的 C 语言表达式。

【语义】 计算表达式 1 的值，如果表达式 1 成立，则计算表达式 2 的值，并且把表达式 2 的值作为条件表达式的值；如果表达式 1 不成立，则计算表达式 3 的值，并且把表达式 3 的值作为条件表达式的值。

例 4.3 执行如下程序段，变量 k 的值是多少？

```
int i = 2, j = 3, k;
k = i > j ? i : j;
k = (i > 1 ? 5 : 8) + j;
```

解：在第一个赋值语句中，由于 i > j 不成立，则条件表达式的值为变量 j 的值，再把这个值赋给变量 k，因此，k 的值是 3。在第二个赋值语句中，先执行条件表达式，由于 i > 1 成立，则条件表达式的值为 5，再执行加法运算，然后将结果 8 赋给变量 k，因此，k 的值是 8。

条件表达式使程序更加短小但也更难以阅读，有些程序员不习惯使用。可以使用 if-else 语句完成条件表达式的功能。事实上，条件表达式等价“if (表达式 1) 表达式 2; else 表达式 3;”。

练习题 4-5 假设有变量定义语句“int x = 3, y = 5, z;”，则 sizeof(z = x + y)的值是多少？变量 x、y 和 z 的值是多少？

练习题 4-6 将条件表达式“k = i > 1 ? 5 : 8”用 if-else 语句实现。

4.5 运算对象的类型转换

在计算表达式时，通常要求运算对象占用相同的二进制位数，并且要求存储格式也完全相同。例如，计算机硬件可以直接将两个 16 位整数相加，但是不能直接将一个 16 位整数和一个 32 位整数相加，也不能直接将一个 32 位整数和一个 32 位浮点数相加。因此，在计算表达式时，如果一个二目运算符两侧运算对象的数据类型不同，则按照“先转换，后运算”的原则，首先将运算对象转换成同一数据类型，然后基于同一数据类型进行运算。数据类型转换有两种方式：自动类型转换和强制类型转换。

4.5.1 自动类型转换

自动类型转换由编译器完成，无须编程人员的干预，因此也称**隐式类型转换**，一般的转换原则是将低数据类型（占用较少的二进制位）转换为高数据类型（占用较多的二进制位），这称为**类型提升**。数据类型越高，数据的表示范围就越大，精度也越高。常用数据类型由低到高依次为：char→short→int→long→float→double。

需要强调的是，类型提升通常是一次完成的，例如，int 型数据可以直接转换为 double 型，char 型数据可以直接转换为 int 型也可以直接转换为 double 型。类型提升后只是数据的存储格式发生了变化，数据值并不发生变化，因此，这种转换是安全的。例如，16 位 short int 型数据转换为 32 位 int 型数据的过程示例如图 4.1 所示。

例 4.4 假设有如下变量定义，计算 ch % a + (x + y) / a 的值。

```
int a = 10;
char ch = 'a';
float x = 2.5;
double y = 123.45;
```

解：运算对象的类型转换及表达式的求值过程如图 4.2 所示，计算过程如下：

① 计算 ch % a：将变量 ch 由 char 型转换为 int 型再进行计算，即 97 % 10 得到结果为 7；

② 计算 x+y：将变量 x 由 float 型转换为 double 型再进行计算，即 2.5 + 123.45 得到结果为 125.95；

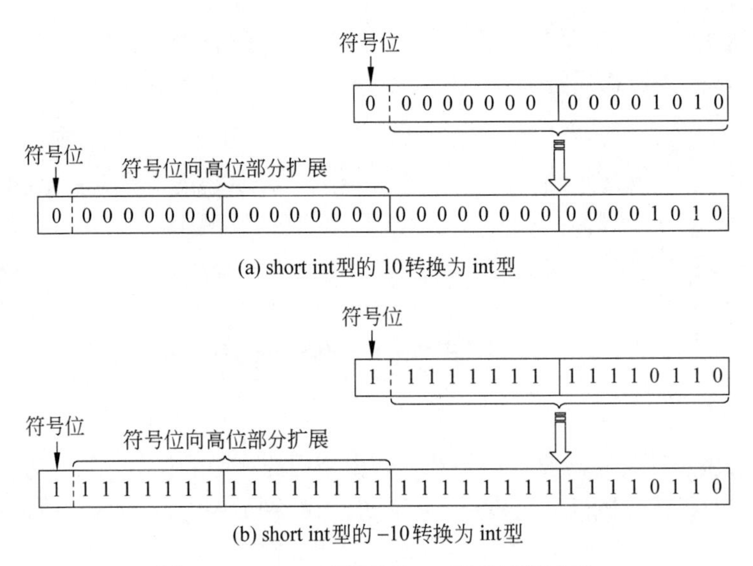

图 4.1 short int 型转换为 int 型的过程示例

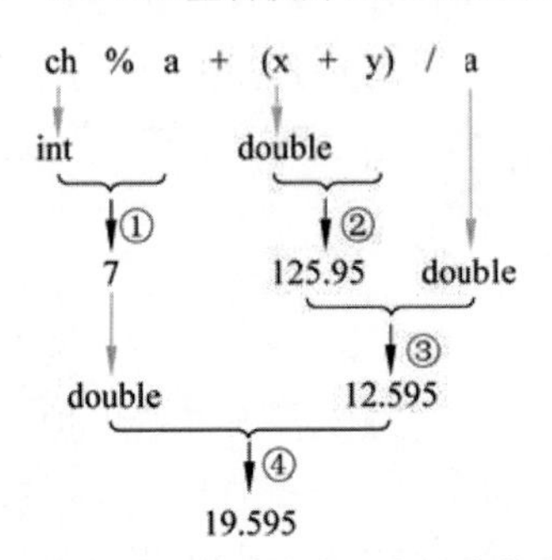

图 4.2 运算对象的类型转换及表达式的求值过程

③ 计算 125.95 / a：将变量 a 由 int 型转换为 double 型再进行计算，即 125.95 / 10.0 得到结果为 12.595；

④ 计算 7+12.595：将 7 由 int 型转换为 double 型再进行计算，即 7.0 + 12.595 得到结果为 19.595。

将高类型的数据转换为低类型的数据，一般直接截取高类型数据的低位部分，因此，有可能使数据值发生变化，有些编译器会发出警告。例如：将 32 位 int 型数据转换为 16 位 short int 型数据的过程如图 4.3 所示。

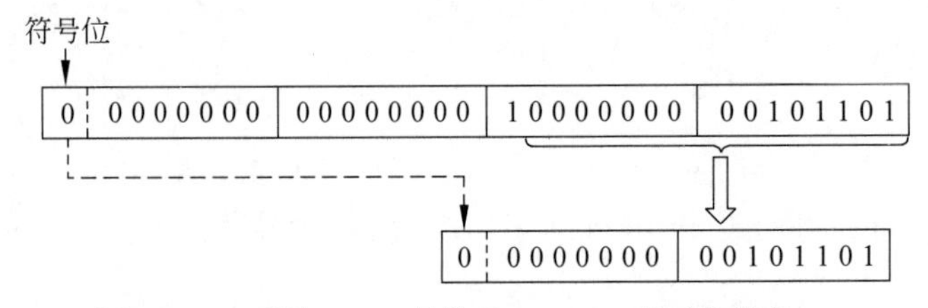

图 4.3 int 型的 32813 转换为 short int 型后的值是 45

4.5.2 强制类型转换

强制类型转换是编程人员强制地改变某个数据的类型，因此也称为**显式类型转换**。

【语法】 强制类型转换的一般形式如下：

```
(类型名) (表达式)
```

其中，类型名是任意合法的数据类型，包括基本数据类型和自定义数据类型；类型名和表达式都必须加括号，如果表达式是常量或变量，可以不加括号。

【语义】 将表达式的值转换为类型名表示的数据类型。

自动类型转换的规则同样也适用于强制类型转换，如果把一个高类型的数据转换为一个低类型的数据，通常会有潜在的精度损失，编译器会给出一个警告，而强制类型转换阻止编译器进行类型检查并关闭这个警告，也就是说，强制类型转换有可能在程序中引入漏洞，并阻止编译器报告这个漏洞产生的问题[1]。

例 4.5 对于如下程序段，写出每个赋值语句执行后变量 a 的值。

```
double x = 3.6, y = 3.8;
int a;
a = x + y;
a = (int)(x + y);
a = (int)x + y;
```

解：第一个赋值语句的执行过程是：①执行 x + y，运算结果为 7.4；②系统自动将 7.4 转换为 int 型后赋给变量 a，同时会给出一个警告，因此变量 a 的值为 7。

第二个赋值语句的执行过程是：①执行 x + y，运算结果为 7.4；②系统进行强制类型转换，将 7.4 转换为 int 型后赋给变量 a，因此变量 a 的值为 7，编译器不会给出任何警告。

第三个赋值语句的执行过程是：①进行强制类型转换，将变量 x 的值转换为 int 型，结果为 3；②执行加法运算，运算结果为 6.8；③系统自动将 6.8 转换为 int 型后赋给变量 a，同时会给出一个警告，因此变量 a 的值为 6。

需要强调的是，无论是自动类型转换还是强制类型转换，都只是为了执行本次运算而对数据的类型进行临时性的转换，是将某个数据的值转换成一个中间量，不改变原数据的类型。例如：在表达式 a = (int) x + y 中，只是为了执行本次运算将变量 x 的值转换成一个 int 型的临时量，变量 x 的数据类型仍然是 double 型。

练习题 4-7 写出下列程序段运行后变量 z1、z2、z3 和 z4 的值。

```
int x = 25, y = 10;
```

---

1 强制类型转换告诉编译器："不必进行类型检查，我知道并且允许这个潜在的损失。"一旦进行了强制类型转换，程序员必须自己面对各种问题。由于强制类型转换有可能在程序中引入漏洞，因此程序员在一般情况下需尽可能避免使用强制类型转换，它只是用于解决非常问题的特殊手段。

```
int z1 = x/y;
double z2 = x/y;
double z3 = (double)x/y;
double z4 = (double)(x/y);
```

4.6 本章实验项目

〖**实验 1**〗 上机实现 4.1.3 节程序设计实例 4.1，假设 UPC 码是 68050900136，写出程序的运行结果。延伸实验：用 double 型变量存储 UPC 码，是否超出 double 型的表示范围？请修改程序。

〖**实验 2**〗 上机实现 4.2.3 节程序设计实例 4.2，写出程序的运行结果。延伸实验：①如果判断 3 号赛车是否能赢，请修改程序；②依次判断每一辆赛车是否能赢，请修改程序。

4.7 本章教学资源

<table>
<tr><td>练习题答案</td><td colspan="4">练习题 4-1　三角形的周长是：16。
练习题 4-2　printf("请输入要判断的年份：");
scanf("%d", &year);
练习题 4-3　2014 年不是闰年。
练习题 4-4　（1）x、y 和 z 的值均是 2;（2）x 的值是 4，y 和 z 的值是 2;（3）x 的值是 2，y 的值是 3，z 的值是 2;（4）x 的值是 7，y 的值是 3，z 的值是 2。
练习题 4-5　sizeof(z = x + y)的值是 4，x 的值是 3，y 的值是 5，z 的值不确定。
练习题 4-6　if (i > 1) k = 5; else k = 8;
练习题 4-7　z1 的值是 2，z2 的值是 2.0，z3 的值是 2.5，z4 的值是 2.0。</td></tr>
<tr><td>二维码</td><td>课件</td><td>源代码</td><td>“每课一练”答案（1）</td><td>“每课一练”答案（2）</td></tr>
</table>

士不可以不弘毅，任重而道远。仁以为己任，不亦重乎？死而后已，不亦远乎？

——《论语》

第5章

程序的基本控制结构

从行文的角度来说，程序是顺序书写的，但程序的执行却不一定是顺序的。在程序的执行过程中，应该能够根据运行时刻的状态有选择地执行某些程序段或反复执行某些程序段。已经证明，任何程序都可以由顺序、选择和循环这三种基本控制结构组成，灵活掌握基本控制结构是编写程序的重要基础。

5.1 顺序结构

程序设计中经常遇到这种情况：对于算法的某个部分，若执行，则顺序执行每一条指令；若不执行，则一条指令也不执行，这部分在逻辑上是一个整体。大多数语言提供了顺序结构来处理这种情况。

【引例5.1】 四则运算

【问题】 计算两个整数的和、差、积、商。

【想法】 依照四则运算的规则，将两个整数进行加、减、乘、除运算。

【算法】 设变量 x 和 y 表示两个整数，依次计算并输出 x 和 y 的和、差、积、商，算法如下：

伪代码

1. 计算并输出 x + y;
2. 计算并输出 x − y;
3. 计算并输出 x * y;
4. 计算并输出 x / y;

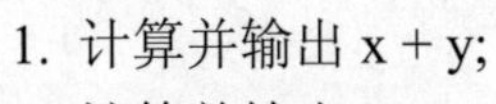

【程序】 定义 int 型变量 x 和 y 存储两个整数，注意到两个整数的商可能是小数，需

要将 x 或 y 强制转换为浮点型再进行计算。程序如下：

```
#include <stdio.h>

int main( )
{
    int x, y;
    printf("请输入两个整数：");
    scanf("%d %d", &x, &y);
    printf("%d与%d的和是%d\t", x, y, x + y);
    printf("%d与%d的差是%d\n", x, y, x - y);
    printf("%d与%d的积是%d\t", x, y, x * y);
    printf("%d与%d的商是%5.2f\n", x, y, (double)x / y);
    return 0;
}
```

练习题 5-1 假设从键盘输入两个整数 9 和 5，写出程序的运行结果。引例 5.1 程序中出现了哪些新的语法？

5.1.1 复合语句实现顺序结构

程序通常由若干条语句组成，从执行过程上看，从第一条语句到最后一条语句顺序执行，就是简单的**顺序结构**。在顺序结构中，各语句是按照位置的先后次序依次顺序执行的，且每条语句都会被执行到。顺序结构通常用复合语句实现，**复合语句**由一对大括号括起来的若干条语句组成。从逻辑上讲，复合语句是一个整体，可以看成是一条语句，放在能够使用语句的任何地方。

【语法】 复合语句的一般形式如下：

```
{
   语句 1
   语句 2
     ⋮
   语句 n
}  ←—— 没有分号
```

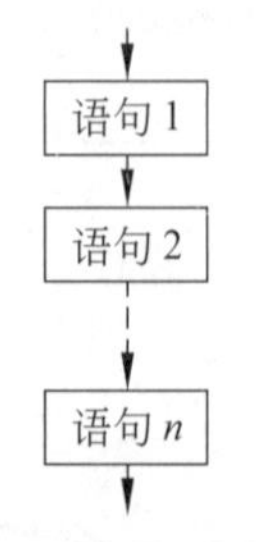

图 5.1 复合语句的执行流程

其中，语句 1、语句 2、…、语句 n 是满足 C 语言语法规则的任何语句。注意右大括号后面没有分号。

【语义】 依次执行大括号中的每条语句，复合语句的执行流程如图 5.1 所示。

例 5.1 交换两个变量的值。

解： 交换两个变量的值可以借助一个中间变量，假设两个变量为 x 和 y，中间变量为 temp，如图 5.2 所示，先将变量 x 的值暂存到变量 temp 中，再将变量 y 的值赋给变量

x，最后将变量 temp 的值赋给变量 y，三条赋值语句必须依次执行，逻辑上是一个整体，因此用复合语句实现。语句如下：

```
{
  temp = x; x = y; y = temp;
}
```

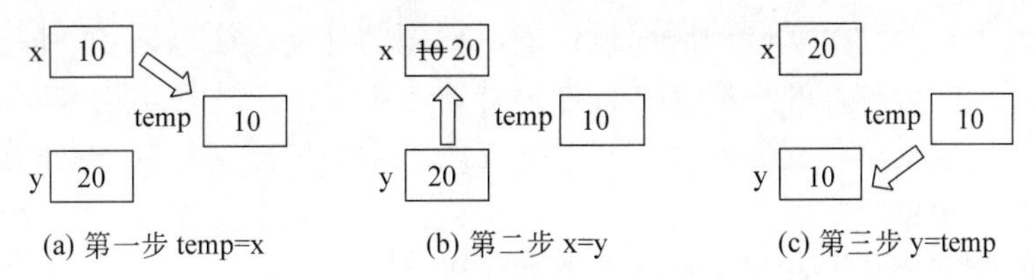

(a) 第一步 temp=x　　(b) 第二步 x=y　　(c) 第三步 y=temp

图 5.2　交换两个变量值的过程

5.1.2　程序设计实例 5.1——整数的逆值

【问题】 给定一个两位正整数，将这个正整数的个位和十位颠倒得到其逆值，例如 85 的逆值是 58。

【想法】 设两位正整数的个位数字是 x，十位数字为 y，则该数的逆值为 $x \times 10 + y$。需要分离出这个两位数的个位和十位，分离的方法是整除和求余，例如，85 除以 10 取整数部分得到十位数字 8，取余数部分得到个位数字 5。

【算法】 设变量 num 表示一个整数，变量 x 和 y 分别表示整数 num 的个位数字和十位数字，变量 numDevo 表示整数 num 的逆值，算法如下：

伪代码

1. x = num % 10; y = num / 10;
2. numDevo = x * 10 + y;
3. 输出 numDevo;

【程序】 算法需要顺序执行每一条指令，可以采用顺序结构实现。程序如下：

```c
#include <stdio.h>

int main( )
{
    int num, x, y, numDevo;
    printf("请输入一个两位正整数：");
    scanf("%d", &num);
    x = num % 10;                          /*x 存储 num 的个位数字*/
    y = num / 10;                          /*y 存储 num 的十位数字*/
    numDevo = x * 10 + y;
    printf("%d 的逆值为：%d\n", num, numDevo);
    return 0;
}
```

练习题 5-2 假设从键盘输入 98，程序的运行结果是什么？

练习题 5-3 不设变量 x 和 y，修改程序获得整数 num 的逆值。

5.2 选择结构

程序是为了解决某个实际问题而设计的，问题的处理往往包括多种情况，不同的情况需要进行不同的处理，几乎所有的程序设计语言都提供了选择结构来完成这种选择性处理。选择结构包括单分支、双分支和多分支等结构，单分支和双分支的选择结构一般由逻辑值控制，根据给定条件的成立与否决定是否执行某个程序段；多分支的选择结构一般由算术值控制，根据表达式的值选择执行某个程序段。

【引例 5.2】 奇偶判定

【问题】 判断给定整数的奇偶性。

【想法】 将整数除以 2，若余数等于 0，则该整数是偶数，否则是奇数。

【算法】 设变量 x 表示一个整数，用求余运算判断其奇偶性。算法如下：

1. 为变量 x 赋值；
2. 如果 x % 2 的结果等于 0，则 x 是偶数；否则 x 是奇数；

【程序】 首先用变量 x 接收用户从键盘输入的整数，然后根据求余运算的结果得出其奇偶性。程序如下：

```
#include <stdio.h>

int main( )
{
   int x;
   printf("请输入一个整数：");
   scanf("%d", &x);
   if (x % 2 == 0) printf("%d是偶数\n", x);
   else printf("%d是奇数\n", x);
   return 0;
}
```

练习题 5-4 假设从键盘输入整数 35，写出程序的运行结果。程序中出现了哪些新的语法？

5.2.1 逻辑值控制的选择结构

1. 单分支的选择结构

单分支选择结构的基本特点是：程序的流程由一个分支构成，且只有满足给定条件时才执行这个分支。单分支的选择结构一般由 if 语句实现。

【语法】 if 语句的一般形式如下：

```
     ↓———— 判断条件
if （表达式）←———— 必须有括号
  语句
```

其中，表达式一般是逻辑表达式[1]，注意括号不能省略；语句是满足 C 语言语法规则的任何语句。如果语句较短，可以将 if 语句写在一行。

【语义】 计算表达式的值；当表达式的值为真时执行语句；否则顺序执行 if 语句的下一条语句。if 语句的执行流程如图 5.3 所示。

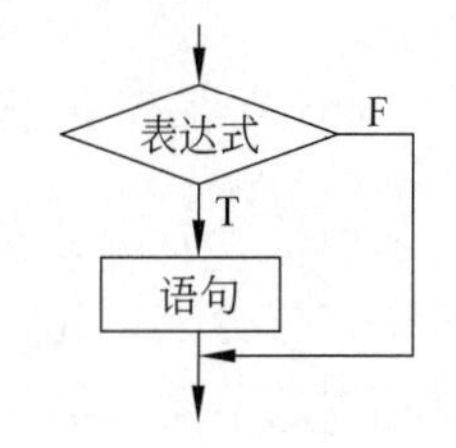

图 5.3　if 语句的执行流程

例 5.2　求两个整数中的较大值。

解：设整数 x 和 y 的较大值为 max，可以先假定 x 较大，再判断 max 是否小于 y，如果 max 小于 y，则较大值为 y。语句如下：

```
max = x;
if (max < y) max = y;
```

2. 双分支的选择结构

双分支选择结构的基本特点是：程序的流程由两个分支构成，在程序的一次执行过程中，根据给定条件是否成立决定执行哪一个分支。双分支选择结构一般由 if-else 语句实现。

【语法】 if-else 语句的一般形式如下：

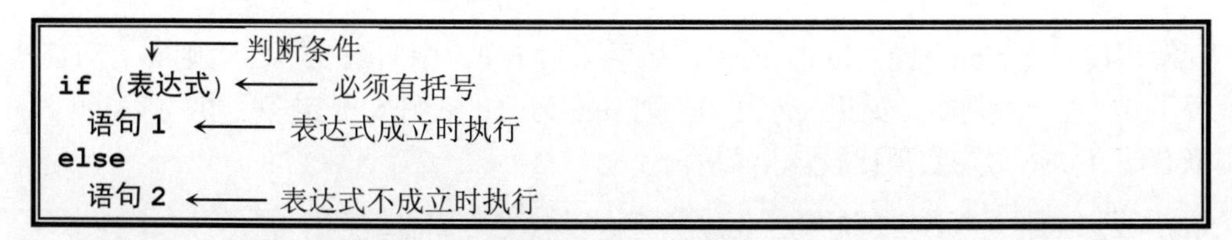

其中，表达式一般是逻辑表达式，注意括号不能省略；语句 1 和语句 2 是满足 C 语言语法规则的任何语句。如果语句 1 和语句 2 较短，可以将语句 1 和 if 写在一行，将语句 2 和 else 写在一行。

【语义】 计算表达式的值，当表达式的值为真时执行语句 1，否则执行语句 2。if-else 语句的执行流程如图 5.4

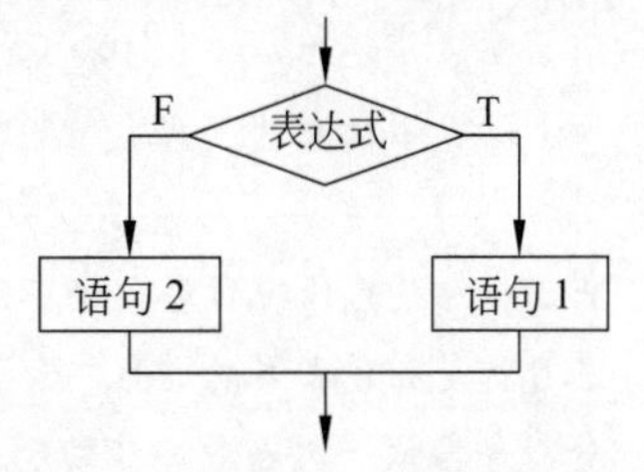

图 5.4　if-else 语句的执行流程

1　在 if 语句的表达式中，不要混淆判等运算符==和赋值运算符=。例如，语句 if (i == 0)测试变量 i 是否等于 0，表达式的运算结果取决于变量 i 的值；语句 if (i = 0)则是先把 0 赋值给变量 i，然后测试赋值表达式的结果是否为 0，此时，表达式的运算结果一定为假。

所示。

例 5.3　求两个整数中的较大值。

解：设整数 x 和 y 的较大值为 max，可以直接将 x 和 y 进行比较，如果 x 大于或等于 y，则较大值为 x，否则，较大值为 y。语句如下：

```
if (x >= y) max = x;
else max = y;
```

3. 分支结构的嵌套

从语法上看，分支结构中的语句可以是任何语句，包括复合语句、分支语句、循环语句以及其他各类语句。如果分支结构中的语句又是一个分支语句，则构成分支结构的嵌套。在嵌套的分支语句中，如果出现多个 if 和多个 else 重叠并且个数不等的情况，就要注意 if 和 else 的配对问题。大多数程序设计语言都规定：else 与其前面最近的尚未配对的 if 配对，如图 5.5 所示。例如，如下两个语句是等价的，即 else 与第二个 if 配对。

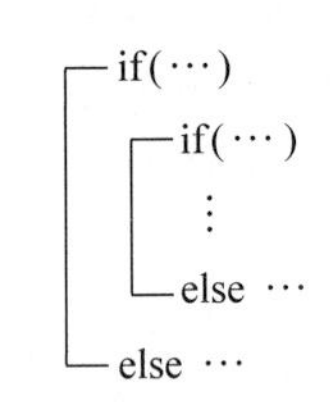

图 5.5　else 与 if 的配对原则

```
if (x > y) if (y > z) x = 0; else x = 1;
```

等价

```
if (x > y)
    if (y > z) x = 0;
    else x = 1;
```

例 5.4　计算数学中的符号函数：

$$\text{sign}(x)=\begin{cases}1, & x>0\\ 0, & x=0\\ -1, & x<0\end{cases}$$

解：设变量 sign 表示 sign(x)的值，如果 x 大于 0，则 sign 为 1；否则 x 有可能小于或等于 0，进一步判断，如果 x 小于 0，则 sign 为-1；否则 x 一定等于 0，则 sign 为 0。用嵌套的 if-else 语句实现比较。语句如下：

```
if (x > 0) sign = 1;
else if (x < 0) sign = -1;
else sign = 0;
```

★选择结构可以把程序引向不同的分支，人生何尝不是如此，不同的选择会产生不同的结果。学习本身就是一种积累的过程，除了积累知识也能够积累学习的速度，我们每做一道题，每理解一个概念，每尝试一次思考，都能够使学习增加一个微小的加速度。越学习就越适应学习，越是在“放纵/学习”的艰难抉择中选择后者，对后者的突触建立就更强一分，下次选择坚持学习也就容易一些。每次的选择不同，积累的结果就不同，所以有人养成了良好的学习习惯，有人拿起书本则昏昏欲睡。

5.2.2 算术值控制的选择结构

多分支选择结构的基本特点是：程序的流程由多个分支构成，在程序的执行过程中，根据不同情况执行不同的程序段。在 C 语言中，多分支的选择结构由 switch 语句实现，switch 语句也称为开关语句。

【语法】 switch 语句的一般形式如下：

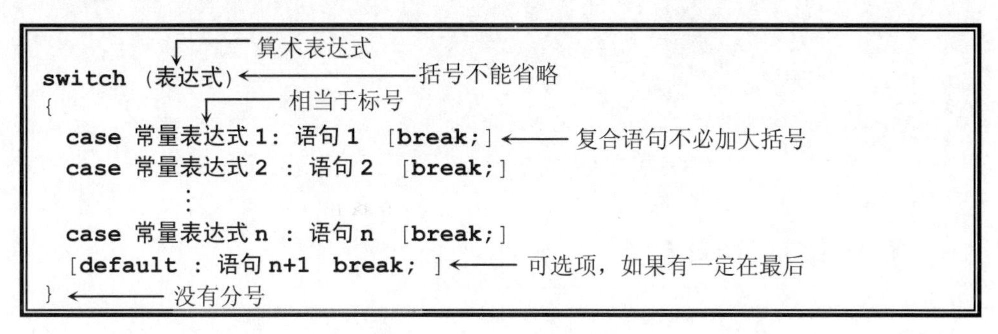

其中，表达式一般是算术表达式，其运算结果通常为整型或字符型；常量表达式中不能包含变量，每个常量表达式的值必须互不相同；case 后面的语句（称为 case 子句）可以有多条并且可以不用大括号括起来；如果 case 子句较短，可以将 case 子句写在一行，即将关键字 case、子句的语句和 break 语句写在一行。方括号表示该项是可选的。

【语义】 计算表达式的值；将表达式的值逐一与 case 后面常量表达式的值进行比较，当表达式的值与某一个常量表达式的值相等时，顺序执行该 case 后面的语句（常量表达式的值起到标号的作用），多个 case 可以共用一段程序[1]；如果表达式的值与所有常量表达式的值都不相等，则执行 default 后面的语句；当执行 break 语句时，跳出 switch 语句，顺序执行 switch 语句的下一条语句。switch 语句的执行流程如图 5.6 所示。

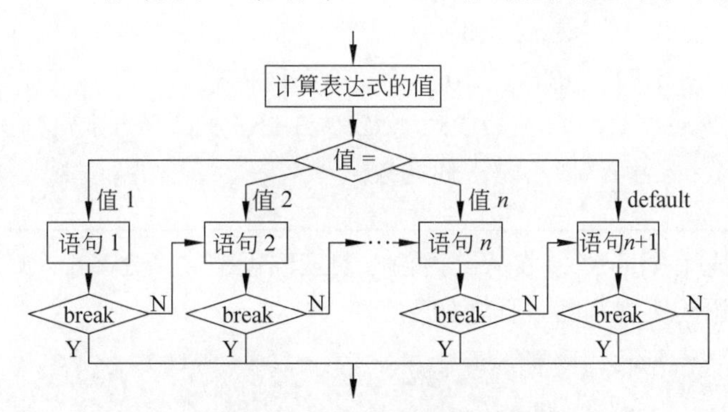

图 5.6 switch 语句的执行流程

例 5.5 将百分制成绩转换为对应的等级制成绩，其中 90 分～100 分的成绩等级为 A，80 分～89 分的成绩等级为 B，70 分～79 分的成绩等级为 C，60 分～69 分的成绩等级为

1 在 switch 语句中，各个 case 的次序不影响执行结果，一般把出现概率较大的 case 放在前面，以提高程序的执行效率。

D，0 分～59 分的成绩等级为 E。

解：设变量 score 表示百分制成绩，假设成绩为整数，则 score 的值在[0,100]区间。注意到十位数字决定转换的等级，因此根据 score/10 的结果确定等级成绩，并且 case 10 和 case 9 的成绩等级均为 A。设字符型变量 grade 表示等级制成绩，语句如下：

```
switch (score / 10)
{
  case 10: case 9:  grade = 'A'; break;
  case 8:  grade = 'B'; break;
  case 7:  grade = 'C'; break;
  case 6:  grade = 'D'; break;
  default:  grade = 'E'; break;
}
```

5.2.3 程序设计实例 5.2——水仙花数

【问题】 水仙花数是指一个三位正整数，其各位数字的立方和等于该数本身。例如：$153 = 1^3 + 5^3 + 3^3$，则 153 是一个水仙花数。要求从键盘输入一个三位正整数，并判断该数是否是水仙花数。

【想法】 首先将三位正整数的个位、十位和百位数字分离出来，然后判断各位数字的立方和是否等于该数。分离各位数字的方法是整除和求余，例如：对 153 除 10 取余数部分得到个位数字：153 % 10 = 3；对 153 整除 10 得到高两位数：153 / 10 = 15；对 15 除 10 取余数部分得到十位数字：15 % 10 = 5；对 15 整除 10 得到百位数字：15 / 10 =1。

【算法】 设变量 x 存储一个三位正整数，变量 x1、x2 和 x3 分别存储 x 的个位、十位和百位数字，变量 y 暂存 x 的高两位数，算法如下：

1. x1 = x % 10;   y = x / 10;
2. x2 = y % 10;   x3 = y / 10;
3. 如果 x1 * x1 * x1 + x2 * x2 * x2 + x3 * x3 * x3 等于 x，则该数是水仙花数；否则该数不是水仙花数；

【程序】 首先用变量 x 接收从键盘输入的三位正整数，分离出个位、十位和百位数字，再用 if-else 语句实现判断，程序如下：

```
#include <stdio.h>

int main( )
{
    int x, x1, x2, x3, y;
    printf("请输入一个三位正整数：");
    scanf("%d", &x);
```

```
    x1 = x % 10; y = x / 10;
    x2 = y % 10; x3 = y / 10;
    if (x1 * x1 * x1 + x2 * x2 * x2 + x3 * x3 * x3 == x)
      printf("%d 是水仙花数\n", x);
    else
      printf("%d 不是水仙花数\n", x);
    return 0;
}
```

练习题 5-5 假设从键盘输入 407，请写出程序的运行结果。

练习题 5-6 对于一个三位正整数，如果先分离出百位，再分离出十位和个位，如何修改程序？

5.2.4 程序设计实例 5.3——某年某月有多少天

【问题】 输入年份和月份，确定该月有多少天。

【想法】 设变量 yy、mm 分别表示年份和月份，根据月份确定天数，需要判断闰年的情况。

【算法】 设变量 days 表示某年某月的天数，算法如下：

1. 为变量 yy 和 mm 赋值；
2. 根据 mm 确定天数，有下列三种情况：
   （1）mm 是 1、3、5、7、8、10、12，则 days = 31;
   （2）mm 是 4、6、9、11，则 days = 30;
   （3）mm 是 2，若 yy 年不是闰年，则 days = 28; 否则 days = 29;
3. 输出 days;

【程序】 用 switch 语句为某月的天数 days 赋值，注意多个 case 子句可以共用一段程序。程序如下：

```
#include <stdio.h>

int main( )
{
    int yy, mm, days;
    printf("请输入日期（年 月）：");
    scanf("%d%d", &yy, &mm);
    switch (mm)
    {
      case 1: case 3: case 5: case 7: case 8: case 10: case 12: days = 31;
                                                              break;
      case 4: case 6: case 9: case 11: days = 30; break;
      case 2: if ((yy % 4 == 0 && yy %100 != 0)||(yy % 400 == 0)) days = 29;
             else days = 28;
```

```
            break;
        }
        printf("%d 年%d 月有%d 天\n", yy, mm, days);
        return 0;
}
```

5.3 循环结构

在实际问题的求解过程中，往往需要重复执行某些操作，几乎所有的程序设计语言都提供循环结构来描述具有规律性的重复处理。循环结构用有限的语句描述多次重复执行的操作，不仅可以大大缩短程序的长度，而且发挥了计算机擅长重复运算的特点，因此，循环结构是程序设计中使用最频繁的控制结构。

循环结构的基本特点是：当给定的条件成立时，重复执行某段程序，给定的条件称为**循环条件**，重复执行的程序段称为**循环体**。通常情况下，循环结构利用某个变量来控制循环条件，通过改变这个变量的值最终结束循环，这个变量称为**循环变量**。

【引例 5.3】 偶数和

【问题】 计算 100 以内所有偶数的和。

【想法】 设变量 sum 作为累加器，依次将 2、4、…、100 累加到 sum 中。

【算法】 将变量 sum 初始化为 0，循环变量 i 的初值为 2、终值为 100、步长为 2，重复执行加法操作，算法如下：

1. 初始化累加器 sum = 0;
2. 循环变量 i 从 2～100 重复执行下述操作：
    2.1 sum = sum + i;
    2.2 i = i + 2;
3. 输出 sum;

【程序】 循环变量具有确定的初值、终值和循环步长，用 for 循环实现。程序如下：

```
#include <stdio.h>

int main( )
{
    int sum = 0, i;                     /*sum 存储累加和，i 是循环变量*/
    for (i = 2; i <= 100; i = i + 2)
    {
      sum = sum + i;
    }
```

```
    printf("100之内所有偶数的和为：%d\n", sum);
    return 0;
}
```

练习题 5-7 如果求 100 和 1000 之间所有奇数的和，如何修改程序？程序中出现了哪些新的语法？

5.3.1 当型循环

当型循环的基本特点是：循环体有可能一次也不执行。在 C 语言中，当型循环由 while 语句实现，因此也称 while 循环。

【语法】 while 语句的一般形式如下：

```
          ┌──── 循环条件
          ↓
while （表达式） ←──── 必须有括号
    语句 ←──── 循环体
```

其中，表达式一般是逻辑表达式[1]，用来表示循环条件，注意括号不能省略；语句是重复执行的循环体，可以是满足 C 语言语法规则的任何语句。

【语义】 计算表达式的值；当表达式的值为真时执行语句（即循环体）；重新计算表达式的值，以决定是否再次执行循环体；当表达式的值为假时结束循环，顺序执行 while 语句的下一条语句。while 语句的执行流程如图 5.7 所示。

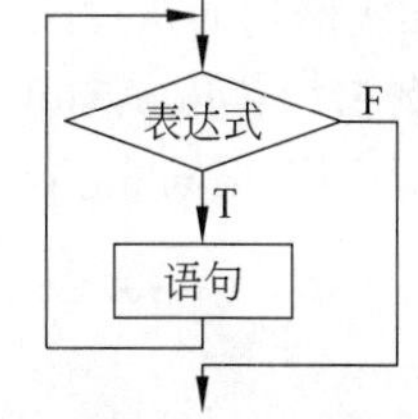

图 5.7 while 语句的执行流程

例 5.6 计算 $n!$。

解：由于 $n! = n \times n-1 \times \cdots \times 2 \times 1$，设变量 result 保存阶乘结果，首先将变量 result 初始化为 1，然后将 result 乘以 1 再存入变量 result，将 result 乘以 2 再存入变量 result……，直至将 result 乘以 n 再存入变量 result，则 result 的值即为 $n!$。由此可得，重复执行的循环体是 result = result * i，循环变量是 i，其变化范围是 1～n，循环条件是 i <= n。语句如下：

```
result = 1; i = 1;                  /*result为阶乘结果，i为循环变量*/
while (i <= n)                      /*当i小于或等于n时执行循环*/
{
  result = result * i;              /*将result乘以i再存入变量result*/
  i++;                              /*循环变量增1*/
}
```

1 循环语句的循环条件可以是变量，也可以是整型算术表达式，但这是一种不好的程序风格。良好的程序风格是用逻辑表达式来表示循环条件，例如，假设变量 r 为 int 型，则 while (r)应写为 while (r != 0)。

5.3.2 直到型循环

直到型循环的基本特点是：循环体至少执行一次。在C语言中，直到型循环由do-while语句实现，因此也称do-while循环。

【语法】 do-while语句的一般形式如下：

其中，表达式一般是逻辑表达式，表示循环条件，注意括号不能省略；语句是重复执行的循环体，可以是满足C语言语法规则的任何语句[1]。

【语义】 执行语句（即循环体）；计算表达式的值，当表达式的值为真时再次执行语句，当表达式的值为假时结束循环，顺序执行 do-while 语句的下一条语句。do-while语句的执行流程如图5.8所示。

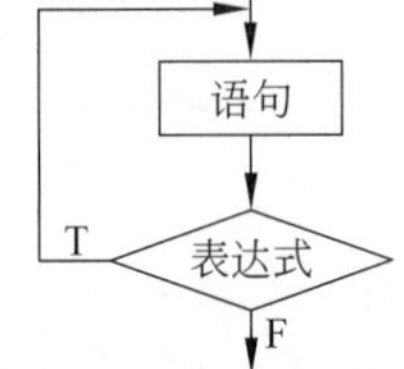

图5.8 do-while语句的执行流程

例5.7 用do-while循环计算*n*!。

解：用do-while循环改写例5.6，语句如下：

```
 result = 1; i = 1;                    /*result为阶乘结果，i为循环变量*/
do                                     /*至少执行一次循环体*/
{
   result = result * i;
   i++;                                /*循环变量增1*/
} while (i <= n);
```

5.3.3 计数型循环

如果程序中的某程序段需要重复执行确定的次数，可以采用计数型循环。在C语言中，计数型循环由for语句实现，因此也称for循环。

【语法】 for语句的一般形式如下：

```
      初始化        循环条件  循环变量的修正
for (表达式1; 表达式2; 表达式3)  ←—— 分号分隔
  语句  ←—— 循环体
```

---

1 无论do-while语句的循环体是否是复合语句，都建议使用大括号，并且右大括号和while在同一行，因为没有大括号的do-while语句很容易被误认为是while语句。

其中，表达式 1 一般是赋值表达式，用于设置循环开始时某些变量的初值，如果为多个变量赋初值，则赋值表达式以逗号分隔；表达式 2 一般是逻辑表达式，表示循环条件；表达式 3 一般是赋值表达式，用于改变循环变量，以保证最终能够结束循环；语句是重复执行的循环体，可以是满足C语言语法规则的任何语句。

【语义】 计算表达式 1 的值；判断表达式 2 是否成立，如果成立则执行语句（即循环体），如果不成立则退出循环；计算表达式 3 的值；判断表达式 2 是否成立，以决定是否再次执行循环体。for 语句的执行流程如图 5.9 所示。

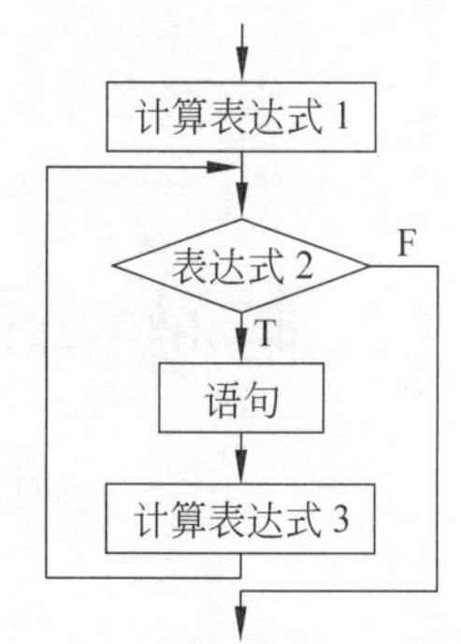

图 5.9 for 语句的执行流程

需要注意的是，for 语句右括号的后面没有分号，否则意味着循环体是空语句。在 C 语言中，仅由一个分号构成的语句称为**空语句**，空语句不执行任何操作。因此，"for (…);"表示循环体是空语句。同样，如果不小心在 if (…)或 while (…)的右括号后面放置了分号，会造成语句提前结束。由于不违反语法规则，编译器不会有任何错误提示。

★在 for 循环中，三个表达式之间用分号分隔，表达式 1 如果为多个变量初始化，则用逗号分隔，for 语句的右括号后面如果不小心放置了分号会造成语句提前结束。C 程序哪怕只是用错一个标点符号，都可能导致整个程序无法运行。所以在写程序时一定要认真严谨，专业程序员更需要一丝不苟、精益求精的工匠精神。

例 5.8 用 for 循环计算 *n*!。

解：用 for 循环改写例 5.6，语句如下：

```
for (result = 1, i = 1; i <= n; i++)
  result = result * i;
```

在 for 语句中，表达式 1、表达式 2 和表达式 3 均可以省略，但是分号不能省略。例如，如下均为合法的 for 语句：

```
i = 0;                        /*可以在 for 循环外面进行初始化*/
for ( ; i < n; i++)           /*省略表达式 1*/
{
  …
}
```

```
for (i = 0; ; i++)            /*省略表达式 2，循环条件默认为真*/
{
  if (i >= n) break;          /*可以在循环体测试循环条件*/
}
```

```
for (i = 0; i < n;)           /*省略表达式 3*/
{
  i++;                        /*可以在循环体改变循环变量*/
}
```

在程序设计中，如果需要重复执行某些操作，应该使用三种循环结构中的哪一种呢？通常情况下，这三种循环结构是通用的，但在使用上各有特色。如果循环次数由循环体的执行情况确定，并且循环体有可能一次也不执行，则一般选用 while 循环；如果循环次数由循环体的执行情况确定，并且循环体至少执行一次，则可以选用 do-while 循环；如果在执行循环体之前能够确定循环次数，或者能够确定循环变量的初值、终值和循环步长，一般选用 for 循环。

5.3.4 循环结构的嵌套

从语法上看，循环结构中的语句可以是任何语句，包括复合语句、分支语句、循环语句以及其他各类语句。如果循环结构中的语句又是一个循环语句，则构成循环结构的嵌套[1]。在 C 语言中，while 循环、do-while 循环和 for 循环可以相互嵌套，但是嵌套的循环语句不能有交叉，如图 5.10 所示。

(a) 一层外循环嵌套两个并列内循环　　(b) 三层嵌套循环

图 5.10　合法的嵌套循环形式

例 5.9　打印九九乘法表，即打印如下形式的乘法表：

1×1 =1

1×2 =2　2×2 =4

⋮

1×9 =9　2×9 =18　3×9 =27　4×9 =36　5×9 =45　6×9 =54　7×9 =63　8×9 =72　9×9 =81

解：九九乘法表需要逐行打印，共打印 9 行，打印第 i 行时，需要打印 i 列。因此，需要两层嵌套的循环，外层循环变量为 i，其变化范围为 1～9，内层循环变量为 j，其变化范围为 1～i，语句如下：

```
for (i = 1; i <= 9; i++)                        /*打印第 i 行*/
{
  for (j = 1; j <= i; j++)                      /*打印第 j 列*/
    printf("%d×%d = %2d  ", j, i, i * j);
  printf("\n");                                 /*第 i 行打印完毕，换行*/
}
```

下面分析两层嵌套循环的执行过程。外层循环变量 i 初始化为 1，然后执行内层循环，

1　多重嵌套循环的运算量是相当大的，考虑到程序的执行效率，应尽可能减少循环嵌套的层数。一般将循环次数较少的循环放在外层，将循环次数较多的循环放在内层，这样可以最大程度地减少相关循环变量的实例化次数和初始化次数。

由于内层循环条件是 j <= i，则内层循环只执行一次；外层循环变量 i 加 1，然后执行内层循环，内层循环变量 j 依次取 1、2；以此类推，外层循环变量加 1 后，重新执行内层循环，内层循环变量再变化一个轮次，如表 5.1 所示。

表 5.1　嵌套循环的执行过程

<table>
<tr><th>外层循环变量</th><th>内层循环变量</th><th>内层循环体</th></tr>
<tr><td rowspan="2">i = 1</td><td>j = 1</td><td>输出 1×1 = 1（第 1 次输出）</td></tr>
<tr><td colspan="2">输出换行符</td></tr>
<tr><td rowspan="3">i = 2</td><td>j = 1</td><td>输出 1×2 = 2（第 2 次输出）</td></tr>
<tr><td>j = 2</td><td>输出 2×2 = 4（第 3 次输出）</td></tr>
<tr><td colspan="2">输出换行符</td></tr>
<tr><td colspan="3">⋮</td></tr>
<tr><td rowspan="5">i = 9</td><td>j = 1</td><td>输出 1×9 = 9（第 37 次输出）</td></tr>
<tr><td>j = 2</td><td>输出 2×9 = 18（第 38 次输出）</td></tr>
<tr><td>⋮</td><td>⋮</td></tr>
<tr><td>j = 9</td><td>输出 9×9 = 81（第 45 次输出）</td></tr>
<tr><td colspan="2">输出换行符</td></tr>
</table>

★积土而为山，积水而为海。编程的技能是点滴积累起来的，编码速度和编码量是成正比的，如果不能够熟练地编写程序，首先问问自己迄今为止的有效代码行（即功能代码）是多少？成功属于坚持而笃行的人。

5.3.5　程序设计实例 5.4——整数的位数

【问题】 计算整数中所含数字的位数。

【想法】 将整数反复除以 10，直到商为 0，执行除法的次数就是该整数所含数字的位数。例如：285/10=28，28/10=2，2/10=0，共执行 3 次除法，则 285 包含 3 位数字。

【算法】 设变量 x 表示整数，digits 存储整数 x 的位数，算法如下：

1. 初始化位数 digits = 0；
2. 重复执行下述操作，直到 x 等于 0：
   2.1　digits++;
   2.2　x = x / 10;
3. 输出 digits；

【程序】 设 int 型变量 x 存储整数，由于整数至少含有一位数字，显然选用直到型循环更合适。由于 do-while 循环修改了变量 x 的值，因此设变量 tempx 暂存变量 x 的值。程序如下：

```
#include <stdio.h>

int main( )
{
    int x, tempx, digits = 0;           /*digits 存储整数 x 的位数*/
    printf("请输入一个整数: ");
    scanf("%d", &x);
    tempx = x;
    do
    {
      digits++;                         /*位数增加 1 位*/
      x = x / 10;                       /*将 x 缩小为 1/10*/
    } while (x != 0);                   /*当 x 不等于 0 时执行循环*/
    printf("%d 有%d 位数字\n", tempx, digits);
    return 0;
}
```

练习题 5-8 假设从键盘输入整数 123、10 和 0，分别写出程序的运行结果。如果不设变量 tempx，将输出语句中的变量 tempx 改为变量 x，程序的运行结果是什么？

练习题 5-9 如果用 while 循环实现，请修改程序。

5.3.6 程序设计实例 5.5——欧几里得算法

【问题】 辗转相除法求两个自然数 *m* 和 *n* 的最大公约数。

【想法】 请参见 2.1.2 节。

【算法】 请参见 2.1.2 节。

【程序】 首先用变量 m 和 n 接收从键盘输入的两个整数，然后用 while 循环实现辗转相除。程序如下：

```
#include <stdio.h>

int main( )
{
    int m, n, r;
    printf("请输入两个正整数: ");
    scanf("%d %d", &m, &n);
    r = m % n;
    while (r != 0)
    {
      m = n;
      n = r;
      r = m % n;
    }
    printf ("这两个整数的最大公约数是: %d\n", n);
```

```
    return 0 ;
}
```

练习题 5-10 假设从键盘输入整数 35 和 25，while 语句的循环体执行几次？写出程序的运行结果。

练习题 5-11 程序可否用 do-while 实现？请修改程序。

5.3.7 程序设计实例 5.6——百元买百鸡问题

【问题】 已知公鸡 5 元 1 只，母鸡 3 元 1 只，小鸡 1 元 3 只，花 100 元钱买 100 只鸡，问公鸡、母鸡、小鸡各多少只？

【想法】 设公鸡、母鸡和小鸡的个数为 x、y、z，则有如下方程组成立：

$$\begin{cases} x+y+z=100 \\ 5\times x+3\times y+z/3=100 \end{cases} \quad \text{且} \quad \begin{cases} 0\leqslant x\leqslant 20 \\ 0\leqslant y\leqslant 33 \\ 0\leqslant z\leqslant 100 \end{cases}$$

注意到方程组可能有多个解，则需要输出所有满足条件的解。

【算法】 设变量 x 表示公鸡的个数，y 表示母鸡的个数，z 表示小鸡的个数，count 表示解的个数，算法如下：

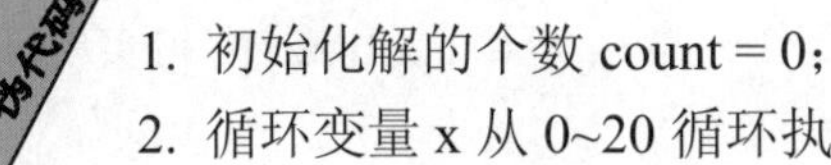

伪代码

1. 初始化解的个数 count = 0;
2. 循环变量 x 从 0~20 循环执行下述操作：
   2.1 循环变量 y 从 0~33 循环执行下述操作：
      2.1.1 z = 100 – x – y;
      2.1.2 若 5*x + 3*y + z/3 等于 100，则 count++; 输出 x、y 和 z 的值;
      2.1.3 y++;
   2.2 x++;
3. 如果 count 等于 0，则输出无解信息;

【程序】 注意到小鸡 1 元 3 只，则小鸡的个数应该是 3 的倍数，因此，在判断总价是否满足方程时要先判断 z 是否是 3 的倍数。程序如下：

```
#include <stdio.h>

int main( )
{
    int x, y, z;                          /*x、y和z分别表示公鸡、母鸡和小鸡的个数*/
    int count = 0;                                    /*解的个数初始化为0*/
    for (x = 0; x <= 20; x++)                         /*公鸡个数x的范围是0~20*/
    {
      for (y = 0; y <= 33; y++)                       /*母鸡个数y的范围是0~33*/
      {
        z = 100 - x - y;                              /*满足x+y+z=100*/
        if ((z % 3 == 0) && (5 * x + 3 * y + z/3 == 100)) /*满足总价100元*/
```

```
        {
          count++;                                    /*解的个数加 1*/
          printf("公鸡有%d 只，母鸡有%d 只，小鸡有%d 只\n", x, y, z);
        }
      }
    }
    if (count == 0)
      printf("问题无解\n");
    return 0;
}
```

练习题 5-12 如果将判断条件修改为“(5 * x + 3 * y + z/3 == 100) && (z % 3 == 0)”，程序能否得到正确的结果？两者有什么不同？

练习题 5-13 将程序用 while 循环实现，请修改程序。

5.4 其他控制语句

在循环过程中，有时在满足一定条件时需要提前跳出循环，或者不执行循环体中剩下的语句而重新开始新一轮的循环，C 语言提供了 break 语句和 continue 语句实现循环的中途退出。

【引例 5.4】 素数判定

【问题】 对给定的整数 x，判定是否是素数。

【想法】 素数除了 1 和其自身外没有其他因子，可以将整数 x 依次除以 2、3、…、$x-1$，如果能整除，则 x 不是素数。

【算法】 设变量 x 存储需要判定的整数，算法如下：

1. 循环变量 i 从 2~x−1，重复执行下述操作：
   1.1 如果 x % i 等于 0，则说明 x 不是素数，跳出循环；
   1.2 i++；
2. 如果提前跳出循环，则 x 不是素数；否则 x 是素数；

【程序】 用变量 x 接收从键盘输入的整数，然后用 for 循环进行试除，程序如下：

```
#include <stdio.h>

int main( )
{
    int x, i;                              /*i 为循环变量*/
    printf("请输入一个整数: ");
    scanf("%d", &x);
```

```
    for (i = 2; i < x; i++)            /*从2开始试除，一直到x - 1*/
    {
      if (x % i == 0) break;           /*能够整除，跳出循环*/
    }
    if (i < x)                         /*如果是，提前跳出循环*/
      printf("%d不是素数\n", x);
    else
      printf("%d是素数\n", x);
    return 0;
}
```

练习题 5-14 假设从键盘输入 7，请写出程序的运行结果。程序中出现了哪些新的语法？

5.4.1 break 语句

break 语句主要用在 switch 语句和循环语句中，其作用是跳出 switch 语句和循环语句，即结束 switch 语句和循环语句。5.2.2 节介绍了在 switch 语句中如何使用 break 语句，下面介绍在循环语句中如何使用 break 语句。

【语法】 在循环语句中，break 语句一般与 if 语句配合使用，其一般形式如下：

```
循环语句
{
  if （表达式） break;
}
```

其中，循环语句可以是任意一种循环结构（while 循环、do-while 循环或 for 循环）。

【语义】 如果表达式成立，则跳出循环语句，执行循环语句的下一条语句。需要强调的是，break 只能跳出它所在的那层循环，而不能从内层循环直接跳出最外层循环。

例 5.10 从键盘上输入 10 个整数，判断是否含有负数。

解： 依次读取从键盘上输入的整数并进行判断，当输入负整数时，没有必要继续读取数据，执行 break 语句跳出循环。为了判断循环是否中途退出，设置标志变量 flag，在循环之前将 flag 初始化为 0，如果在循环中途退出，将 flag 置为 1，在循环结束后根据 flag 的值判断循环是正常退出还是中途退出。语句如下：

```
for (flag = 0, i = 1; i <= 10; i++)
{
  scanf("%d", &x);
  if (x < 0)                          /*接收到负数*/
  {
    flag = 1; break;                  /*没有必要继续接收，跳出循环*/
  }
}
```

```
if (flag == 1) printf("输入的整数中有负数\n");
else printf("输入的整数中没有负数\n");
```

5.4.2 continue 语句

continue 语句主要用在循环语句中，其作用是跳过循环体中尚未执行的部分，重新开始新一轮循环。

【语法】 continue 语句一般与 if 语句配合使用，其一般形式如下：

```
循环语句 ◄──────────┐
{                   │
  if （表达式） continue;─┘
}
```

其中，循环语句可以是任意一种循环结构（while 循环、do-while 循环或 for 循环）。

【语义】 如果表达式成立，则结束本次循环，重新开始新一轮的循环。需要强调的是，continue 语句只是结束本次循环，而不是跳出循环。

例 5.11 从键盘上输入 10 个整数，输出其中的负数并统计负数出现的次数。

解：依次读取从键盘上输入的整数并进行判断，如果该数为非负数，则执行 continue 语句，程序回到 for 语句执行 i++，开始下一轮循环，否则输出该数并累计次数。设变量 count 表示负数出现的次数，语句如下：

```
for (count = 0, i = 1; i <= 10; i++)
{
  scanf("%d", &x);
  if (x >= 0) continue;                /*跳过 for 循环余下语句*/
  printf("%4d", x);
  count++;
}
printf("\n 负数出现%d 次\n", count);
```

5.4.3 程序设计实例 5.7——哥德巴赫猜想

【问题】 哥德巴赫猜想：任意大于 2 的偶数可以分解为两个素数之和。哥德巴赫猜想是世界著名的数学难题，请验证哥德巴赫猜想。

【想法】 设偶数为 n，将 n 分解为 n_1 和 n_2，使得 $n = n_1 + n_2$，并且 n_1 和 n_2 均为素数。可以将 n_1 从 2 开始，令 $n_2 = n - n_1$，如果 n_1 和 n_2 均为素数，则得到结果；否则将 n_1 增 1 再试，显然 n_1 的最大值为 $n/2$。

【算法】 设变量 n 表示偶数，将 n 分解为 n1 和 n2，算法如下：

伪代码

1. n1 从 2~n/2 循环执行下述操作：
   1.1 如果 n1 不是素数，则 n1++；重复步骤 1.1 试下一组数；
   1.2 n2 = n – n1;
   1.3 如果 n2 不是素数，则 n1++；返回步骤 1.1 试下一组数；
   1.4 n1 和 n2 均为素数，则转步骤 2 输出结果；
2. 输出 n1 和 n2;

【程序】 首先用变量 n 接收从键盘输入的一个偶数，然后 n1 从 2 开始，逐个试探 n1 和 n2 是否为素数，判断素数的算法请参见引例 5.4。程序如下：

```
#include <stdio.h>

int main( )
{
    int n, n1, n2, i;
    printf("请输入一个偶数：");
    scanf("%d", &n);
    for (n1 = 2; n1 <= n/2; n1++)      /*n1 最小是 2，最大是 n/2*/
    {
      for (i = 2; i < n1; i++)         /*判断 n1 是否为素数*/
      {
        if (n1 % i == 0) break;        /*n1 不是素数，跳出循环*/
      }
      if (i < n1)                      /*n1 不是素数，不用判断 n2 是否为素数*/
        continue;                      /*跳过外层 for 循环余下语句，执行 n1++*/
      n2 = n - n1;                     /*满足 n1 + n2 = n*/
      for (i = 2; i < n2; i++)         /*进一步判断 n2 是否为素数*/
      {
        if (n2 % i == 0) break;        /*n2 不是素数，跳出循环*/
      }
      if (i == n2) break;              /*n2 是素数，跳出外层 for 循环*/
    }
    printf("%d可分解为%d+%d\n", n, n1, n2);
    return 0;
}
```

5.5 本章实验项目

〖**实验 1**〗 上机实现 5.2.4 节程序设计实例 5.3。假设要确定 1968 年 3 月有多少天，写出程序的运行结果。延伸实验：用 if 语句确定 2 月份的天数，请修改程序。(提示：可以先进行赋值 days=28，如果该年是闰年，再将变量 days 增 1)

〖**实验 2**〗 由键盘输入 3 个整数，求这 3 个数的最大值。实验要求：使用 3 个变量存储 3 个整数，除此之外不能使用其他变量。

〖**实验 3**〗 上机实现 5.4.3 节程序设计实例 5.7。假设从键盘输入整数 16，写出程序的运行结果。延伸实验：如果采用设标志的方法判断循环语句是否中途退出，请修改程序。

〖**实验 4**〗 日积跬步，以至千里。假设能力基数为 1，如果努力学习一天能力值提高 *N*，一年 365 天算下来，能力值是多少？请填写下表：

N	0.1‰	0.5‰	1‰	2‰	3‰	4‰	5‰
能力值							

如果放任自己一天能力值保持不变，在工作日时努力学习，在休息日时放任自己，假设采用每周五天工作制，一年 365 天算下来，能力值是多少？请填写下表：

N	0.1‰	0.5‰	1‰	2‰	3‰	4‰	5‰
能力值							

如果放任自己一天能力值减少 *M*，在工作日时努力学习，在休息日时放任自己，假设每周只有周日休息，一年 365 天算下来，能力值是多少？请填写下表：

N	1‰	1‰	3‰	3‰	5‰	5‰	1%
M	0.1‰	0.5‰	0.1‰	0.5‰	0.1‰	0.5‰	0.1‰
能力值							

对比以上三张表的实验数据，你有什么感想？

5.6 本章教学资源

<table>
<tr><td>练习题答案</td><td>练习题 5-1 9 与 5 的和是 14 　9 与 5 的差是 4
　　9 与 5 的积是 45 　9 与 5 的商是 1.80
练习题 5-2 98 的逆值为：89
练习题 5-3 <code>numDevo = (num % 10) * 10 + (num / 10)</code>
练习题 5-4 35 是奇数
练习题 5-5 407 是水仙花数
练习题 5-6 <code>x3 = x / 100; y = x - x3 * 100;</code>
　　<code>x2 = y / 10; x1 = y % 10;</code>
练习题 5-7 <code>for (i = 101; i < 1000; i = i+2)</code>
练习题 5-8 123 有 3 位数字；10 有 2 位数字；0 有 1 位数字。无论输入的整数是多少，输出的 x 值都是 0，因为退出循环后 x 的值为 0。
练习题 5-9 <code>digits = 1; x = x / 10;</code>
　　<code>while (x != 0)</code></td></tr>
</table>

```
{
    x = x / 10;
    digits++;
}
```

练习题 5-10　执行 2 次（进入循环前执行 1 次），这两个整数的最大公约数是：5

练习题 5-11

```
do
{
    r = m % n;
    m = n;  n = r;
} while (r != 0);
printf("这两个整数的最大公约数是：%d\n", m);
```

练习题 5-12　能够得到正确结果，区别是：表达式(z % 3 == 0)在前面，当(z % 3 == 0)不成立时产生逻辑短路，可以不用计算后面的表达式。

练习题 5-13

```
x = 0;
while (x <= 20)
{
    y = 0;
    while (y <= 33)
    {
        z = 100 - x - y;
        if ((z % 3 == 0) && (5 * x + 3 * y + z/3 == 100))
        {
            count++;
            printf("公鸡%d只，母鸡%d只，小鸡%d只\n", x, y, z);
        }
        y++;
    }
    x++;
}
```

练习题 5-14　7 是素数

二维码	课件	源代码	“每课一练”答案（1）	“每课一练”答案（2）

三人行，必有我师焉。择其善者而从之，其不善者而改之。

——《论语》

第6章

批量同类型数据的组织——数组

实际问题需要处理的数据常常具有这样的特点：数据量很大，并且具有相同的数据类型。大多数程序设计语言提供了数组来组织这种具有相同数据类型的批量数据。

6.1 一维数组

【引例6.1】顺序查找

【问题】 在一个整数集合中查找值为 k 的元素。

【想法】 将集合中的元素逐个与给定值 k 进行比较，若相等，则查找成功，给出该元素在集合中的序号；若整个集合比较结束后仍未找到与给定值相等的元素，则查找失败，给出失败信息。

【算法】 设整数集合有N个元素，算法如下：

1. 初始化序号 i = 1；
2. 循环变量 i 从 1～N，重复执行下述操作：
    2.1 若第 i 个整数等于 k，输出序号 i，算法结束；
    2.2 i++;
3. 未找到元素 k，输出 0;

【程序】 假设N等于3，可以用3个简单变量存储3个整数，程序如下：

```
#include <stdio.h>
```

```
int main()
{
    int r1 = 5, r2 = 9, r3 = 8;                    /*存储 3 个整数*/
    int k, i = 0;
    printf("请输入待查值：");
    scanf("%d", &k);
    if (r1 == k) i = 1;
    if (r2 == k) i = 2;
    if (r3 == k) i = 3;
    if (i != 0) printf("值为%d 的元素在第%d 个位置\n", k, i);
    else printf("集合中没有值为%d 的元素\n", k);
    return 0;
}
```

用 N 个简单变量存储 N 个整数，如果 N 的值较大，则存在如下两个问题：

（1）如何定义变量？如何为这么多简单变量命名？而且这么多的变量定义会使程序很冗长。

（2）如何处理变量？这些简单变量在内存中占用各自的存储单元，不能体现变量之间的关联性，而且分散存储的变量难以实现对这些变量的连续访问。

可以用数组 r[N]保存 N 个整数，由于数组元素连续存储，通过下标可以实现对数组元素的连续访问，从而用循环结构实现元素的比较操作。程序如下：

```
#include <stdio.h>
#define N 6                          /*假设集合中有 6 个整数*/

int main( )
{
    int r[N] = {3, 8, 5, 6, 2, 4}, k, i;
    printf("请输入待查值：");
    scanf("%d", &k);
    for (i = 0; i < N; i++)
        if (r[i] == k) break;
    if (i < N) printf("值为%d 的元素在第%d 个位置\n", k, i+1);
    else printf("集合中没有值为%d 的元素\n", k);
    return 0;
}
```

练习题 6-1　假设待查值为 5 和 0，分别写出程序的运行结果。

练习题 6-2　如果集合有 10 个整数，如何修改程序？程序中出现了哪些新的语法？

6.1.1　一维数组的定义和初始化

一维数组仅使用一个下标即可唯一标识数组元素。本质上，一维数组就是数据集合的线性排列，因此，一维数组也称为**向量**。

1. 一维数组的定义

同简单变量一样，一维数组变量也要先定义后使用。

【语法】 定义一维数组的一般形式如下：

其中，类型名可以是任意合法的数据类型，表示数组元素的数据类型（也称基类型）；数组变量名（简称数组名）是一个标识符；方括号是数组标志；整型常量表达式的运算结果表示数组元素的个数，也称为数组长度。

【语义】 定义一维数组变量，编译器为其分配一段连续的存储空间，将数组名和这段存储空间绑定在一起，数组名表示数组空间的起始地址。由于数组元素具有相同的数据类型，因此，每个数组元素占有相同大小的存储单元，如图 6.1 所示。

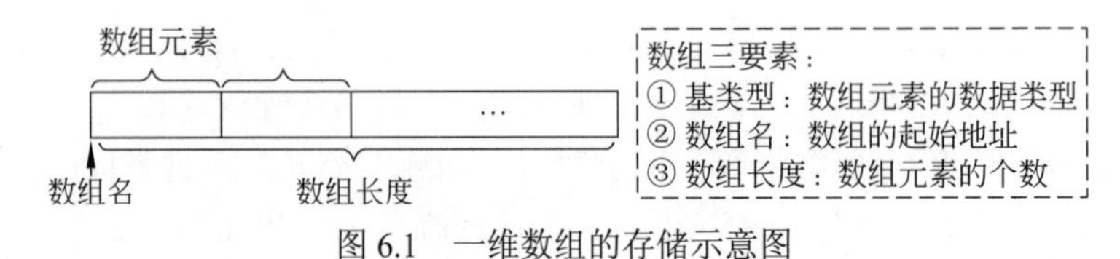

图 6.1　一维数组的存储示意图

以下都是合法的一维数组定义：

```
int a[10];          /*定义数组 a，数组元素的类型为整型，共有 10 个元素*/
double b[5];        /*定义数组 b，数组元素的类型为双精度型，共有 5 个元素*/
char c[80];         /*定义数组 c，数组元素的类型为字符型，共有 80 个元素*/
```

标准 C 不允许对数组长度进行动态定义，因此，数组长度必须是一个固定的值[1]。例如，如下一维数组定义是非法的：

```
int n = 10;
int a[n];                          /*数组长度不能是变量*/        ×
```

数组长度可以是符号常量，例如，如下是常用的一维数组定义方式：

```
#define N 10
int a[N];                          /*相当于 int a[10]*/
```

2. 一维数组元素的引用

数组是将固定数目的元素组织成一个序列，每个元素在数组中都有一个序号（称为下标），通过数组名和该元素在数组中的下标来引用某个数组元素。

1　在定义数组时，整型常量表达式不能含有变量，并且表达式的运算结果为正整数。很多 C++编译器允许数组长度是变量，但要求将源程序保存为 C++形式，即后缀为.cpp。

【**语法**】 引用一维数组元素的一般形式如下：

数组变量名［**整型表达式**］
↑—— 数组元素的下标

其中，整型表达式是运算结果为整型的表达式，可以包含整型常量和整型变量，将整型表达式的运算结果作为数组下标，C 语言规定数组下标从 0 开始[1]，因此数组下标的取值范围是[0, 数组长度-1]。

【**语义**】 引用该下标对应的数组元素。

定义数组以后，数组中的每个元素其实就相当于一个变量，同简单变量一样，也具有变量名、变量值、类型和地址等变量的基本属性。例如：int a[10]定义了一个 int 型数组，数组元素 a[i]相当于一个 int 型简单变量，其地址是&a[i]，其元素值是 a[i]，如图 6.2 所示。

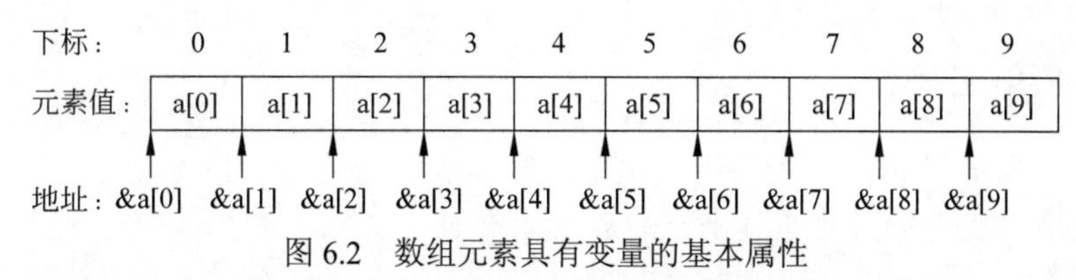

图 6.2 数组元素具有变量的基本属性

需要强调的是，在数组变量定义和数组元素引用中都有整型表达式，但其含义不同。定义数组时，整型常量表达式的值表示数组长度，即数组元素的个数；引用数组元素时，整型表达式中的值表示元素的序号，即数组元素的下标，可以在[0, 数组长度-1]的范围内变化。

3. 一维数组的初始化

定义一维数组变量后，编译器会给该数组变量分配一段连续的存储空间，但是数组变量是“**值无定义的**”。可以在定义一维数组变量时为数组元素赋初值，对一维数组进行初始化。

【语法】初始化一维数组的一般形式如下：

类型名 数组变量名［**整型常量表达式**］ = ｛**初值表**｝；
↑—— 缺省则为初值个数

其中，初值表是由逗号分隔的数据值；整型常量表达式表示数组的长度，如果缺省，则将初值表中的初值个数作为数组长度[2]。

---

1 数组下标从 0 开始可以简化编译器，使得对数组元素的访问速度有小幅的提升。例如，要访问元素 a[i]，编译器通过数组名得到数组所在存储空间的起始地址，再进行如下地址运算：a+i×sizeof(a[0])，如果下标从 1 开始，就需要进行如下地址运算：a+(i-1)×sizeof(a[1])。

2 在定义数组时，为了提高程序的可读性，建议无论是否给数组全部元素赋初值，都不要省略数组长度。如果给数组全部元素赋初值，而且初值个数较多，可以省略数组长度，从而避免人工计算的烦琐和误差。

【语义】 将初值表中各数据值顺序赋给数组中相应元素。如果提供的初值个数小于数组长度，则未指定值的数组元素被赋值为 0；如果提供的初值个数多于数组长度，其结果取决于编译器，有些编译器会忽略多余的初值，有些编译器会给出错误信息。

在定义一维数组时，可以将全部数组元素初始化，也可以部分初始化，即给数组前面部分的元素赋初值，其余元素赋值为 0。利用这一特性，可以很容易地将数组元素全部初始化为 0。以下都是正确的数组初始化语句：

```
int a[10] = {0, 1, 2, 3, 4, 5, 6, 7, 8, 9};
int b[10] = {0, 1, 2, 3, 4};        /*相当于 int b[10] = {0, 1, 2, 3, 4, 0, 0, 0, 0, 0};*/
int c[10] = {0};                    /*相当于 int c[10] = {0, 0, 0, 0, 0, 0, 0, 0, 0, 0};*/
int a[ ] = {0, 1, 2, 3, 4};         /*相当于 int a[5] = {0, 1, 2, 3, 4};*/
```

6.1.2 一维数组的操作

1. 输入/输出操作

C 语言不能整体读入一个数组，也不能整体输出一个数组。通常使用循环语句，在循环体中读取键盘的输入并送到指定的数组元素中，在循环体中输出数组元素[1]。例如：

```
int a[10], i;
for (i = 0; i < 10; i++)
  scanf("%d", &a[i]);                  /*元素 a[i]相当于 int 型简单变量*/
for (i = 0; i < 10; i++)
  printf("%3d", a[i]);
```

2. 赋值操作

在 C 语言中，可以在数组初始化时对数组进行整体赋值，除此之外没有提供数组整体赋值的语句[2]，因此，如下语句是错误的：

```
int a[5] = {1, 2, 3, 4, 5}, b[5];                          ×
b = a;                              /*不能对数组进行整体赋值*/
```

如果数组元素的值具有某种规律，可以采用循环语句，在循环体中使用赋值语句进行赋值，例如：

```
int a[10], i;
for (i = 0; i < 10; i++)
 a[i] = 2 * i;                      /*数组元素为偶数*/
```

1 数组的使用离不开循环，通常的用法是，将数组下标作为循环变量，通过循环将数组元素依次扫描一遍，就可以对数组中的所有元素进行各种处理。

2 在程序中把一个数组复制给另一个数组，可以调用<string.h>中的库函数 memcpy，该函数将存储空间的内容按字节从一个地方复制到另一个地方。例如通过函数调用 memcpy(a, b, sizeof(b))实现把数组 b 复制给数组 a。

需要强调的是，编译器通常不提供数组下标越界检查，但是在运行时会出现下标越界错误。因此，为数组元素赋值时需要注意数组下标不能越界，例如：

```
int a[10], i;
for (i = 0; i <= 10; i++ )
  a[i] = 2 * i;                    /*当i等于10时数组下标越界*/          ×
```

3. 其他操作

C 语言没有定义施加于一维数组上的运算，对一维数组的操作是通过对其数组元素的操作来实现的。本质上，数组元素是一个简单变量，因此，**数组元素的使用方法与同类型简单变量的使用方法相同**。例如，如下操作都是合法的：

```
int a[10];
a[0] = 1; a[1] = 2;
a[2] = a[0] + a[1] * 5;
```

6.1.3 程序设计实例 6.1——找最大值

【问题】 在一维整型数组中查找最大值。

【想法】 找最大值的方法可以用“打擂台”来形容，设最大值为 max，先假定第 1 个整数为最大值，再依次将每个整数与 max 进行比较，每次比较都将较大者存储在变量 max 中。

【算法】 设数组 r 有 N 个元素，算法如下：

1. 初始化 max = r[0];
2. 循环变量 i 从 1～N-1，重复执行下述操作：
   2.1 若 r[i] > max，则 max = r[i];
   2.2 i++;
3. 输出 max;

【程序】 假设有 10 个整数，定义 int 型数组 r[N]并初始化，程序如下：

```
#include <stdio.h>
#define N 10                          /*假设集合中有10个整数*/

int main( )
{
   int r[N] = {3, 8, 5, 6, 2, 4, 6, 7, 0, 9}, max, i;
   for (max = r[0], i = 1; i < N; i++)
      if (r[i] > max) max = r[i];
   printf("最大值是%d\n", max);
```

```
    return 0;
}
```

练习题 6-3 假设从键盘输入整数集合，如何修改程序？

练习题 6-4 如果要求查找最大值以及该最大值在数组中的下标，如何修改程序？

6.1.4 程序设计实例 6.2——折半查找

【问题】 应用折半查找方法在一个升序序列中查找值为 k 的元素。若查找成功，返回元素 k 在序列中的位置，若查找失败，返回失败信息。

【想法】 折半查找可以利用序列有序的特点，其查找过程是：取序列的中间元素作为比较对象，若 k 与中间元素相等，则查找成功；若 k 小于中间元素，则在中间元素的左半区继续查找；若 k 大于中间元素，则在中间元素的右半区继续查找。不断重复上述过程，直到查找成功，或查找区间为空，即查找失败。折半查找的思想如图 6.3 所示。

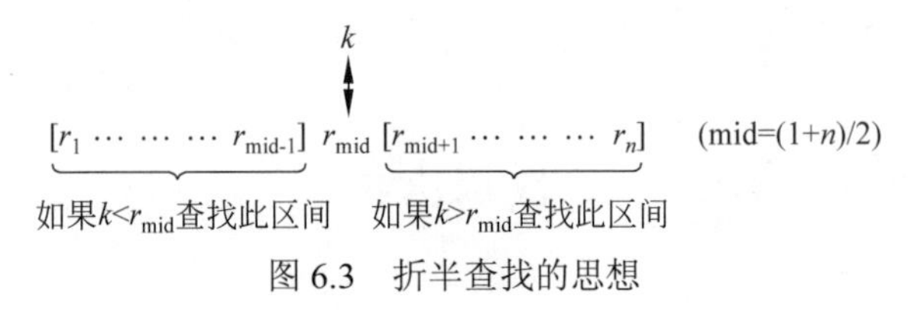

图 6.3 折半查找的思想

【算法】 设数组 r[N]存储升序的整数序列，[low, high]为查找区间，mid 为区间的中间位置，算法如下：

1. 设置初始查找区间：low = 0；high = N－1；
2. 当存在查找区间[low，high]时，重复执行下述操作：
   2.1 计算中间位置：mid=(low+high)/2;
   2.2 比较 k 与 r[mid]，有以下三种情况：
      （1）若 k < r[mid]，则查找在左半区进行，high=mid−1；
      （2）若 k > r[mid]，则查找在右半区进行，low=mid+1；
      （3）若 k = r[mid]，则查找成功，退出循环；
3. 若提前退出循环，则查找成功，输出序号；否则输出失败信息；

【程序】 若 low≤high，则存在查找区间，将区间中间位置的元素与待查值 k 进行比较，根据比较结果修改查找区间，直到查找成功或查找区间不存在。程序如下：

```
#include <stdio.h>
#define N 5

int main( )
{
  int r[N] = {2, 4, 6, 8, 9}, k;
  int low = 0, high = N-1, mid;
```

```
    printf("请输入待查值：");
    scanf("%d", &k);
    while (low <= high)
    {
      mid = (low + high)/2;
      if (k < r[mid]) high = mid - 1;
      else if (k > r[mid]) low = mid + 1;
      else break;
    }
    if (low > high) printf("查找失败！\n");
    else printf("查找成功，该元素的序号是%d\n", mid+1);
    return 0;
}
```

6.1.5 程序设计实例 6.3——合并有序数组

【问题】 将两个有序序列合并为一个有序序列。

【想法】 设数组 A[M]和 B[N]表示两个升序序列，在合并过程中可能会破坏原来的有序序列，所以，合并不能就地进行。设合并后的数组为 C[M+N]，依次比较 A[i]和 B[j]，将较小者存入 C[k]，如图 6.4 所示。

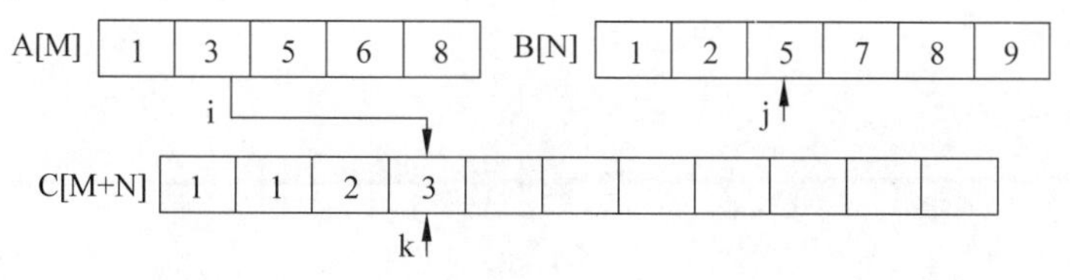

图 6.4 合并的操作示意图（将 A[i]和 B[j]中的较小者存入 C[k]）

【算法】 设将升序数组 A[M]和 B[N]合并成一个升序数组 C[M+N]，下标 i、j 和 k 分别指向两个待合并序列和结果序列的当前元素，初始时 i 和 j 分别指向两个升序序列的第一个元素，即 $i = 0$，$j = 0$，k 指向存放合并结果的初始位置，即 $k = 0$。依次比较 A[i]和 B[j]，将较小者存入 C[k]，直至两个有序序列之一的所有元素都比较完，再将另一个有序序列的剩余元素顺序送到合并后的有序序列中。算法如下：

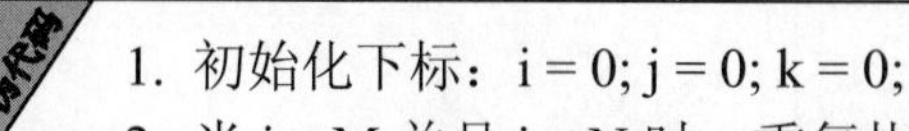

1. 初始化下标：i = 0; j = 0; k = 0;
2. 当 $i < M$ 并且 $j < N$ 时，重复执行下述操作：
   2.1 如果 $A[i] < B[j]$，将 A[i]赋给 C[k]; i++; k++;
   2.2 否则将 B[j]赋给 C[k]; j++; k++;
3. 若 A[M]尚有剩余元素，依次赋给 C[k];
4. 若 B[N]尚有剩余元素，依次赋给 C[k];

【程序】 简单起见，在定义数组 A[M]和 B[N]的同时为其初始化，程序如下：

```
#include <stdio.h>
#define M 5
#define N 6

int main( )
{
    int A[M] = {1, 3, 5, 6, 8}, B[N] = {1, 2, 5, 7, 8, 9}, C[M + N];
    int i = 0, j = 0, k = 0;
    while (i < M && j < N)
      if (A[i] < B[j]) C[k++] = A[i++];      /*相当于 C[k] = A[i]; k++; i++;*/
      else C[k++] = B[j++];                  /*相当于 C[k] = B[j]; k++; j++;*/
    while (i < M)                            /*收尾处理，数组 A 尚有剩余元素*/
      C[k++] = A[i++];
    while (j < N)                            /*收尾处理，数组 B 尚有剩余元素*/
      C[k++] = B[j++];
    printf("合并后的序列为：");
    for (k = 0; k < M + N; k++)
      printf("%3d", C[k]);
    return 0;
}
```

练习题 6-5 写出程序的运行结果。假设从键盘输入数组 A 和 B 的元素，请修改程序。

练习题 6-6 假设数组 A 有 2*N* 个元素，其中前 *N* 个元素和后 *N* 个元素分别升序排列，将其合并到数组 B 中，使得 B 是完全升序的，请修改程序。

6.2 二 维 数 组

【引例 6.2】 矩阵转置

【问题】 将矩阵 $\boldsymbol{A}_{m\times n}$ 转置为矩阵 $\boldsymbol{B}_{n\times m}$，使得 $\boldsymbol{A}_{ij} = \boldsymbol{B}_{ji}$。

【想法】 对于矩阵 ***A*** 的每一个元素执行下述操作：将矩阵 ***A*** 的第 *i* 行第 *j* 列元素赋值给矩阵 ***B*** 的第 *j* 行第 *i* 列元素，如图 6.5 所示。

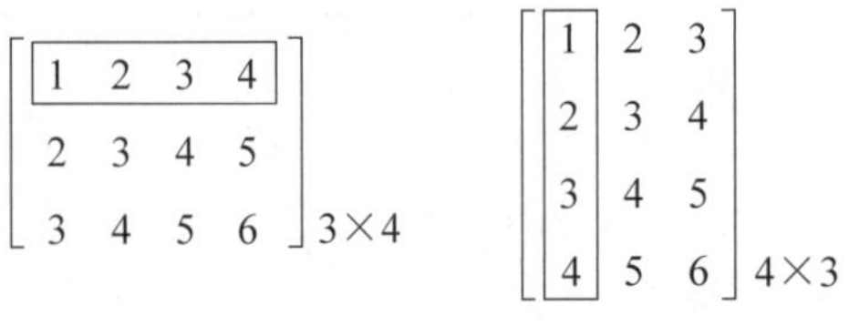

$$\begin{bmatrix} 1 & 2 & 3 & 4 \\ 2 & 3 & 4 & 5 \\ 3 & 4 & 5 & 6 \end{bmatrix}_{3\times 4} \qquad \begin{bmatrix} 1 & 2 & 3 \\ 2 & 3 & 4 \\ 3 & 4 & 5 \\ 4 & 5 & 6 \end{bmatrix}_{4\times 3}$$

(a) 矩阵***A*** (b) 矩阵***B***

图 6.5 矩阵转置示意图

【算法】 设二维数组 A[m][n]存储矩阵 ***A***，二维数组 B[n][m]存储矩阵 ***B***，算法如下：

伪代码

1. 下标 i 从 0~m−1，重复执行下述操作：
   1.1 下标 j 从 0~n−1，重复执行下述操作：
      1.1.1 将 A[i][j]赋给 B[j][i];
      1.1.2 j++;
   1.2 i++;
2. 输出数组 B[n][m];

【程序】 简单起见，设 int 型二维数组 A 为 3 行 4 列，程序如下：

```
#include <stdio.h>

int main( )
{
  int A[3][4] = {{1, 2, 3, 4}, {2, 3, 4, 5}, {3, 4, 5, 6}};
  int B[4][3], i, j;
  for (i = 0; i < 3; i++)
    for (j = 0; j < 4; j++)
      B[j][i] = A[i][j];
  for (i = 0; i < 4; i++)
  {
    for (j = 0; j < 3; j++)
      printf("%2d", B[i][j]);
    printf("\n");
  }
  return 0;
}
```

练习题 6-7 如果从键盘输入二维数组元素值，如何修改程序？程序中出现了哪些新的语法？

6.2.1 二维数组的定义和初始化

二维数组需要两个下标唯一标识数组元素，主要用于表示矩阵。

1. 二维数组的定义

同一维数组变量一样，二维数组变量也要先定义后使用。

【语法】 定义二维数组的一般形式如下：

```
┌── 数组元素的类型
↓
类型名  数组变量名[整型常量表达式1] [整型常量表达式2];
          ↑            ↑                  ↑
        数组名        行数               列数
```

其中，类型名是任意合法的数据类型，表示数组元素的数据类型（也称为基类型）；数组变量名（简称数组名）是一个标识符；整型常量表达式 1 的运算结果表示二维数组的行数，整型常量表达式 2 的运算结果表示二维数组的列数。注意，整型常量表达式 1 和整型常量表达式 2 分别写在各自的方括号内。

【语义】 定义一个二维数组变量，编译器为其分配一段连续的存储空间，并将数组名和这段存储空间绑定在一起，数组名表示数组空间的起始地址。

以下都是合法的二维数组定义：

```
int a[10][5];
double b[5][10];
char ch[5][80];
```

2. 二维数组元素的引用

引用二维数组元素使用数组名、该元素在数组中的行下标和列下标。

【语法】 引用二维数组元素的一般形式如下：

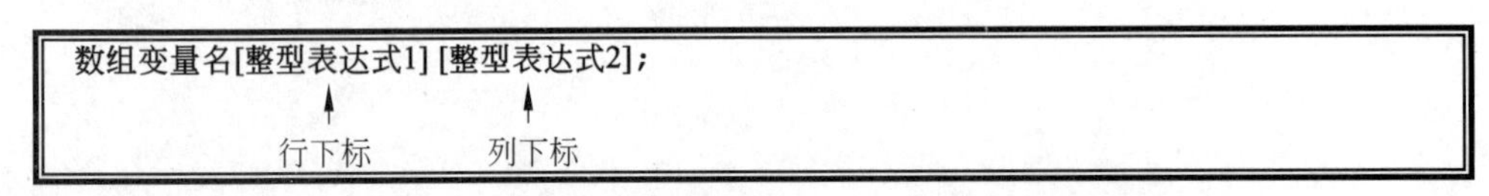

其中，整型表达式 1 的运算结果作为数组的行下标，其取值范围是[0, 行数-1]；整型表达式 2 的运算结果作为数组元素的列下标，其取值范围是[0, 列数-1]。

【语义】 引用行下标和列下标对应的二维数组元素。

在 C 语言中，二维数组按行优先存储，即依次存储第 0 行、第 1 行、……，每一行的元素再按列顺序存储。例如，二维数组 a[3][4]的存储示意图如图 6.6 所示。

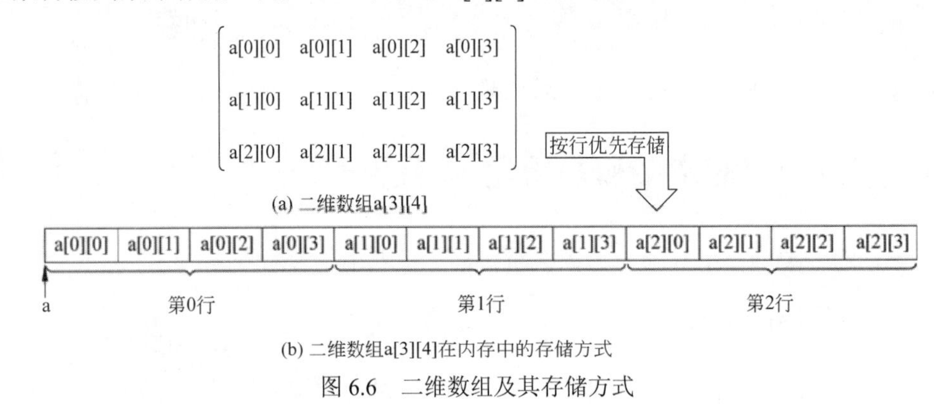

图 6.6　二维数组及其存储方式

3. 二维数组的初始化

定义二维数组变量后，编译器会给该数组分配一段连续的存储空间，但是数组变量是“**值无定义的**”。可以在定义二维数组时为数组元素赋初值，对二维数组进行初始化。

【语法】 初始化二维数组有如下两种形式。

（1）所有数据值写在一个大括号内，一般形式如下：

```
类型名 数组变量名[整型常量表达式1] [整型常量表达式2] = {初值表};
```

（2）每一行的数据值写在一个大括号内，一般形式如下：

```
类型名 数组变量名[整型常量表达式1] [整型常量表达式2] = {{初值表}, …,{初值表}};
```

其中，初值表是由逗号分隔的数据值；整型常量表达式 1 和整型常量表达式 2 分别表示二维数组的行数和列数。为了增强程序的可读性，建议采用第 2 种方式进行数组初始化。

【语义】 将初值表中各数据值依次赋给二维数组的相应元素。如果提供的初值个数小于数组长度，则未指定值的数组元素被赋值为 0；如果提供的初值个数多于数组长度，其结果取决于编译器，有些编译器会忽略多余的初值，有些编译器会给出错误信息。

如下均是正确的二维数组初始化语句：

```
int a[2][3] = {1, 2, 3, 4, 5, 6};   /*相当于 int a[2][3] = {{1, 2, 3}, {4, 5, 6}}; */
int b[2][3] = {1, 2};               /*相当于 int b[2][3] = {{1, 2, 0}, {0, 0, 0}}; */
int c[2][3] = {{1}, {2}};           /*相当于 int c[2][3] = {{1, 0, 0}, {2, 0, 0}}; */
int d[2][3] = {0};                  /*相当于 int d[2][3] = {{0, 0, 0}, {0, 0, 0}}; */
```

★C 语言的语法规则非常严格，例如，小括号、中括号、大括号的使用。实际上，国家和社会都有严格的规则、纪律和法律，只有人人都遵守规则、遵纪守法，这个社会才能正常有序地运行，国家才能更好地发展壮大。

6.2.2 二维数组的操作

1. 输入/输出操作

在 C 语言中，二维数组不能实现整体读入和整体输出。可以使用循环语句，在循环体中读取键盘的输入并送到指定数组元素中，在循环体中输出数组元素[1]。例如：

```
int a[5][10], i, j;
for (i = 0; i < 5; i++)
  for (j = 0; j < 10; j++)
    scanf("%d", &a[i][j]);
for (i = 0; i < 5; i++)
  for (j = 0; j < 10; j++)
    printf("%d", a[i][j]);
```

1 将二维数组的行下标和列下标分别作为循环变量，通过两层嵌套循环就可以依次访问二维数组的所有元素。由于二维数组在内存中按行优先存储，因此，将行下标作为外层循环变量，列下标作为内层循环变量，程序的执行效率较高。

2. 赋值操作

在 C 语言中，可以在数组初始化时对数组进行整体赋值，除此之外没有提供数组整体赋值的语句。如果数组元素的值具有某种规律，可以采用两层嵌套的循环语句，在循环体中使用赋值语句对数组进行赋值。例如：

```
int a[5][10], i, j;
for (i = 0; i < 5; i++)
   for (j = 0; j < 10; j++)
     a[i][j] = i + j;
```

3. 其他操作

C 语言没有定义施加于二维数组上的运算，对二维数组的操作是通过对其数组元素的操作实现的。二维数组元素的使用方法与同类型简单变量的使用方法相同。例如，下列操作都是合法的：

```
int a[3][4];
a[0][0] = 1; a[0][1] = 2;
a[0][2] = a[0][0] + a[0][1] * 10;
```

6.2.3 程序设计实例 6.4——主对角线元素之和

【问题】 求 $n \times n$ 矩阵中主对角线元素之和。

【想法】 用二维数组 a[n][n]存储 $n \times n$ 矩阵，观察主对角线元素下标的特点，如图 6.7 所示，主对角线元素行下标 i 与列下标 j 相等。

	0	1	2	3
0	a[0][0]	a[0][1]	a[0][2]	a[0][3]
1	a[1][0]	a[1][1]	a[1][2]	a[1][3]
2	a[2][0]	a[2][1]	a[2][2]	a[2][3]
3	a[3][0]	a[3][1]	a[3][2]	a[3][3]

满足 $i=j$

图 6.7　二维数组 a[4][4]的主对角线行列下标满足的条件

【算法】 设变量 sum 存储主对角线元素之和，算法如下：

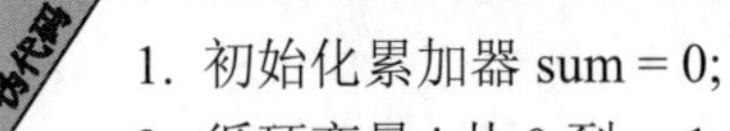

伪代码

1. 初始化累加器 sum = 0;
2. 循环变量 i 从 0 到 n−1，重复执行下述操作：
   2.1 sum = sum + a[i][i];
   2.2 i++;
3. 输出 sum;

【程序】 假设二维数组最多 10 行 10 列，定义 int 型二维数组 a[10][10]接收从键盘输

入的 $n \times n$ 个整数，再求主对角线元素之和。程序如下：

```
#include <stdio.h>

int main( )
{
   int a[10][10] , i, j, n, sum = 0;             /*二维数组最多 10 行 10 列*/
   printf("请输入矩阵的阶数：");
   scanf("%d", &n);                              /*确定实际的阶数*/
   printf("请输入%d 个整数：", n * n);
   for (i = 0; i < n; i++)
      for (j = 0; j < n; j++)
        scanf("%d", &a[i][j]);                   /*依次输入每一个元素*/
   for (i = 0; i < n; i++)
      sum = sum + a[i][i];                       /*累加主对角线元素*/
   printf("该矩阵主对角线元素之和为%d\n", sum);
   return 0;
}
```

练习题 6-8 假设二维数组为 $\begin{bmatrix} 1 & 2 & 3 \\ 4 & 5 & 6 \\ 7 & 8 & 9 \end{bmatrix}$，请写出程序的运行结果。

练习题 6-9 如果求副对角线的元素和，如何修改程序？

6.2.4 程序设计实例 6.5——哥尼斯堡七桥问题

【问题】 17 世纪的东普鲁士有一座哥尼斯堡城，城中有一座岛，普雷格尔河的两条支流环绕其旁，并将整个城市分成北区、东区、南区和岛区 4 个区域，全城共有 7 座桥将 4 个城区连接起来，如图 6.8 所示。于是，产生了一个有趣的问题：一个人是否能在一次步行中经过全部的 7 座桥后回到起点，且每座桥只经过一次。

【想法】 将城区抽象为节点，用 A、B、C、D 表示 4 个城区，将桥抽象为边，用 7 条边表示 7 座桥，则将七桥问题抽象为一个图模型，如图 6.9 所示，从而将七桥问题抽象为一个数学问题：求经过图中每条边且仅经过一次的回路，称为欧拉回路[1]。欧拉回路的判定规则是：

（1）如果通奇数桥的城区多于两个，则不存在欧拉回路；

（2）如果没有一个城区通奇数桥，则无论从哪里出发都能找到欧拉回路。

由上述判定规则得到求解七桥问题的基本思路：依次计算图中与每个节点相关联的边的个数（称为节点的度），根据度为奇数的节点个数判定是否存在欧拉回路。

【算法】 将节点 A、B、C、D 编号为 0、1、2、3，用二维数组 mat[4][4]表示七桥问题的图模型，如果节点 i（0≤i≤3）和 j（0≤j≤3）之间有 k 条边，则元素 mat[i][j]的值

1 经过图中每条边且仅经过一次的路径称为欧拉路径。欧拉路径不要求回到起点，如果有两个城区通奇数桥，则从这两个地方之一出发就能找到欧拉路径。

为 k，如图 6.10 所示。求解七桥问题的关键是求与每个节点相关联的边数，即是在二维数组 mat[4][4]中求每一行元素之和。算法描述如下：

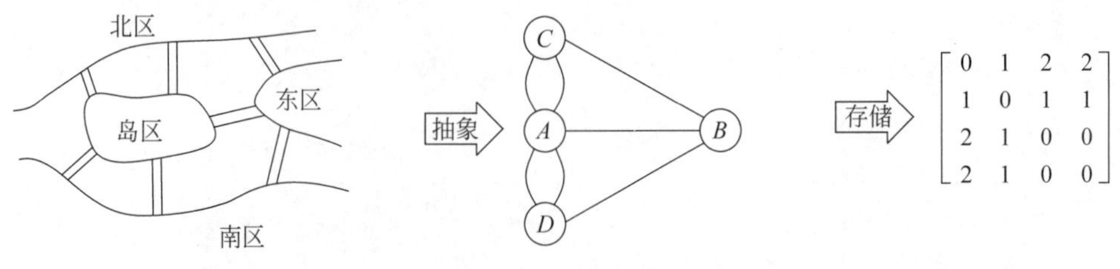

图 6.8　七桥问题示意图　　图 6.9　七桥问题的模型　　图 6.10　存储图模型

伪代码

1. count 初始化为 0；
2. 下标 i 从 0~n－1 重复执行下述操作：
   2.1 计算第 i 行元素之和 degree;
   2.2 如果 degree 为奇数，则 count++;
3. 若 count 等于 0，则存在欧拉回路，否则不存在欧拉回路;

【程序】 首先初始化二维数组 mat[4][4]，即存储七桥问题对应的图模型，然后计算图模型中通奇数桥的节点个数，再根据欧拉规则判定是否存在欧拉回路。程序如下：

```
#include <stdio.h>

int main( )
{
   int mat[4][4] = {{0, 1, 2, 2},{1, 0, 1, 1},{2, 1, 0, 0},{2, 1, 0, 0}};
   int i, j, count = 0, degree;
   for (i = 0; i < 4; i++)
   {
      degree = 0;
      for (j = 0; j < n; j++)
      {
        degree = degree + mat[i][j];
      }
      if (degree % 2 != 0) count++;
   }
   if (count == 0)
      printf("存在欧拉回路\n ");
   else
      printf("有%d 个地方通奇数桥，不存在欧拉回路\n", count);
   return 0;
}
```

练习题 6-10　如果不统计通奇数桥的节点个数，只要有通奇数桥的节点即可得出不存在欧拉回路的结论，如何修改程序？

6.2.5　程序设计实例 6.6——幻方问题

【问题】 幻方又称魔方阵，游戏规则是在一个 $n \times n$ 的矩阵中填入 1 到 n^2 的数字，使得每一行、每一列、每条对角线的累加和都相等。如图 6.11 所示是一个 3 阶幻方，每一行、每一列、每条对角线的累加和都等于 15。

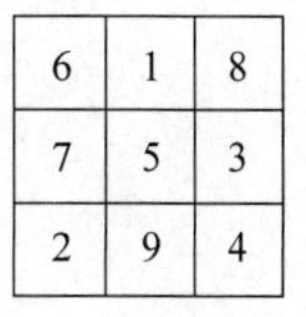

6	1	8
7	5	3
2	9	4

图 6.11　3 阶幻方示例

【想法】 解决幻方问题的方法很多，下面介绍一种“左上斜行法”的填数方法，该方法适用于任意奇数阶幻方，具体填数过程如下：

（1）由 1 开始填数，将 1 放在第 1 行的中间位置；

（2）将幻方想象成上下、左右相接，每次往左上角走一步，会有下列情况：

① 左上角超出上边界，则在最下边对应的位置填入下一个数，如图 6.12(a)所示；

② 左上角超出左边界，则在最右边对应的位置填入下一个数，如图 6.12(b)所示；

③ 按上述方法找到的位置已填数，则在原位置的同一列下一行填入下一个数，如图 6.12(c)所示。

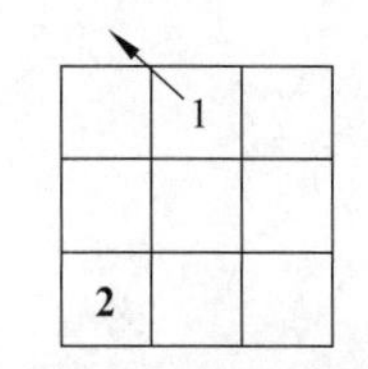

(a) 左上角超出上边界

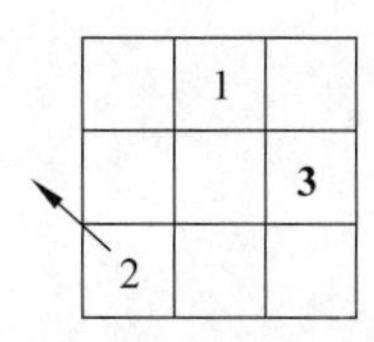

(b) 左上角超出左边界

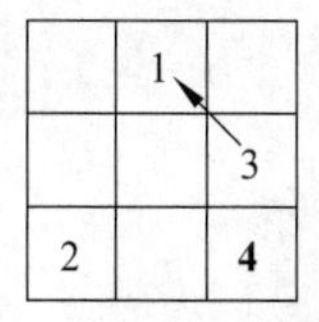

(c) 左上角已填数

图 6.12　“左上斜行法”的填数过程

【算法】 设二维数组 a[n][n]表示幻方，当前填数的位置是(i, j)，则其左上角的位置是(i－1, j－1)，将被填的数 k 作为循环变量，算法如下：

```
1. 初始化填数的位置 i = 0, j = n/2;
2. 在位置(i, j)填入 1;
3. 数字 k 从 2 ~ n*n 重复执行下述操作:
   3.1  从位置(i, j)往左上角走一步到位置(i－1, j－1);
   3.2  如果 i 超出上边界，则 i = n – 1;
   3.3  如果 j 超出左边界，则 j = n – 1;
   3.4  如果位置(i, j)已经填数，则在原位置的同一列下一行填入 k;
        否则，在位置(i, j)填入 k;
   3.5  k++;
```

【程序】 设一个较大的二维数组 a[100][100]，注意此算法只适用于奇数阶幻方，在填数过程中要保存原位置。程序如下：

```
#include <stdio.h>

int main( )
{
   int a[100][100] = {0}, n, i, j, k;     /*二维数组最多 100 行 100 列*/
   int tempi, tempj;                        /*tempi 和 tempj 暂存 i 和 j 的值*/
   printf("请输入一个 100 以内的奇数: ");
   scanf("%d", &n);                         /*确定幻方的阶数*/
   i = 0, j = n/2; a[i][j] = 1;             /*将 1 填入第 0 行中间位置*/
   for (k = 2; k <= n * n; k++)             /*k 表示即将填的数*/
   {
      tempi = i; tempj = j;                 /*暂存当前位置*/
      i = (i - 1 + n) % n;                  /*即 i = i - 1; if (i < 0) i = n - 1;*/
      j = (j - 1 + n) % n;                  /*即 j = j - 1; if (j < 0) j = n - 1;*/
      if (a[i][j] > 0)                      /*第 i 行第 j 列已经填数*/
      {
        i = (tempi + 1) % n;                /*即 i = tempi + 1; if (i == n) i = 0;*/
        j = tempj;                          /*原位置的同一列*/
      }
      a[i][j] = k;                          /*在 r[i][j]处填入 k*/
   }
   for (i = 0; i < n; i++)                  /*输出 n 阶幻方*/
   {
      for (j = 0; j < n; j++)
        printf("%d\t", a[i][j]);            /* '\t'为跳格符，使输出项对齐*/
      printf("\n");                         /*输出一行之后换行*/
   }
   return 0;
}
```

6.3　本章实验项目

〖**实验 1**〗 上机实现 6.1.4 节程序设计实例 6.2，写出程序的运行结果。延伸实验：①假设待查值为 8，写出程序执行过程中变量 low、high 和 mid 的值；②在调整查找区间时，若将 low=mid+1 修改为 low=mid，将 high=mid−1 修改为 high=mid，则程序会出现逻辑错误，请上机验证并说明原因。

〖**实验 2**〗 Eratosthenes 筛法判定素数。根据素数的定义，任意整数 x 的倍数 $2x$、$3x$、⋯都不是素数。如果求小于 N 的所有素数，可以从 2 开始，由小到大扫描每个数 $x \leqslant N$，把其倍数 $2x$、$3x$、⋯、$(N/x) \times x$ 标记为合数，最后没有被标记的数均是素数。设计程序求小于 100000 的所有素数。

〖**实验 3**〗 上机实现 6.2.5 节程序设计实例 6.6，假设从键盘输入奇数 3，写出程序的运行结果。延伸实验：修改程序实现右上行法填写幻方矩阵。

〖**实验 4**〗 数字旋转方阵。输出如图 6.13 所示 $N \times N$（$1 \leqslant N \leqslant 10$）的数字旋转方阵。

$$\begin{bmatrix} 1 & 16 & 15 & 14 & 13 \\ 2 & 17 & 24 & 23 & 12 \\ 3 & 18 & 25 & 22 & 11 \\ 4 & 19 & 20 & 21 & 10 \\ 5 & 6 & 7 & 8 & 9 \end{bmatrix}$$

图 6.13 数字旋转方阵示例

6.4 本章教学资源

练习题答案

练习题 6-1 值为 5 的元素在第 3 个位置，集合中没有值为 0 的元素。

练习题 6-2

```
#define N 10
int r[N] = {3, 8, 5, 6, 2, 4, 1, 7, 0, 9};
```

练习题 6-3

```
for (i = 0; i < N; i++)
scanf("%d", &r[i]);
```

练习题 6-4

```
int index;
for (max = r[0], index = 0, i = 1; i < N; i++)
  if (r[i] >max) {max = r[i];  index = i;}
```

练习题 6-5 合并后的序列为：1 1 2 3 5 5 6 7 8 8 9

练习题 6-6

```
#define N 5
int A[2*N] = {1, 2, 5, 6, 8, 1, 3, 5, 8, 9}, B[2*N];
int i = 0, j = N, k = 0;
while (i < N && j < 2*N)
  if (A[i] < A[j]) B[k++] = A[i++];
  else B[k++] = A[j++];
while (i < N)  B[k++] = A[i++];
while (j < 2*N)  B[k++] = A[j++];
```

练习题 6-7

```
for (i = 0; i < 3; i++)
  for (j = 0; j < 4; j++)
    scanf("%d", &A[i][j]);
```

练习题 6-8 该矩阵主对角线元素之和为 15。

练习题 6-9 副对角线元素行下标 i 与列下标 j 满足 i + j = n − 1。

```
for (i = 0; i < n; i++)
   sum = sum + r[i][n-i-1];
```

练习题 6-10 修改语句：`if (degree % 2 != 0) {count++; break;}`

二维码

课件	源代码	“每课一练”答案（1）	“每课一练”答案（2）

君子学以聚之，问以辩之，宽以居之，仁以行之。
——《周易》

第 7 章

程序的组装单元——函数

C 程序提倡把一个大问题划分为一个个小问题，为每个小问题编制一个函数。因此，C 程序一般是由大量的小函数构成，这样的好处是让各部分相互独立且任务单一，这些独立的小函数可作为一种构件，用来构成规模较大的程序。事实上，C 程序不提倡把所有语句都放在主函数中，本书从第 7 章开始，所有程序的处理部分均以函数的形式完成，如果程序的输入/输出较复杂，也将其独立为函数。

7.1 用户定义的函数——自定义函数

程序设计语言中函数的概念来源于数学中的函数。在数学中可以定义函数，例如：定义函数 $f(x)=x^2+2x+1$，其中 x 是自变量，函数 $f(x)$的值取决于 x 的值是多少，例如当 $x=2$ 时表示为 $f(2)$，其值为 $2^2+2\times2+1=9$。在 C 语言中，也是先定义函数——类似于数学中的函数定义，然后再调用该函数——类似于数学中计算函数的某个特定值。

【引例 7.1】 打印直角实心三角形

【问题】 打印由符号'*'构成的任意 n 层直角实心三角形，图 7.1 所示为 6 层直角实心三角形。

```
*
**
***
****
*****
******
```

图 7.1　6 层三角形

【想法】 将打印一行'*'的功能独立为函数，调用 n 次函数实现打印 n 层直角实心三角形。

【算法】 设函数 Print 实现打印一行'*'的功能，该行打印'*'的个数为 k，算法如下：

1. 循环变量 i 从 1 到 k，重复执行下述操作：
   1.1 打印字符'*';
   1.2 i++;
2. 结束该行打印，输出回车符;

【程序】 程序首先接收从键盘输入的三角形层数 n，然后循环 n 次，循环体中每次调用 Print 函数时给定打印'*'的个数，程序如下：

```
#include <stdio.h>
void Print(int k);                          /*函数声明，k 为形参*/

int main( )
{
   int n, k;
   printf("请输入三角形的层数：");
   scanf("%d", &n);
   for (k = 1; k <= n; k++)
     Print(k);                              /*打印 n 行*/
   return 0;
}

void Print(int k)                           /*函数定义，函数无返回值*/
{
   int i;
   for (i = 1; i <= k; i++)
     printf("%c", '*');
   printf("\n");                            /*本行打印完毕，输出回车符*/
}
```

练习题 7-1 假设从键盘输入 6，请给出程序的运行结果。程序中出现了哪些新的语法？

7.1.1 函数定义

在 C 语言中，同变量一样，函数也要先定义才能被调用。

【语法】 函数定义的一般形式如下：

```
 ┌──返回值类型   ┌──可以为空，但圆括号不能省略
 ↓              ↓
类型名 函数名(形参表) ←──函数原型（函数头）
{
   语句←──函数体，可以为空，但大括号不能省略
} ←── 没有分号
```

其中，类型名、函数名和形参表（形式参数表）构成了函数原型（也称函数首部或函数头）：类型名规定了函数的返回值类型；函数名为一个标识符；形参表是由逗号分隔的变

量声明；大括号括起来的部分称为函数体，是组成函数的语句序列。

【语义】 定义函数。为了节省存储空间，编译器在定义函数时通常不为函数分配存储空间，在函数调用时才进行内存分配。

对于函数定义，需要说明以下几点：

（1）函数的形参表。形参必须是变量，用于接收从实参传递过来的数据。只有从主调函数得到的输入才能被定义为形参，其他在函数执行过程中需要的工作单元都定义为普通变量。如果形参表中有多个参数，每个形参的类型必须分别写明，例如：(int x, int y)不能写成(int x, y)。如果形参表为空，良好的编程习惯是将形参指定为 void，以明确该函数为无参函数，而不是漏写了形参。

（2）函数的返回值与返回值类型。通常情况下，在函数执行结束后要向调用者返回一个执行结果，称为**函数的返回值**。在定义函数时，由于函数尚未执行，其结果是未知的，但能够确定结果的数据类型，因此，在定义函数时要指明函数的返回值类型，如果类型名缺省，则默认为 int 型。函数体中由 return 语句给出具体的返回值。

【语法】 return 语句的一般形式如下：

```
return (表达式);  ←—— 括号可以省略
```

其中，表达式的结果类型与函数的返回值类型一致，或能够通过赋值转换规则转换为返回值类型。

【语义】 计算表达式的值，结束函数的执行并将表达式的值返回给调用者。

例 7.1 定义函数，计算 $f(x, y) = x^2 + 2xy + y^2$。

解： 计算 $f(x, y)$需要输入 x 和 y，函数执行后要返回计算结果。函数定义如下：

```
int Fun(int x, int y)            /*函数定义，x 和 y 为形参*/
{
  int z;
  z = x * x + 2 * x * y + y * y;
  return z;                      /*结束函数 Fun 并将 z 的值返回*/
}
```

如果函数没有返回值，将函数的返回值类型定义为 void。无返回值函数只完成某种特定的数据处理，函数执行后无须向调用者返回执行结果，函数体中用 return 语句结束函数的执行。如果函数体中省略 return 语句，当函数体中的所有语句都执行完，遇到右大括号时，自动结束函数的执行。

【语法】 无返回值 return 语句的一般形式如下：

```
return;
```

【语义】 结束函数的执行。

（3）空函数。函数体可以没有任何语句，称为**空函数**。使用空函数的目的仅仅是为了“占位”，调用者可以按正常方式对其进行调用，但不执行任何操作。空函数对于较大规模程序的编写、调试和扩充很有用。对于较大程序不能写出所有函数再进行调试，因此对于那些还没有具体语句的函数可以只写出空函数，等到需要扩充函数功能时或相应函数调试完后再补上具体内容。

（4）函数不能嵌套定义。为了简化编译器的工作，C 语言规定：函数定义是相互独立的，不允许在函数内部定义另一个函数，如图 7.2 所示。

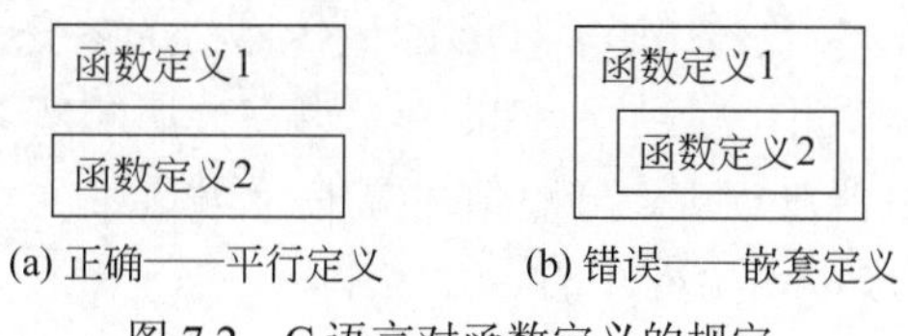

图 7.2　C 语言对函数定义的规定

7.1.2　函数调用

函数定义只是按照程序逻辑将相关语句组织在一起，要想执行这些语句，就需要进行**函数调用**。通常把调用其他函数的函数称为**主调函数**，被调用的函数称为**被调函数**。

【语法】函数调用的一般形式如下：

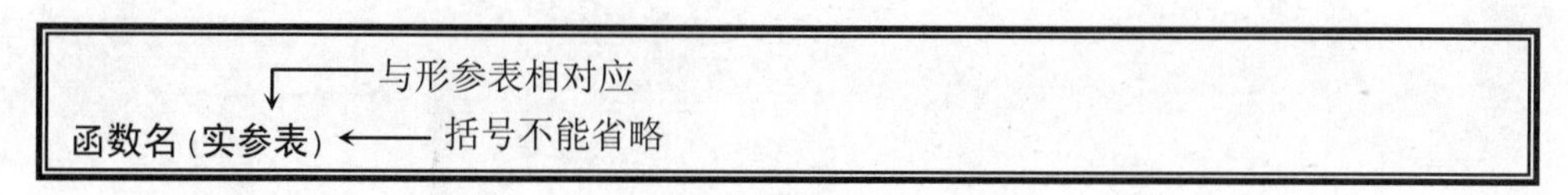

其中，实参表（实际参数表）中实参的个数、顺序和类型与该函数定义中对应形参的个数、顺序和类型相匹配；实参可以是常量、变量，也可以是表达式，甚至可以是函数，但无论是何种数据，在进行函数调用时，实参必须有确定的值。注意：即使参数为空，也不能省略括号。

【语义】 函数调用的一般过程如图 7.3 所示，具体过程如下：

（1）设置断点，控制转移：在函数调用处设置断点，将控制转移给被调函数。

（2）参数传递，执行函数：将实参的值传递给对应的形参，然后执行这个函数。

（3）执行结束，返回断点：函数执行结束，返回到函数调用处。

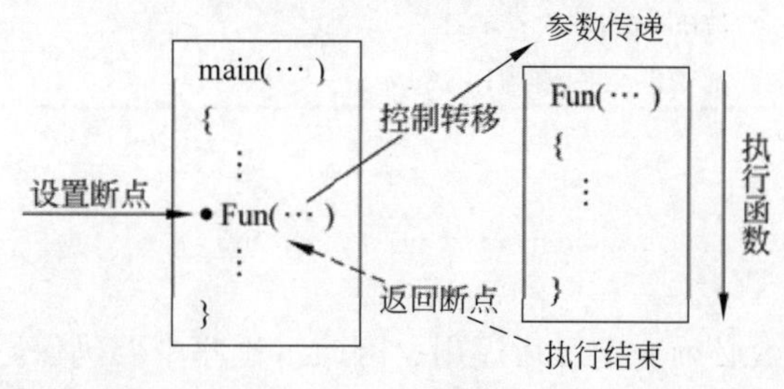

图 7.3　函数调用的一般过程（⟶ 表示函数调用，- - →表示调用返回）

函数在没有被调用之前是静止的，此时的形参只是一个符号，其作用相当于占位符，标志着在形参出现的位置应该有一个什么类型的数据。**形参本质上是变量**，其初始值在函数调用时由实参提供，参数传递的具体过程是：

（1）计算实参的值；

（2）将实参的值按赋值转换规则转换成对应形参的数据类型；

（3）为形参变量分配存储空间；

（4）将类型转换后的实参的值传递给对应的形参变量。

按照 C 语言的规定，参数传递是将实参的值传递给形参变量，因此，这种参数传递方式是单向的，即使在函数中改变了形参的值，也不会影响实参。实参与形参的关系是赋值与被赋值的关系，赋值过程中遵守赋值运算的一切规则。

例 7.2 对于如下程序，写出程序的运行结果。

```
#include <stdio.h>
int Fun(int x)                          /*函数定义，x 为形参*/
{
   int y;
   y = x * x + 2 * x + 1;
   return y;                            /*结束函数 Fun 并将 y 的值返回*/
}
int main( )
{
   int a = 10, b;
   b = Fun(5);
   printf("常量可以作为实参，函数的返回值为：%d\n", b);
   b = Fun(a);
   printf("变量可以作为实参，函数的返回值为：%d\n", b);
   b = Fun(a + 8.5);
   printf("表达式可以作为实参，函数的返回值为：%d\n", b);
   return 0;
}
```

解：程序的执行过程如图 7.4 所示，运行结果如下：

```
常量可以作为实参，函数的返回值为：36
变量可以作为实参，函数的返回值为：121
表达式可以作为实参，函数的返回值为：361
```

7.1.3 函数声明

C 语言规定：函数必须先定义后调用。因此，程序中要确保函数调用之前已经完成函数定义，否则编译器没有关于函数的任何信息，不能正确地完成翻译工作。

为了避免函数在定义前调用，一种方法是安排程序，使得每个函数定义都在该函数调用前进行。更好的解决办法是：在调用前声明这个函数的原型，即向编译器声明将要调用此函数，并将函数原型（返回值类型、函数名和形参表等）通知编译器，以保证程序在编译时能判断对该函数的调用是否正确[1]。事实上，C 程序的典型结构是：

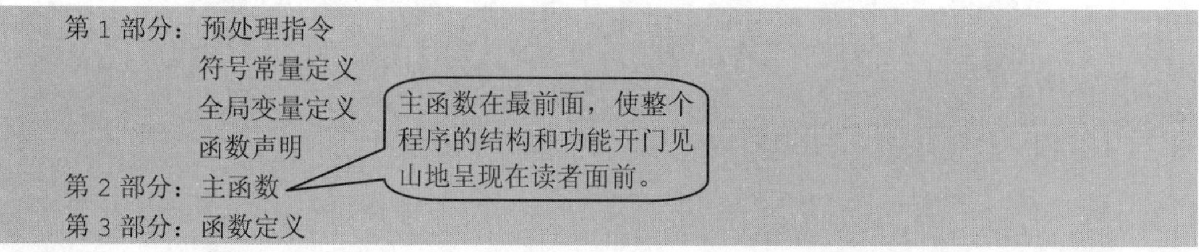

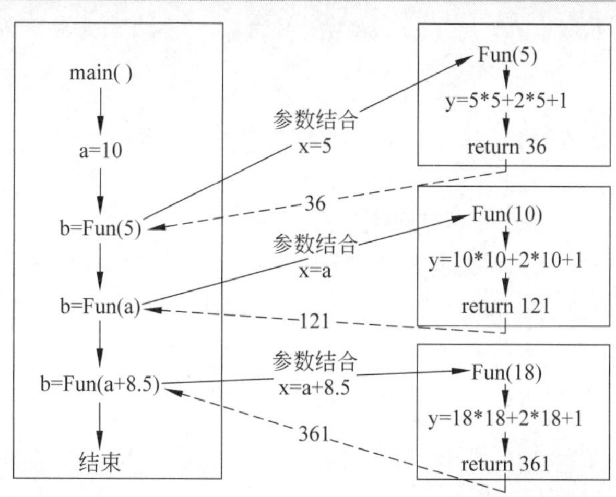

图 7.4　程序的执行过程（⟶ 表示函数调用，- - > 表示调用返回，返回线上是返回值）

【语法】 函数声明的一般形式如下：

类型名 函数名(形参表)；⟵以分号结束

其中，形参表中可以省略形参的名字，但形参的类型不能省略[2]。

【语义】 对函数原型进行声明，说明函数的参数和返回值类型等情况。

例 7.3　采用函数声明方式设计程序计算 $f(x)=x^2+2x+1$。

解：设函数 Fun 实现计算 $f(x)$的值，在主函数之前声明函数 Fun，程序如下：

```
#include <stdio.h>
int Fun(int x);                              /*函数声明，注意以分号结尾*/
                                             /*空行，分隔程序的第 1 部分和第 2 部分*/
int main( )
{
   int a = 10, b;
   b = Fun(a);                               /*函数调用，实参为变量*/
   printf ("f(%d)的值为：%d\n", a, b);
```

1　如果在所有函数之前声明函数原型，则该函数原型的作用域是整个程序，即在程序的任何位置都可以调用这个函数；如果在某个函数内部声明函数原型，则该函数原型的作用域只在这个函数内部。

2　尽管编译器不关心函数原型中形参的名字，在函数声明时，最好不要忽略形参名，因为形参名可以注释每个形参的目的，并且提醒编程人员在函数调用时如何安排实参的顺序。

```
    return 0;
}
                                    /*空行，分隔程序的第 2 部分和第 3 部分*/
int Fun(int x)                      /*函数定义，x 为形参*/
{
    int y;
    y = x * x + 2 * x + 1;
    return y;
}
```

7.1.4 程序设计实例 7.1——打印九九乘法表（函数版）

【问题】 打印九九乘法表。要求用函数实现。

【想法】 依次打印九九乘法表的每一行，打印第 *i* 行时，需要打印第 1~*i* 列，例如，第 1 行打印 1×1=1，第 2 行打印 1×2=2、2×2=4，第 3 行打印 1×3=3、2×3=6、3×3=9，……。需要注意，打印每一项时列号在前，行号在后。

【算法】 设函数 Table99 实现打印九九乘法表的功能，算法如下：

1. 循环变量 i 从 1 到 9，打印第 i 行：
   1.1 循环变量 j 从 1 到 i，打印第 j 列：
      1.1.1 打印第 i 行第 j 列的值 i * j;
      1.1.2 j++;
   1.2 第 i 行打印完毕，打印回车符;
   1.3 i++准备打印下一行;

【程序】 函数 Table99 不需要输入数据，也没有具体的计算结果，因此，形参和返回值类型均为空类型。程序如下：

```
#include <stdio.h>
void Table99(void);

int main( )
{
    Table99( );
    return 0;
}

void Table99(void)
{
    int i, j;
    for (i = 1; i <= 9; i++)
    {
        for (j = 1; j <= i; j++)
```

```
        printf("%d×%d = %2d ", j, i, i * j);
    printf("\n");
  }
}
```

练习题 7-2 如果用函数 Table 实现打印九九乘法表的某一行，如何修改程序？

7.1.5 程序设计实例 7.2——欧几里得算法（函数版）

【问题】 求任意两个自然数的最大公约数，要求用函数实现。

【想法】 请参见 2.1.2 节。

【算法】 设函数 ComFactor 实现求最大公约数，算法请参见 2.1.2 节。

【程序】 首先用变量 x 和 y 接收从键盘输入的两个整数，然后调用函数 ComFactor 求 x 和 y 的最大公约数。程序如下：

```
#include <stdio.h>
int ComFactor(int m, int n);                    /*函数声明，m 和 n 为形参*/

int main( )
{
  int x, y, factor;
  printf("请输入两个整数：");
  scanf("%d%d", &x, &y);
  factor = ComFactor(x, y);                     /*函数调用，x 和 y 为实参*/
  printf("%d 和%d 的最大公约数是：%d\n", x, y, factor);
  return 0;
}
                                                /*空行，以下是其他函数定义*/
int ComFactor(int m, int n)                     /*函数定义*/
{
  int r;
  r = m % n;
  while (r != 0)
  {
    m = n;  n = r;
    r = m % n;
  }
  return n;
}
```

7.2 系统定义的函数——库函数

编译系统提供了大量库函数用于实现常见的基本功能，在进行程序设计时不要闭门造车，如果熟悉库函数的功能和调用形式，可以省去很多不必要的工作。在使用库函数时，用户无须进行函数定义，也不必在程序中进行函数声明，只需在程序中包含库函数所在的头文件，即可在程序中直接调用相关函数。需要强调的是，不同的 C 语言编译系统提供库函数的数量、名字和功能不完全相同，使用时请查阅相关说明。本节介绍几个常用的库函数。

【引例 7.2】 素数判定

【问题】 对给定的整数 x，判定 x 是否是素数。

【想法】 将整数 x 依次除以 2、3、…、$\sqrt{x}$，如果能整除，则 x 不是素数。

【算法】 设函数 Prime 判断给定的整数 x 是否为素数，如果 x 是素数，则返回 1，否则返回 0。计算平方根的库函数 sqrt(x)包含在头文件 math.h 中。算法如下：

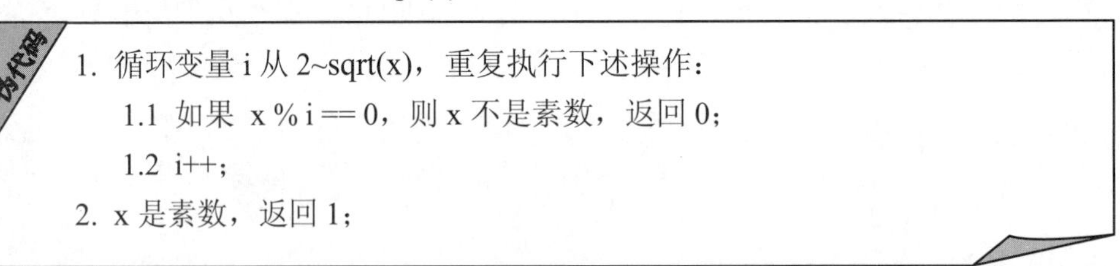

1. 循环变量 i 从 2~sqrt(x)，重复执行下述操作：
   1.1 如果 x % i == 0，则 x 不是素数，返回 0；
   1.2 i++；
2. x 是素数，返回 1；

【程序】 用#include 包含头文件 math.h 后，就可以调用库函数 sqrt(x)计算 x 的平方根。程序如下：

```
#include <stdio.h>
#include <math.h>                        /*使用库函数 sqrt*/
int Prime(int x);                        /*函数声明*/

int main( )
{
   int a;
   printf("请输入一个整数：");
   scanf("%d", &a);
   if (Prime(a) == 1) printf("%d 是素数\n", a);
   else printf("%d 不是素数\n", a);
   return 0;
}

int Prime(int x)                         /*函数定义*/
{
   int i, n;
   n = sqrt(x);                          /*在循环体外面调用一次 sqrt 函数*/
   for (i = 2; i <= n; i++)              /*从 2 开始试除直到 sqrt(x)*/
   {
      if (x % i == 0) return 0;
   }
   return 1;
```

```
}
```

练习题 7-3 如果不设变量 n，将 for 循环条件改为 i <= sqrt(x)，请比较修改前后的程序效率。

练习题 7-4 假设从键盘输入整数 7，请写出程序的运行结果。程序中出现了哪些新的语法？

7.2.1 头文件与文件包含

在 C 语言的编译系统中，库函数一般按功能（例如数学计算、字符串处理等）组织在相应的头文件中，在使用库函数时，需要在程序中包含该库函数所在的头文件。C 语言提供了#include 文件包含预处理指令，将一个头文件包含到源程序文件中。

【语法】 #include 指令的一般形式如下：

其中，文件名可以带路径；如果使用尖括号，则到系统指定包含目录去查找被包含文件，如果使用双引号，则首先在系统当前目录下查找被包含文件，若没找到，再到系统指定包含目录去查找。一般使用尖括号包含系统定义的头文件，使用双引号包含用户自定义的头文件或源程序文件。

【语义】 在预处理阶段，将该文件的全部内容复制到源程序中#include 指令的位置，形成新的源程序，如图 7.5 所示。

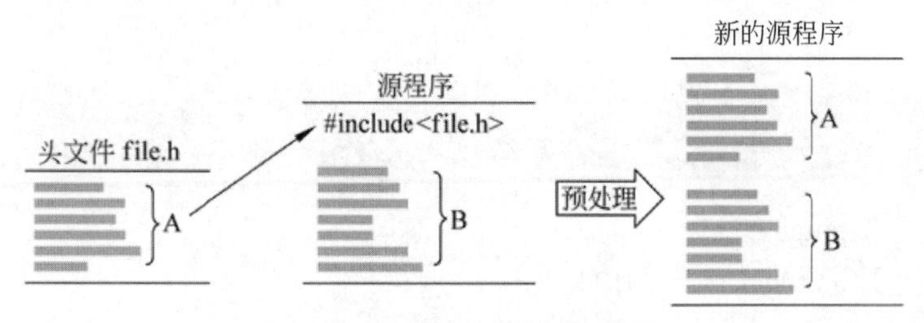

图 7.5 文件包含的预处理过程

头文件一般包含符号常量定义、类型定义以及函数原型等。图 7.6 所示为头文件 stdio.h 的部分内容，可以看到该头文件包含函数 printf 的原型，用#include 指令包含到源程序中，就相当于对函数 printf 进行了声明，这就是为什么在使用库函数时要包含相应的头文件。

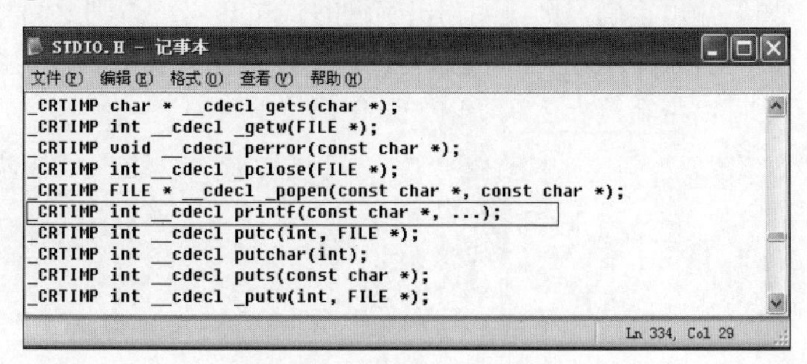

图 7.6 头文件 stdio.h 的内容

7.2.2 标准输入/输出函数

标准输入/输出函数主要包括字符数据的输入/输出函数 getchar 和 putchar、字符串数据的输入/输出函数 gets 和 puts，以及格式化输入/输出函数 scanf 和 printf。本节介绍字符数据的输入/输出函数和格式化输入/输出函数，字符串数据的输入/输出函数将在第 9 章介绍。

1. 字符数据的输入/输出函数

函数 getchar 和 putchar 只能处理单个字符的输入和输出，换言之，调用一次函数，只能输入或输出一个字符。

1）输入函数 getchar

【函数原型】 getchar 函数的原型如下：

```
int getchar(void)
```

【功能】 接收从终端（标准输入终端是键盘）输入的一个字符[1]。

【返回值】 如果读取正确，则返回读取字符的 ASCII 码；否则返回-1。

getchar 函数只能输入字符数据，一般将读入的字符保存到一个字符型变量中，常用方法如下：

```
char ch;
ch = getchar( );                    /*无格式符、无参数，括号不能省略*/
```

2）输出函数 putchar

【函数原型】 putchar 函数的原型如下：

```
int putchar(表达式)
```

其中，表达式的计算结果是 int 型或 char 型。

【功能】 将表达式值对应的字符输出到终端（标准输出终端是显示器）。

【返回值】 如果输出正确，则返回输出字符的 ASCII 码；否则返回-1。

putchar 函数不仅可以输出可显示的字符，还可以输出转义字符，实参可以是字符常量、字符变量，还可以是字符表达式，以下语句都是正确的。

```
char ch = 'A';
putchar(ch);              /*输出字符 A*/
putchar(ch + 1);          /*输出字符 B*/
putchar('\n');            /*输出换行符*/
```

1 从键盘上输入数据时，在按 Enter（回车）键以后才送入键盘缓冲区。为了正确接收从键盘输入的字符，一般在调用 getchar 函数之前要清空键盘缓冲区。C 语言提供了清空键盘缓冲区函数 fflush(stdin)，其函数原型在头文件 stdio.h 中。

2. 格式化输入/输出函数

scanf 函数和 printf 函数是 C 语言使用最频繁的两个函数，用来完成格式化输入（读）和输出（写）操作。

1）格式化输入函数 scanf

【函数原型】 scanf 函数的原型如下：

```
int scanf("格式控制", 地址列表)
```

其中，格式控制是由格式控制符组成的一个常量字符串，表 7.1 给出了常用的格式控制符；地址列表由逗号分隔的若干个变量地址组成。格式控制符在数量和类型上必须与地址列表上的变量一一对应。

【功能】 按照格式控制的要求，将终端输入的数据赋给地址列表中的各个变量。

【返回值】 如果读取正确，返回读入并赋给变量的数据个数；如果出错或没有读取数据，则返回 0。

调用函数 scanf 输入多个字符时，这些字符之间不能有空格，如果使用了空格符，由于空格本身也是字符，该空格被作为输入字符送入相应变量。例如，对于函数调用 scanf("%c%c%c", &ch1, &ch2, &ch3)，假设输入是 a□b□c，则 char 型变量 ch1、ch2 和 ch3 的值分别是'a'、'□'和'b'（□表示空格）。

表 7.1　scanf 函数的格式控制符

格式控制符	对输入的要求	举　例
%d	输入一个十进制整数	int a; scanf("%d", &a);
%x	输入一个十六进制整数	int a; scanf("%x", &a);
%o（字母 o）	输入一个八进制整数	int a; scanf("%o", &a);
%u	输入一个十进制无符号整数	unsigned int a; scanf("%u", &a);
%c	输入一个字符	char ch; scanf("%c", &ch);
%s	输入一个字符串	char str[80]; scanf("%s", str);
%f	以小数形式输入一个单精度实数	float x; scanf("%f", &x);
%e	以指数形式输入一个单精度实数	float x; scanf("%e", &x);
%lf（字母 l）	以小数形式输入一个双精度实数	double x; scanf("%lf", &x);
%le（字母 l）	以指数形式输入一个双精度实数	double x; scanf("%le", &x);

2）格式化输出函数 printf

【函数原型】 printf 函数的原型如下：

```
int printf("格式控制", 输出列表)
```

其中，格式控制包含两类字符，一类是由%开头的格式控制符，用于将输出列表上的输出项进行格式转换，表 7.2 给出了常用的格式控制符；另一类是普通字符（除格式控制符外均是普通字符），直接输出。输出列表是由逗号分隔的若干输出项，每个输出项可以是变量或表达式，而且格式说明符和输出列表中的输出项在数量和类型上一一对应[1]。

【功能】 按照格式控制的要求，在终端上输出各个输出项的值。

【返回值】 如果输出正确，则返回输出的字符个数；否则返回−1。

表 7.2　printf 函数的格式控制符

输出数据	格式控制符	输出格式	举　　例
整数	%d	以十进制形式输出一个整数（正数不输出符号）	int a = 5; printf("%d", a);
	%md		int a = 5; printf("%3d", a);
	%-md		int a = 5; printf("%-3d", a);
	%ld	以十进制形式输出一个长整数	long a = 5; printf("%ld", a);
	%o（字母 o）	以八进制形式输出一个整数	int a = 5; printf("%o", a);
	%x	以十六进制形式输出一个整数	int a = 5; printf("%x", a);
无符号整数	%u	以十进制形式输出一个无符号整数	unsigned a = 5; printf("%u", a);
	%mu		unsigned a = 5; printf("%3u", a);
	%-mu		unsigned a = 5; printf("%-3u", a);
实数	%f	以小数形式输出一个实数	double x = 3.5; printf("%f", x);
	%m.nf		double x = 3.5; printf("%5.2f", x);
	%-m.nf		double x = 3.5; printf("%-5.2f", x);
	%e	以指数形式输出一个实数	double x = 3.5; printf("%e", x);
字符	%c	输出字符	char ch = 'a'; printf("%c", ch);
	%mc		char ch = 'a'; printf("%3c", ch);
	%-mc		char ch = 'a'; printf("%-3c", ch);
字符串	%s	输出字符串	char *str = "abc"; printf("%s", str);
	%ms		char *str = "abc"; printf("%5s", str);
	%-ms		char *str = "abc";printf("%-5s", str);

说明：①负号“-”表示该输出项以左对齐方式输出，默认以右对齐方式输出；②m 表示字段宽度，即该输出项所占字符个数；③n 表示小数部分所占字符个数；④如果输出项的实际位数小于 m，则用空格补足，如果大于 m，则按实际的位数输出。

7.2.3　随机函数

计算机系统产生随机数的方法通常采用线性同余法，随机数序列 $a_0, a_1, \cdots, a_n$ 满足：

$$\begin{cases} a_0 = \text{seed} \\ a_n = (ba_{n-1} + c) \bmod m \quad n = 1, 2, \cdots \end{cases} \tag{7.1}$$

其中，$b \geqslant 0$，$c \geqslant 0$，$m > 0$，seed$\leqslant m$。seed 称为**随机种子**，当 b、c 和 m 的值确定后，给定一个随机种子，由式 7.1 产生的随机数序列也就确定了。所以，严格地说，随机数只是一定程度上的随机，随机数实际上应该称为**伪随机数**。

1　编译器通常不检查函数 printf 和 scanf 中格式控制符的个数和列表中项的个数是否匹配，也不检查格式控制符是否匹配列表中每个项的数据类型，因此，如果使用了不正确的格式控制符，执行程序可能会得到莫名其妙的结果或异常行为。可以用 C++语言的 cin 和 cout 来取代 C 语言的 scanf 和 printf，cin 和 cout 无须指定格式符，但是消耗的时间比 scanf 和 printf 要长一些。

C 语言提供了随机数生成函数 rand，该函数返回 0～RAND_MAX 的一个随机整数，RAND_MAX 是在头文件 stdlib.h 中定义的符号常量，其值与机器字长和编程环境有关，一般为 $2^{15}-1$ 或 $2^{31}-1$。rand 函数需要一个称为随机种子的初始值，种子不同，产生的随机数也就不同。C 语言提供了库函数 srand 初始化随机种子，例如可以调用库函数 time 得到当前的系统时间，将当前系统时间作为随机种子。库函数 rand 和 srand 在头文件 stdlib.h 中，库函数 time 在头文件 time.h 中。具体的函数原型如下：

（1）int rand(void)：产生并返回 0～RAND_MAX 之间的一个随机整数；

（2）void srand(unsigned int seed)：设置用于 rand 函数的随机种子；

（3）unsigned int time(NULL)：获得当前系统时间，其中 NULL 是在头文件 stdio.h 中定义的符号常量，其 ASCII 码值为 0。

例 7.4 产生 5 个 0～99 的随机数。

解：首先调用函数 srand(time(NULL))初始化随机种子，然后调用函数 rand 产生随机数，rand( )%100 可将随机数映射到 0～99。程序如下：

```
#include <stdio.h>                    /*使用库函数 printf*/
#include <stdlib.h>                   /*使用库函数 rand 和 srand*/
#include <time.h>                     /*使用库函数 time*/

int main( )
{
  int i, x;
  srand(time(NULL));                  /*初始化随机种子为当前系统时间*/
  for (i = 1; i <= 5; i++)
  {
    x = rand( ) % 100;                /*产生[0，99]之间的随机整数*/
    printf("第%2d 个随机数是%2d\n", i, x);
  }
  return 0;
}
```

练习题 7-5 去掉语句“srand(time(NULL));”，多次运行程序，观察随机数列有什么不同。

7.2.4 程序设计实例 7.3——三角形的面积

【问题】 已知三角形的三条边长，求这个三角形的面积。

【想法】 设三角形的三条边长分别为 a、b、c，求三角形面积的公式为：

$$M=\sqrt{s(s-a)(s-b)(s-c)} \qquad \text{其中}\ s=\frac{a+b+c}{2} \tag{7.2}$$

【算法】 设变量 a、b 和 c 表示三角形的三条边长，变量 area 表示三角形的面积，函数 TriAngle 实现求三角形的面积，算法如下：

伪代码

1. 如果 a、b 和 c 不能构成一个三角形，则返回 0;
2. s = (a + b + c)/2;
3. s = s * (s − a) * (s − b) * (s − c);
4. area = sqrt(s);
5. 返回 area;

【程序】 首先用变量 x、y 和 z 接收从键盘输入的三个实数，然后调用函数 TriAngle 计算三角形面积，求平方根可以用库函数 sqrt，程序如下：

```
#include <stdio.h>
#include <math.h>                          /*使用库函数 sqrt*/
double TriAngle(double a, double b, double c);

int main( )
{
   double x, y, z, area;
   printf("请输入三角形三条边的边长：");
   scanf("%lf %lf %lf", &x, &y, &z);
   area = TriAngle(x, y, z);               /*函数调用，area 接收返回值*/
   if (area == 0)
      printf("输入的数据不能构成三角形\n");
   else
      printf("三角形的面积为：%6.2f\n", area);
   return 0;
}

double TriAngle(double a, double b, double c)
{
   double s, area;                 /*s 暂存中间结果，area 为三角形面积*/
   if ((a + b <= c) || (a + c <= b) || (b + c <= a)) /*两边之和不大于第三边*/
      return 0;                    /*返回 0，不能构成三角形*/
   s = (a + b + c)/2;
   s = s * (s - a) * (s - b) * (s - c);
   area = sqrt(s);                 /*调用库函数，参数和返回值均为 double 型*/
   return area;                    /*结束函数 TriAngle，并将 area 返回给调用者*/
}
```

练习题 7-6 假设三条边长分别是 2、3 和 4，请写出程序的运行结果。

练习题 7-7 如果将三条边是否构成三角形的检测放到函数 TriAngle 的外面，在调用函数 TriAngle 之前完成，如何修改程序？

7.2.5 程序设计实例 7.4——猜数游戏

【问题】 首先由计算机产生一个随机数，并给出这个随机数所在的区间，然后由游戏者来猜测这个数，如果游戏者猜中这个数，则显示成功并结束游戏，如果猜测次数超过 8 次，则显示猜测失败并结束游戏。

【想法】 设 secret 表示随机数，guess 表示游戏者给出的数，则 guess 和 secret 进行比较，有以下两种情况：

（1）guess 等于 secret，则显示“恭喜，猜对了！”；

（2）guess 不等于 secret，则显示“错了，请重新猜！”，游戏者重新给出一个数。

重复上述过程，直到游戏者猜中或超过规定次数。

【算法】 设函数 Guess 实现猜数游戏，count 表示猜测次数，算法如下：

1. 初始化猜测次数 count = 0;
2. 重复执行下述操作，直到 count 达到 8 次：
   2.1 游戏者输入一个数 guess ;
   2.2 count++;
   2.3 如果 guess 等于 secret，则跳出循环;
   否则显示“错了，请重新猜！”；
3. 如果 count 达到 8 次，则显示“超过次数，游戏结束！”;
   否则，显示“恭喜，猜对了！”; 并显示计数器 count 的值;

【程序】 首先由计算机产生一个随机数 secret，然后调用函数 Guess 实现猜数游戏，游戏者至少猜数 1 次，因此用 do-while 循环。假设猜数区间是[1, 100]，程序如下：

```
#include <stdio.h>
#include <stdlib.h>                    /*使用库函数 srand 和 rand*/
#include <time.h>                      /*使用库函数 time*/
void Guess(int secret);

int main( )
{
  int secret = 0;
  srand(time(NULL));                   /*用当前系统时间初始化随机种子*/
  secret = 1 + rand( ) % 100;          /*产生一个 1～100 之间的随机数*/
  Guess(secret);                       /*调用 Guess 函数开始游戏*/
  return 0;
}

void Guess(int secret)
{
  int guess, count = 0;                /*count 为计数器，累计猜数次数*/
  do
  {
    printf("请输入一个整数：");
    scanf("%d", &guess);
```

```
        count++;                                    /*猜测次数加1*/
        if (guess == secret) break;                 /*猜中则强制跳出循环*/
        else printf("错了，请重新猜！\n");
    } while (count < 8);                            /*当count小于8时执行循环*/
    if (count < 8)
        printf("恭喜，猜对了！共猜测%d次！\n", count);
    else
        printf("超过次数，游戏结束！\n");
}
```

7.3 变量的作用域

程序中需要定义一些变量，有些变量可以在整个程序中引用，有些变量只能在某个局部范围内引用，变量可以被引用的范围称为**变量的作用域**。变量的作用域取决于该变量在程序中的定义位置，一般可以将变量的作用域分为局部变量作用域和全局变量作用域两种。变量的作用域是一个静态概念，是从程序的行文角度描述变量的存在性。

【引例 7.3】 鸡兔同笼问题（全局变量版）

【问题】 笼子里共有 M 只头 N 只脚，问鸡和兔子各有多少只？要求用函数实现。

【想法】 请参见 2.2.1 节。

【算法】 可以将求解方程组的功能独立为函数，该函数有两个计算结果，可以使用全局变量保存函数的多个计算结果，从而避免在函数间传递数据。

【程序】 首先用变量 M 和 N 接收从键盘输入的两个整数，然后调用函数 CRP 求解鸡兔同笼问题满足的方程组。将变量 Gchicken 和 Grabbit 定义为全局变量，函数 CRP 有两个参数 M 和 N 分别接收头的个数和脚的个数，并且没有返回值。程序如下：

```
#include <stdio.h>
int Gchicken = 0, Grabbit = 0;              /*全局变量定义并初始化*/
void CRP(int M, int N);

int main( )
{
    int M, N;
    printf("请输入头的个数和脚的个数：");
    scanf("%d%d", &M, &N);
    CRP(M, N);                              /*调用函数CRP，没有返回值*/
    if (Gchicken != 0 || Grabbit != 0)
        printf("鸡有%d只，兔子有%d只\n", Gchicken, Grabbit);
    else
        printf("输入数据不合理，无解\n");
```

```
    return 0;
}

void CRP(int M, int N)                    /*函数定义，无返回值*/
{
    for (Gchicken = 0; Gchicken <= M; Gchicken++)
    {
        Grabbit = M - Gchicken;
        if (2 * Gchicken + 4 * Grabbit == N) break;
    }
    if (Gchicken > M)
    {
        Gchicken = 0; Grabbit = 0;
    }
}
```

练习题 7-8 假设从键盘输入 4 和 6，请写出程序的运行结果。程序中出现了哪些新的语法？

7.3.1 局部变量

局部变量是在函数内部或复合语句内部定义的变量，其作用域仅限于函数或复合语句，离开作用域后再引用局部变量是非法的。

1. 函数级局部变量

函数的形参、函数体定义的变量都属于函数级局部变量。例如，在如下程序中，形参 x 和变量 y 属于函数级局部变量，其作用域仅限于 Fun 函数；变量 a 和 b 也是函数级局部变量，其作用域仅限于 main 函数；因此，在 main 函数中引用变量 x 和 y 是非法的，在函数 Fun 中引用变量 a 和 b 也是非法的。

```
#include <stdio.h>
int Fun(int x);
int main( )
{
  int a = 10, b;                          }
  b = Fun(a);                             } 局部变量
  printf("%d", x);       /*编译错误*/     } a 和 b
  return 0;                               } 的作用域
}
int Fun(int x)                            }
{                                         }
  int y;                                  } 局部变量
  y = x * x + 2 * x + 1;                  } x 和 y
  printf("%d", a);       /*编译错误*/     } 的作用域
  return y;                               }
}
```

由于函数级局部变量的作用域仅限于各自的函数，因此，允许在不同的函数中定义同名变量，但是它们在内存中占据不同的内存单元，属于不同的作用域，因此互不干扰。例如，如下程序段在函数 Fun1 和 Fun2 都定义了局部变量 x 和 y，但是它们代表不同的变量，如图 7.7 所示。

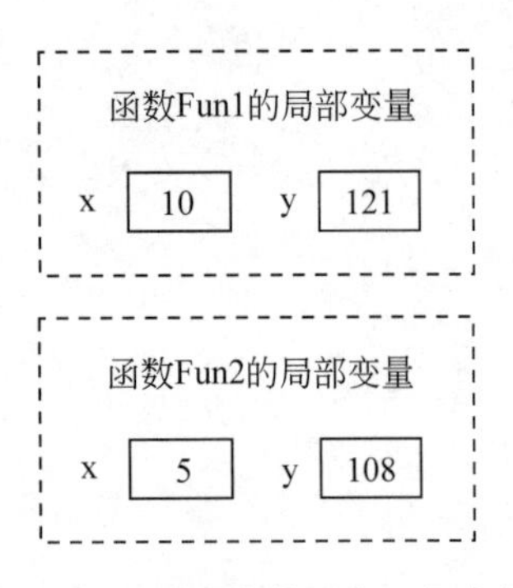

图 7.7　不同函数的同名局部变量

```
int Fun1(void)
{
   int x = 10, y;
   y = x * x + 2 * x + 1;
   return y;
}
int Fun2(void)
{
   int x = 5, y;
   y = (x + 1) * (x + 1) * (x + 1);
   return y;
}
```

2. 复合语句级局部变量

在复合语句中定义的变量属于复合语句级局部变量，其作用域仅限于大括号括起的复合语句。例如，在如下程序段中，变量 temp 属于复合语句级局部变量，因此，在复合语句外引用变量 temp 是非法的。

```
int a = 5, b = 10;
{
   int temp;
   temp = a; a = b; b = temp;      } 局部变量 temp 的作用域
}
printf("%d", temp);         /*编译错误，对变量 temp 的访问超出其作用域*/
```

7.3.2　全局变量

全局变量是定义在所有函数（包括 main 函数）之外的变量，其作用域从变量定义开始到程序结束。全局变量可以被作用域内的所有函数引用，例如，在如下程序中，全局变量 Gsum 的作用域为整个源程序，主函数 main 和函数 Accumulate 均可以访问全局变量 Gsum，程序的运行结果为 Gsum = 20。

```
#include <stdio.h>
int Gsum = 0;
void Accumulate(void);
int main( )
{
    Gsum += 10;
    Accumulate( );
    printf("Gsum = %d\n", Gsum);
    return 0;
}
void Accumulate(void)
{
    int i;
    for (i = 1; i <= 10; i++)
      Gsum++;
}
```

全局变量 Gsum 的作用域

对于全局变量和局部变量，需要说明以下几点：

（1）为了保证程序的清晰性，尽量不要在程序中间定义变量，全局变量一般定义在程序的最前面，即第一个函数之前；局部变量一般定义在函数或复合语句的开始处，即所有可执行语句之前。

（2）全局变量和局部变量可以有相同的变量名，此时，最小范围内的局部变量优先权最高，其他同名变量被屏蔽掉。例如，当某函数的局部变量与全局变量同名时，在该函数内全局变量不起作用，引用的是局部变量；当函数级局部变量和复合语句级局部变量同名时，在复合语句内函数级局部变量不起作用，引用的是复合语句的局部变量。为避免出现二义性，全局变量最好不与局部变量同名。

（3）全局变量可以加强函数之间的数据联系，避免在函数之间传递数据。但由于这些函数依赖于全局变量，函数的独立性也会降低。从模块化程序设计的观点来看这是不利的，因此应尽量避免使用全局变量[1]。

7.4　变量的生存期

全局变量在程序运行的整个期间都占有内存。对于局部变量，在必要时为变量分配内存空间，即生成变量；当变量没有必要存在时，系统将释放变量占有的内存空间，即

1　如果数组元素较多（例如 10^6），则需要将其定义为全局变量，否则程序可能会异常退出。因为局部变量是在系统堆栈中分配存储空间，允许申请的空间较小，而全局变量是在静态存储区中分配空间，允许申请的空间较大。

撤销变量。变量从生成到撤销的这段时间称为**变量的生存期**。变量的生存期是由变量的存储类别决定的，局部变量一般有两种存储类别：自动变量和静态变量。变量的生存期是一个动态概念，是从程序的运行角度描述变量的存在性。

【引例 7.4】 字数统计（静态变量版）

【问题】 从键盘上输入若干行文字，统计出现的字符总数。

【想法】 设变量 sum 累计字符数，主函数 main 调用函数 Count 统计每行文字的字符数，则每次执行 Count 函数都应该将字符个数累加到同一个变量 sum 中。全局变量和静态变量一经生成就始终占有内存空间，直到程序执行完毕才释放这段内存空间，因此，可以用来保存需要全程操作的数据。

【算法】 设函数 Count 统计每一行文字的字符数，算法如下：

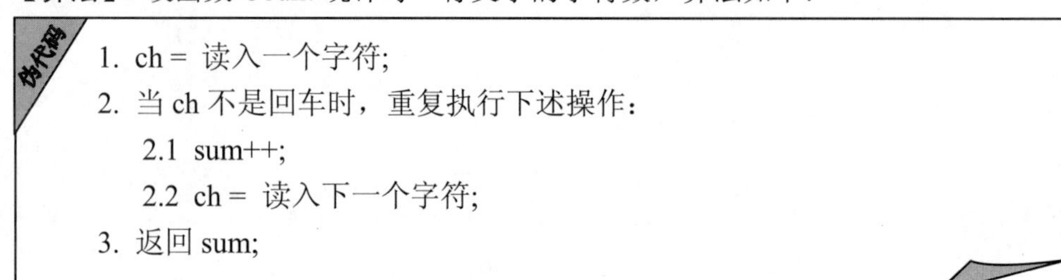

```
伪代码
1. ch = 读入一个字符;
2. 当 ch 不是回车时，重复执行下述操作：
   2.1 sum++;
   2.2 ch = 读入下一个字符;
3. 返回 sum;
```

【程序】 多行文字要累加到同一个变量中，因此，函数 Count 中将变量 sum 设为静态变量。统计一行文字后询问是否继续输入，如果继续输入，则再次调用函数 Count，否则输出字符数并结束程序。程序如下：

```c
#include <stdio.h>
int Count(void);

int main( )
{
   int charCounts = 0;
   char ch;
   do
   {
        charCounts = Count();            /*累加一行文字*/
        printf("继续统计吗？");
        scanf("%c", &ch);
   } while (ch == 'y' || ch == 'Y');
   printf("字符数：%d\n", charCounts);
   return 0;
}

int Count(void)
```

```
{
    static int sum = 0;                    /*初始化静态变量*/
    char ch;
    printf("请输入一行文字：");
    fflush(stdin);                         /*清空键盘缓冲区*/
    ch = getchar( );
    while (ch != '\n')
    {
        sum++;
        ch = getchar( );
    }
    return sum;                            /*结束函数 Count，并将 sum 返回*/
}
```

练习题 7-9 在函数 Count 中，将循环条件改为“while ((ch = getchar( )) != '\n')”，用一个表达式实现输入与判断两种运算，写出表达式的计算过程。

练习题 7-10 如果使用全局变量统计若干行文字的字符个数，如何修改程序？程序中出现了哪些新的语法？

7.4.1 自动变量

自动的含义是在生成变量（即定义变量）时系统自动为变量分配内存空间，在撤销变量（即退出作用域）时系统自动收回变量占用的内存空间，因此，此类变量称为**自动变量**。自动变量用关键字 auto 修饰，auto 缺省时隐含该变量为自动变量。

局部变量都属于自动变量。对于函数级局部变量，在函数调用时生成局部变量，分配相应的内存空间，在函数调用结束后，撤销局部变量并释放其内存空间[1]。如下程序中，局部变量 a、b、x、y 都属于自动变量，但通常省略修饰符 auto。

```
#include <stdio.h>
int Fun(auto int x);
int main( )
{
    auto int a = 10, b;                /* a、b 是自动变量*/
    b = Fun(a);
    printf("f(10) = %d\n", b);
    return 0;
}
int Fun(auto int x)                    /*形参 x 是自动变量*/
{
    auto int y;                        /* y 是自动变量*/
```

1 由于每调用一次函数都为局部变量重新分配内存空间，因此，如果在程序的运行过程中两次调用同一个函数，则分配给该函数中局部变量的内存地址可能不同。

```
    y = x * x + 2 * x + 1;
    return y;
}
```

7.4.2 静态变量

如果希望在函数调用结束后仍保留局部变量的值，即不释放该变量占用的内存单元，则必须将该变量定义为**静态变量**，用关键字 static 修饰。静态变量一经分配内存空间，在程序的运行过程中就始终占有该内存空间，所以在整个程序执行期间会保留变量的值[1]。静态变量的内存分配和初始化只执行一次，并且只能在其作用域范围内引用。

例如，在引例 7.4 中，函数 Count 的局部变量 sum 被定义为静态变量，则在函数调用结束后，不释放该变量占用的内存空间，再次调用函数时，不再为变量 sum 分配内存空间，变量 sum 中保存的是上次调用函数的计算结果，可以在其值的基础上进行计算，但是在 Count 函数之外不能使用变量 sum，因此设置变量 charCounts 接收函数 Count 的统计结果。

再如，在如下程序中，函数 Accumulate 的局部变量 sum 被定义为静态变量，变量 sum 的作用域仅限于函数 Accumulate，在主函数中不能引用变量 sum。去掉第 2 个输出语句后，第一次调用函数 Accumulate，函数的返回值是 10，第二次调用函数 Accumulate，函数的返回值是 20。

```
#include <stdio.h>
int Accumulate(void);
int main( )
{
   printf("第一次调用函数：%d\n", Accumulate( ));
   printf("sum = %d\n", sum);                /*超出 sum 的作用域，不能引用*/
   printf("第二次调用函数：%d\n", Accumulate( ));
   return 0;
}
int Accumulate(void)
{
   static int sum = 0;
   int i;
   for (i = 1; i <= 10; i++)
      sum++;
   return sum;
}
```

1 全局变量和静态变量存放在静态存储区，其生存周期会持续到程序结束。静态变量和全局变量一样，属于变量的特殊用法，若无静态保存的要求，不建议使用静态变量。

7.5　本章实验项目

〖**实验 1**〗 上机实现 7.1.5 节程序设计实例 7.2，写出程序的运行结果。延伸实验：①如果求两个自然数的最小公倍数，如何修改函数 ComFactor？②如果求两个自然数的最大公约数和最小公倍数，如何修改函数 ComFactor？

〖**实验 2**〗 上机实现 7.2.5 节程序设计实例 7.4，写出程序的运行结果。延伸实验：①猜数过程用 for 循环实现，请修改 Guess 函数；②如果要求在游戏者每次猜数之前提示逐渐缩小的猜数区间，如何修改程序？

〖**实验 3**〗 埃及分数。埃及同中国一样，也是世界文明古国之一。古埃及人只用分子为 1 的分数，在表示一个真分数时，将其分解为若干个埃及分数之和，例如：7/8 可表示为 1/2 + 1/3 + 1/24。试设计程序把一个真分数表示为最少的埃及分数之和的形式。

7.6　本章教学资源

练习题答案

练习题 7-1　运行结果如图 7.1 所示。

练习题 7-2

```
int main( )
{
  int i;
  for (i = 1; i <= 9; i++)
     Table99(i);
  return 0;
}
void Table99(int i)
{
  int j;
  for (j = 1; j <= i; j++)
     printf("%d×%d = %2d ", j, i, i * j);
  printf("\n");
}
```

练习题 7-3　如果不设变量 n 在循环体外面计算 1 次 sqrt(x)，则每次判断循环条件都要执行 1 次 sqrt(x)，效率要低一些。

练习题 7-4　7 是素数。

练习题 7-5　在同一天多次执行该程序，每次输出的 5 个随机数列完全相同。

练习题 7-6　三角形的面积为：　2.90

练习题 7-7

```
if ((x + y <= z) || (x + z <= y) || (y + z <= x))
```

	printf("输入的数据不能构成三角形\n");
	else
	{
	area =TriAngle(x, y, z);
	printf("三角形的面积为: %6.2f\n", area);
	}
	练习题 7-8　输入数据不合理，无解。
	练习题 7-9　先计算赋值表达式 ch = getchar( )，把输入的字符赋给变量 ch，该赋值表达式的值就是变量 ch 的值，然后再与'\n'进行比较，由于赋值运算符的优先级低于关系运算符，因此赋值表达式的括号不能省略。
	练习题 7-10　将变量 sum 由静态变量改为全局变量，无须改动其他语句。进一步地，由于 sum 是全局变量，函数 Count 可以没有返回值，主函数中去掉变量 charCounts，直接引用 sum 即可。				

二维码	 课件	 源代码	 “每课一练”答案（1）	 “每课一练”答案（2）	 “每课一练”答案（3）

有匪君子，如切如磋，如琢如磨。

——《大学》

第8章

变量的间接访问——指针

指针是一个变量，其值是一段内存空间的起始地址。指针是程序设计语言的一个重要概念，指针使得程序在运行时能够获得内存地址，并通过这个地址访问相应的内存单元。由于指针可以直接访问内存，编程人员可以更灵活地控制程序，但同时也增加了出现错误的可能。指针是程序设计的一个难点，需要通过实践来深刻体会。

8.1 指针的概念

【引例8.1】 答疑教室

【问题】 在期末考试之前，助教会在答疑教室进行考前答疑，主讲教师在最后一节课通知学生答疑时间，但是没有确定答疑教室，只是告诉学生答疑那天教研室的通知板上会有答疑教室的房间号，假设学生知道教研室的位置，请问如何找到助教？

【想法】 设答疑教室和教研室分别用变量 class 和 p 表示，则答疑教室的房间号相当于变量 class 的地址。可以将变量 class 的存储地址存放在变量 p 中，通过变量 p 得到变量 class 的存储地址，从而实现对变量 class 的间接访问，如图 8.1 所示。

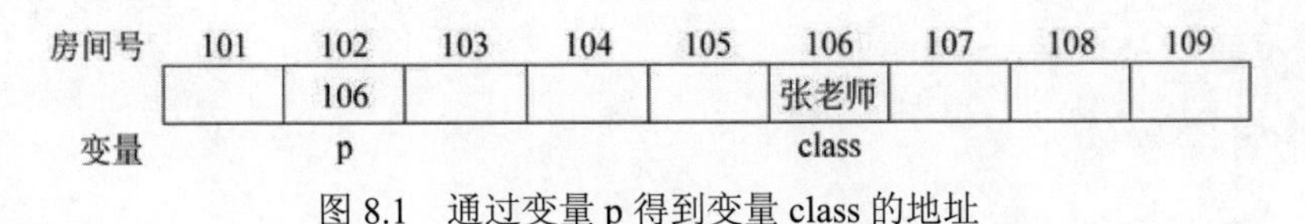

图 8.1 通过变量 p 得到变量 class 的地址

【算法】 设变量 class 和 p 分别表示答疑教室和教研室，算法如下：

1. 安排答疑助教，为变量 class 赋值；
2. 将变量 class 的存储地址存放在变量 p 中；
3. 通过变量 p 获得变量 class 的值；

【程序】 简单起见，用教师编号表示答疑助教。用取地址运算符&获得变量 class 的地址并赋给指针变量 p，再通过指针 p 访问变量 class。程序如下：

```
#include <stdio.h>

int main( )
{
   int class = 1582;                              /*假设助教的教师编号是 1582*/
   int *p = NULL;                                 /*指针变量 p 初始化为空*/
   p = &class;                                    /*使指针 p 指向变量 class*/
   printf("答疑教室的房间号是：%X，", p);         /*以十六进制输出指针 p 的值*/
   printf("答疑助教的教师编号是：%d\n", *p);      /*输出指针 p 所指变量的值*/
   return 0;
}
```

练习题 8-1 运行程序写出结果。程序中出现了哪些新的语法？

8.1.1 指针变量的定义和初始化

1. 指针与地址

为了正确理解指针的概念，必须在机器层面理解变量在内存中的存储方式，以及变量地址的含义。

在程序中定义了一个变量，编译器会根据该变量的数据类型在内存中分配相应的存储单元，该存储单元的起始地址就是这个变量的存储地址。例如，对于变量定义语句“int x = 10;”，假设编译器将变量 x 分配在 B000 开始的内存单元（设 int 型数据占 4 字节），则变量 x 的存储地址就是 B000，如图 8.2 所示。

如果另外有一个变量 p 保存了变量 x 的存储地址，则相当于有一个指针指向了变量 x 的内存单元，如图 8.2 所示。保存地址的变量称为**指针变量**，在不致混淆的情况下，通常将指针变量简称为**指针**。在设计程序时通常不关心变量的具体地址，因此，指针 p 指向变量 x 通常描述为如图 8.3 所示的形式。

2. 指针变量的定义

在 C 语言中，指针变量同普通变量一样，也需要先定义后使用。

【语法】 定义指针变量的一般形式如下：

```
类型名 *指针变量名;
```

其中，类型名是该指针变量指向内存单元的数据类型（也称基类型），可以是任意合法的数据类型；“*”称为指针定义符[1]，用来说明指针变量以区别于普通变量；指针变量名是合法的标识符。

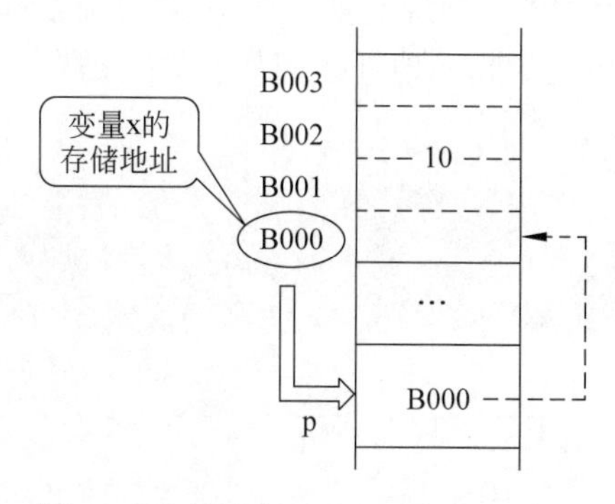

图 8.2　变量 p 存储变量 x 的起始地址

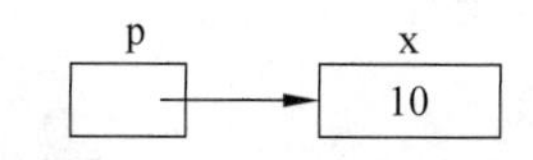

图 8.3　指针 p 指向变量 x

【语义】 定义一个指向基类型的指针变量，编译器为指针变量分配存储空间。指针变量存放的是一段内存空间的起始地址，因此，所有指针变量都占有相同大小的存储空间，具体占有的存储单元数与计算机系统和编译器有关。

指针变量可以和其他变量一起出现在变量定义中，在定义多个指针变量时，每一个指针变量名前面都必须有指针定义符。如下语句定义了 int 型变量 x 和 y、指向 int 型数据的指针变量 p 和 q，以及指向 double 型数据的指针变量 r。注意指针变量是 p、q 和 r，指针定义符*用来说明变量 p、q 和 r 是指针变量。

```
int x, y, *p, *q;
double *r;
```

3. 指针变量的初始化

在定义指针变量时，如果没有给指针变量赋初值，则指针变量是“值无定义的”，指针变量的值是一个随机数，可能指向内存中任何位置，这种指针称为**野指针**。野指针在程序中是很危险的，可能会引发系统崩溃。

定义指针变量后，必须将该指针和一个特定的内存地址进行关联，然后才可以使用指针，也就是说，指针变量要处于“值有定义的”状态才可以使用。在定义指针变量的同时赋初值称为指针变量的初始化。

【语法】 初始化指针变量的一般形式如下：

```
类型名 *指针变量名 = 内存地址;
```

1　指针定义符*的位置在类型名之后或者指针变量名之前都可以，在类型名之后的写法是类型名和*之间没有空格，在变量名之前的写法是*和变量名之间没有空格。有些程序员习惯在类型名、*和变量名之间各有一个空格。本书将*放在变量名的前面，即*和变量名之间无空格。

其中，内存地址是某个变量的存储地址，或是另一个“值有定义的”同类型指针。

【语义】 定义一个指向基类型的指针变量，并将内存地址存储在指针变量中，其结果是指针变量指向了该内存地址。

如何获得某个变量的存储地址呢？C 语言提供了取地址运算符&，用来得到变量的存储地址，严格地说，是变量在内存中所占存储单元的起始地址。例如，如下是合法的指针变量初始化操作，其存储示意图如图 8.4 所示。

```
int x = 10;
int *p = &x;                    /*指针 p 指向变量 x */
int *q = p ;                    /*指针 q 指向变量 p 所指向的变量 x*/
```

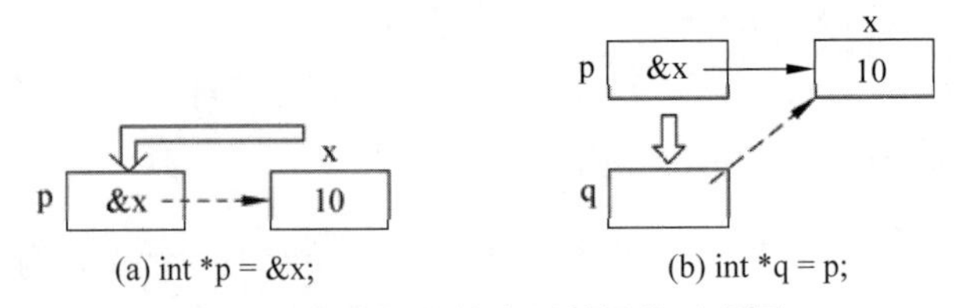

图 8.4 初始化指针变量的操作示意图

需要强调的是，在为指针变量初始化时，赋值运算符右侧内存地址的数据类型应该与基类型一致。如下语句在编译时会给出警告：

```
int x = 10, *p = &x;
double *q = &x;        /*指针 q 的基类型是 double，不能指向 int 型变量*/      ×
double *r = p;         /*指针 q 和指针 p 的基类型不一致*/
```

如果在定义指针变量时无法与某个具体的内存地址进行关联，可以将其初始化为**空指针** NULL（在 stdio.h 中定义了符号常量 NULL，其 ASCII 码为 0）。空指针不指向任何内存单元，可以避免无法预料的错误发生[1]。例如：

```
int *p = NULL;
double *q = NULL;
```

8.1.2 指针变量的操作

1. 指针变量的赋值

给指针赋值是使指针和该指针所指向内存单元之间建立关联的必要过程。指针变量可以在程序中赋值，即将一个内存地址存入指针变量。

【语法】 指针变量赋值的一般形式如下：

---

1 任何时刻都不能让指针变量处于“值无定义的”状态，在指针没有指向某个有效对象时，将其定义为空指针 NULL 是一种良好的编程习惯。

```
指针变量 = 内存地址;
```

其中，内存地址是某个变量的存储地址，或是另一个“值有定义的”同类型指针。

【语义】 将内存地址存储在指针变量中，其结果是指针变量指向了该内存地址。

把一个变量的地址赋给指针变量时，该变量必须在此之前已经定义，因为变量只有在定义后才被分配存储单元。如下是合法的指针变量赋值操作：

```
int x = 10;
int *p = NULL, *q = NULL;
p = &x;                    /*指针 p 指向变量 x*/
q = p;                     /*指针 q 指向指针 p 所指内存单元*/
```

与指针变量的初始化相同，指针变量的赋值需要注意赋值的相容性，只有基类型相同的指针变量才可以相互赋值。如果在定义指针变量时不能确定该指针将指向何种类型的数据，就需要定义通用指针。通用指针是可以指向任意类型的指针。

【语法】 定义通用指针的一般形式如下：

```
void *指针变量名;
```

其中，“*”是指针定义符；void *表示通用指针；指针变量名是一个合法的标识符。

【语义】 定义通用指针，编译器为该指针变量分配存储空间。

如下语句定义了通用指针 general_ptr、指向 int 型数据的指针 int_ptr 和指向 double 型数据的指针 double_ptr，通用指针可以指向任意类型的数据，例如，general_ptr 可以指向 int 型变量 num，也可以指向 double 型变量 radius。通用指针可以赋值给任何类型的指针，但需要进行强制类型转换，操作示意图如图 8.5 所示。

```
void *general_ptr = NULL;                    /*定义通用指针*/
int num = 10, *int_ptr = NULL;
double radius = 2.5, *double_ptr = NULL;
general_ptr = &num;                          /*通用指针 general_ptr 指向整数*/
int_ptr = (int *) general_ptr;               /*强制类型转换后赋给 int*指针*/
general_ptr = &radius;                       /*通用指针 general_ptr 指向浮点数*/
double_ptr = (double *) general_ptr;         /*强制类型转换后赋给 double*指针*/
```

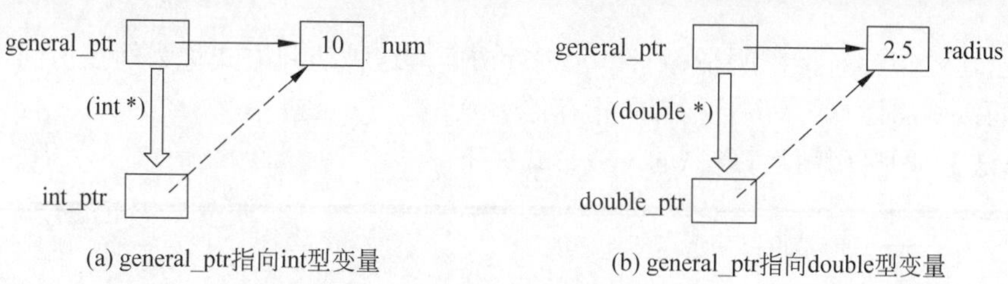

图 8.5　通用指针操作示意图

通常不允许将一个整数赋值给指针变量。例如，如下语句的结果是指针 p 指向地址为 100 的内存单元，这是内存的低端，通常用来存储系统资源，对该内存单元的操作可能会引起系统错误，严重的会产生死机等现象。由于指针的操作需要编程人员保证其安全性，编译器通常只会给出一个警告。

```
int *p = NULL ;
p = 100 ;                    /*编译器只会给出警告*/
```

2. 指针变量的算术运算

指针变量的算术运算包括指针与整数的加减运算，以及两个同类型指针的减法运算。对指针变量加上或减去一个整数，表示将该指针后移或前移确定的存储单元，对两个相同类型的指针变量进行减运算，表示这两个指针间有多少存储单元。因为数组占用一段连续的内存空间，因此，指针的算术运算通常用于数组。如下对指针变量进行的算术运算是合法的：

```
int sum, a[5] = {1, 2, 3, 4, 5};
int *p = a, *q = NULL;          /*指针 p 指向元素 a[0]*/
q = p + 4;                      /*相当于 q = p + 4×sizeof(int)，q 指向 a[4]*/
sum = q - p;                    /*指针 q 和 p 之间的元素个数，值为 4*/
```

对指针变量加上或减去一个浮点数，或对两个指针变量进行加、乘、除等算术运算通常没有实际意义。

3. 指针变量的关系运算

指针变量的关系运算是在同类型的指针之间进行比较运算。例如，假设 p 和 q 是两个同类型的指针变量，则表达式 p == q 判断指针 p 和 q 是否指向同一存储单元；表达式 p != NULL 判断指针 p 是否为空指针；表达式 p > q 判断指针 p 所指存储单元是否在指针 q 所指存储单元的高端。通常对指向同一数组中的指针变量进行大小比较才具有实际意义，例如，如果表达式 p > q 成立，则指针 p 所指数组元素在指针 q 所指数组元素的后面；假设数组 a 有 10 个元素，如果表达式 p < a + 10 成立，则指针 p 指向数组中某元素。不同类型的指针之间、指针与非 0 整数之间的关系运算没有实际意义。

8.1.3 指针所指变量的操作

可以通过指针对指针所指存储单元进行访问，这种访问方式称为**间接访问**。C 语言提供了间接引用运算符*访问指针所指存储单元。

【语法】 间接引用运算符*的一般形式如下：

```
 ┌──── 只能是指针变量
 ↓
*指针变量
```

其中，“*”是间接引用运算符；*的后面只能是指针变量，并且该指针变量必须指向某个确定的存储单元。

【语义】 访问指针所指存储单元。

设指针 p 指向变量 x，如下语句实现对变量 x 的间接访问[1]，具体过程是：赋值语句“*p = 10;”将 10 存入指针 p 所指变量的存储单元，如图 8.6 所示，赋值语句“y = *p;”将指针 p 所指变量的存储单元中的值取出，然后存入变量 y 中，如图 8.7 所示。

```
int x = 10, y, *p = &x;          /*指针 p 指向变量 x*/
*p = 10;                         /*对变量 x 的间接访问——存操作*/
y = *p;                          /*对变量 x 的间接访问——取操作*/
```

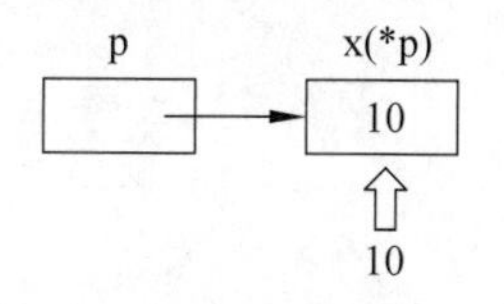

图 8.6 对变量 x 的间接访问——存操作

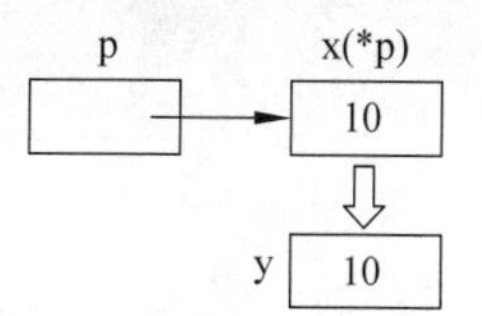

图 8.7 对变量 x 的间接访问——取操作

定义指针变量需要明确该指针所指向的数据类型，即该指针所指向的内存单元可以存放什么类型的数据，这包含三层含义：①指针所指存储单元的存储格式；②指针所指存储单元的取值范围；③指针所指存储单元的运算集合。如图 8.8 所示，如果指针 p 指向 int 型变量，假设 int 型数据占 4 字节，则 p 所指向的存储单元是从地址 B000 开始 4 个字节，对*p 的赋值不能超过 int 型数据的取值范围，所有 int 型数据的运算对*p 都是合法的；如果指针 p 指向 double 型变量，假设 double 型数据占 8 字节，则 p 所指向的存储单元是从地址 B000 开始 8 字节，对*p 的赋值不能超过 double 型数据的取值范围，所有 double 型数据的运算对*p 都是合法的。

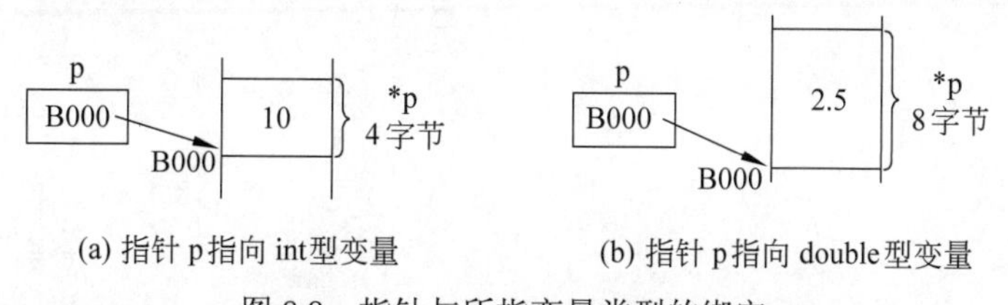

(a) 指针 p 指向 int型变量　　(b) 指针 p 指向 double型变量

图 8.8 指针与所指变量类型的绑定

练习题 8-2 若有变量定义“int a = 512, *p = &a;”，则*p 的值是多少？语句“p = a;”存在什么问题？

8.2 指针作为函数的参数

【引例 8.2】 鸡兔同笼问题（函数版）

【问题】 笼子里共有 M 只头 N 只脚，问鸡和兔子各有多少只？要求用函数实现。

1 只要指针 p 指向了变量 x，*p 和 x 就具有等价关系，或者说*p 就是 x 的别名，*p 和 x 具有同样的值，对*p 的访问就是对 x 的访问。

【想法】 请参见 2.2.1 节。

【算法】 设函数 CR 实现求解方程组，该函数有两个计算结果，而 return 语句只能返回一个结果，采用指针传递方式可以将函数的多个计算结果返回给调用者。

【程序】 函数 CR 有 4 个参数，其中参数 M 和 N 以值传递方式接收算法的输入，参数 p 和 q 以指针传递方式返回两个计算结果，程序如下：

```
#include <stdio.h>
void CR(int M, int N, int *p, int *q);

int main( )
{
  int M, N, chicken, rabbit;
  printf("请输入笼子里动物头的个数和脚的个数：");
  scanf("%d%d", &M, &N);
  CR(M, N, &chicken, &rabbit);        /*前两个参数传值，后两个参数传地址*/
  if (chicken != 0 || rabbit != 0)
    printf("鸡有%d只，兔子有%d只\n", chicken, rabbit);
  else
    printf("输入数据矛盾，无解\n");
  return 0;
}

void CR(int M, int N, int *p, int *q)
{
  int x, y;
  for (x = 0; x <= M; x++)
  {
    y = M - x;
    if (2 * x + 4 * y == N) break;
  }
  if (x <= M) { *p = x; *q = y; }
  else {*p = 0; *q = 0; }
}
```

练习题 8-3 主函数中变量 chicken 和 rabbit 的作用是什么？程序中出现了哪些新的语法？

8.2.1 值传递方式——函数的输入

所谓值传递方式是指在定义函数时，将形参定义为普通类型（即非指针类型），实参可以是类型与形参相容的常量、变量或表达式；在函数调用时，系统为形参分配存储空间，然后将实参的值传递到形参中；在调用结束后，系统自动释放形参的存储空间。值传递方式的特点是：被调用函数的执行不会影响函数的实参，即在被调用函数中不能对函数的实参进行修改，因此，通常以值传递方式实现函数的输入。例如，引例 7.1、引例

7.2 中函数的形参都是值传递方式。

8.2.2 指针传递方式——函数的输出

所谓指针传递方式是指在定义函数时，将形参声明为指针类型，实参可以是基类型与形参相容的指针或变量地址；在函数调用时，系统为形参分配存储空间，并将实参的值（即地址）传递到形参中；在调用结束后，系统自动释放形参的存储空间。指针传递方式的特点是：在被调用函数中可以对实参地址所对应的存储单元进行访问，即可以读取或修改该内存单元的值。因此，可以通过指针传递方式实现函数的输出，将被调用函数的结果返回给调用者。例如，引例 8.2 中函数 CR 的参数 p 和 q 以指针传递方式返回两个计算结果，假设从键盘上输入两个整数 4 和 12，参数传递过程如图 8.9 所示。

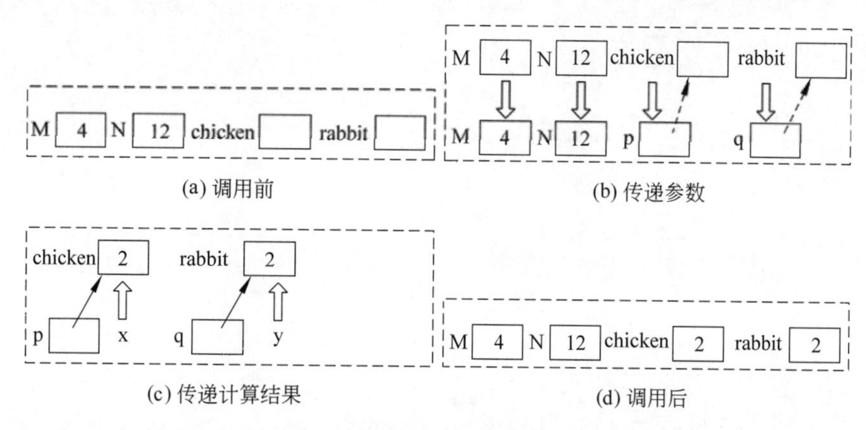

图 8.9　指针传递方式返回计算结果

8.2.3 指针传递方式——函数的输入/输出

由于指针传递方式可以在被调用函数中读取或修改实参所指内存单元的值，因此，可以通过指针传递方式实现被调用函数与调用者之间的双向数据传递，即以指针传递方式接收算法的输入，并将计算结果传递给调用者。

例 8.1　交换两个变量的值。要求用函数实现。

解：函数 Swap1 采用值传递方式交换变量 x 和 y 的值，被调用函数完成了交换功能，但不能把交换结果传递给调用者，参数传递过程如图 8.10 所示；函数 Swap2 采用指针传递方式交换变量 x 和 y 的值，被调用函数实质上是在实参指针所指内存单元进行交换操作，因此能够把交换结果传递给调用者，参数传递过程如图 8.11 所示。程序如下：

```
#include <stdio.h>
void Swap1(int x, int y);                    /*函数声明，值传递方式*/
void Swap2(int *p, int *q);                  /*函数声明，指针传递方式*/

int main( )
```

```
{
  int a = 5, b = 10;
  Swap1(a, b);
  printf("值传递方式的执行结果: a = %d, b = %d\n", a, b);
  Swap2(&a, &b);
  printf("指针传递方式的执行结果: a = %d, b = %d\n", a, b);
  return 0;
}

void Swap1(int x, int y)
{
  int temp;
  temp = x; x = y; y = temp;
}
void Swap2(int *p, int *q)
{
  int temp;
  temp = *p; *p = *q; *q = temp;
}
```

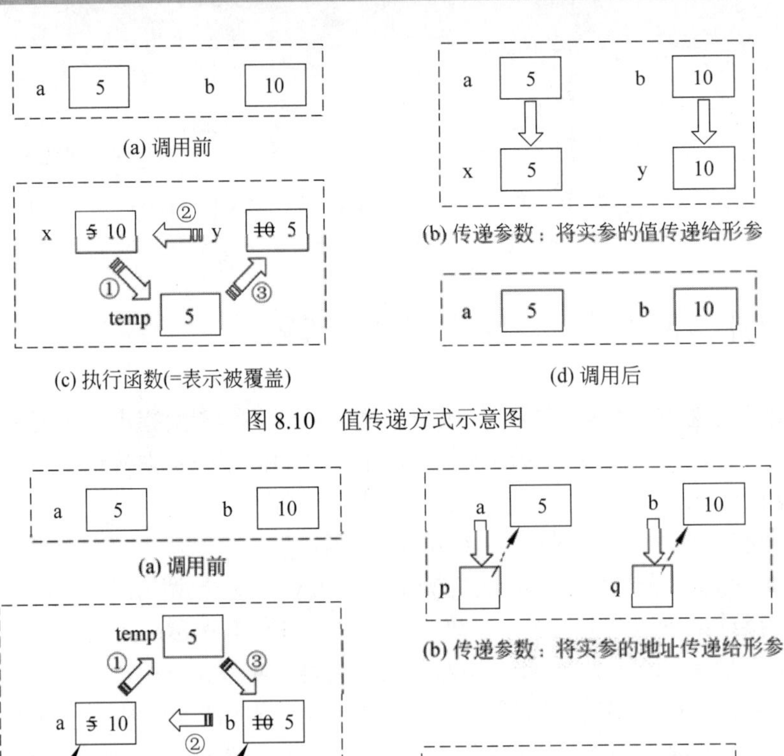

a 5 b 10
(a) 调用前
a 5 b 10
x 5 y 10
(b) 传递参数：将实参的值传递给形参
x 5 10 ② y 10 5
① ③
temp 5
(c) 执行函数(=表示被覆盖)
a 5 b 10
(d) 调用后

图 8.10　值传递方式示意图

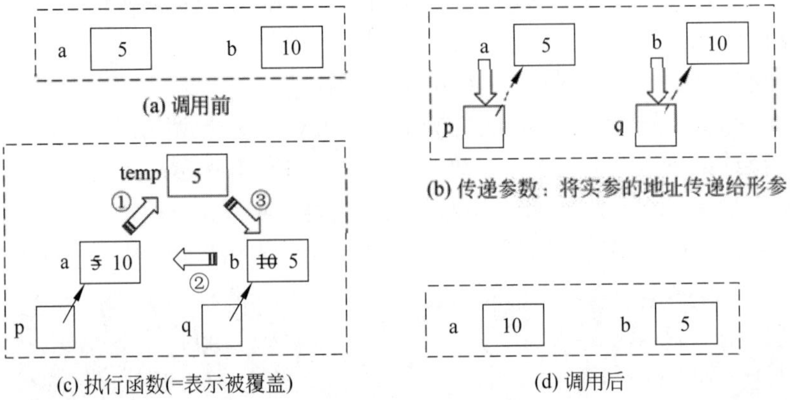

a 5 b 10
(a) 调用前
a 5 b 10
p q
(b) 传递参数：将实参的地址传递给形参
temp 5
① ③
a 5 10 b 10 5
②
p q
(c) 执行函数(=表示被覆盖)
a 10 b 5
(d) 调用后

图 8.11　指针传递方式示意图

练习题 8-4　对于如下函数定义，调用函数 Swap3(&a, &b)能够实现交换变量 a 和 b 的值吗？请说明原因。

```
void Swap3(int *p, int *q)
{
    int *temp;
    temp = p; p = q; q = temp;
}
```

8.2.4　程序设计实例 8.1——求一元二次方程的根

【问题】　求一元二次方程 $ax^2 + bx + c = 0$ 的根。要求用函数实现。

【想法】　一元二次方程 $ax^2 + bx + c = 0$ 的求根公式如下：

$$x = \frac{-b \pm \sqrt{b^2 - 4ac}}{2a} \tag{8.1}$$

【算法】　设变量 a、b 和 c 表示一元二次方程的系数，变量 x1 和 x2 表示一元二次方程的根，函数 Equation 实现方程求解，算法如下：

1. 计算 delta = b * b – 4 * a * c;
2. 如果 delta 等于 0，则方程有两个相等的根，x1 = x2 = –b / (2 * a);
   否则，方程有两个不相等的根，x1 = (–b + sqrt(delta)) / (2 * a);
   x2 = (–b – sqrt(delta)) / (2 * a);
3. 返回 x1 和 x2;

【程序】　用变量 a、b 和 c 接收从键盘输入的三个系数，函数 Equation 有 5 个参数，其中参数 a、b 和 c 以值传递方式接收函数的输入，参数 p 和 q 以指针传递方式返回计算结果。程序如下：

```
#include <stdio.h>
#include <math.h>
void Equation(double a, double b, double c, double *p, double *q);

int main( )
{
    double a, b, c, root1, root2;        /*a、b、c 为系数，root1、root2 是根*/
    printf("请输入一元二次方程的系数：");
    scanf("%lf%lf%lf", &a, &b, &c);
    Equation(a, b, c, &root1, &root2);
    printf("方程的根为：%6.2f\t%6.2f \n", root1, root2);
    return 0;
}

void Equation(double a, double b, double c, double *p, double *q)
```

```
{
   double x1, x2;
   double delta = b * b - 4 * a * c;
   if (delta == 0)                       /*delta 等于 0，则方程有两个相等的实根*/
   {
      x1 = -b / (2 * a);  x2 = x1;
   }
   else                                  /*delta 大于 0，有两个不相等的实根*/
   {
      x1 = (-b + sqrt(delta)) / (2 * a);
      x2 = (-b - sqrt(delta)) / (2 * a);
   }
   *p = x1; *q = x2;                     /*保存计算结果*/
}
```

8.2.5 程序设计实例 8.2——三个整数由小到大排序

【问题】 将三个整数由小到大排序，要求用函数实现。

【想法】 请参见 2.1.2 节例 2.1 问题（2）。

【算法】 请参见 2.1.2 节例 2.1 问题（2）。

【程序】 设函数 TriSort 完成将三个整数由小到大排序，则函数 TriSort 需要接收三个整数，调用结束后需要将排序后的三个整数再传递给调用者，因此采用指针传递方式接收算法的输入并将排序结果返回。程序如下：

```
#include <stdio.h>
void TriSort(int *p, int *q, int *r);

int main( )
{
   int x, y, z;
   printf("请输入三个整数：");
   scanf("%d%d%d", &x, &y, &z);
   TriSort(&x, &y, &z);                  /*函数调用，实参是变量 x、y 和 z 的地址*/
   printf("这三个整数由小到大依次是：%d, %d, %d", x, y, z);
   return 0;
}

void TriSort (int *p, int *q, int *r)                    /*函数定义*/
{
   int temp;
   if (*p > *q)
   {
      temp = *p; *p = *q; *q = temp;                     /*交换*p 和*q */
   }
```

```
    if (*r < *p)                                    /*即*r < *p < *q */
    {
      temp = *r; *r = *q; *q = *p; *p = temp;
    }
    else if (*r < *q)                               /*即*p < *r < *q */
    {
      temp = *q; *q = *r; *r = temp;
    }
}
```

练习题 8-5 可以在函数 TriSort 中设变量 x、y 和 z 存储形参指针所指存储单元的值，函数体中对变量 x、y 和 z 进行操作，排序后再传给形参指向的存储单元，请修改函数 TriSort。

8.3 数组作为函数的参数

【引例 8.3】 顺序查找（函数版）

【问题】 在一个整数集合中查找值为 *k* 的元素，要求用函数实现。

【想法】 请参见引例 6.1。

【算法】 请参见引例 6.1。

【程序】 设函数 Search 实现在数组 r[N]中顺序查找值为 k 的元素，函数 Search 有 3 个参数，其中参数 r[ ]表示一个整型数组，参数 n 表示数组元素的个数，参数 k 表示待查值，程序如下：

```
#include <stdio.h>
#define N 6                          /*假定数组有 N 个元素*/
int Search(int r[ ], int n, int k);

int main( )
{
  int a[N] = {2, 4, 8, 6, 5, 3}, k, index;
  printf("请输入待查值：");
  scanf("%d", &k);
  index = Search(a, N, k);
  if (index == 0)
    printf("查找失败！\n");
  else
    printf("查找成功，元素%d 在集合中的序号是%d\n", k, index);
  return 0;
}

int Search(int r[ ], int n, int k)         /*函数定义，一维数组作为形参*/
{
```

```
    int i;
  for (i = 0; i < n; i++)
    if (r[i] == k) return i + 1;          /*查找成功，返回元素的序号*/
  return 0;                               /*查找失败，返回 0 */
}
```

练习题 8-6 假设从键盘上输入待查值 8，写出程序的运行结果。程序中出现了哪些新的语法？

8.3.1 一维数组作为函数的参数

一维数组作为函数的参数属于指针传递方式。在函数定义时，将形参声明为一维数组，无须指定数组长度，即数组名后只跟一个空的方括号，形参实质上是一个指针变量；在函数调用时，将数组名作为实参，且实参数组与形参数组的基类型一致，参数传递的过程是将实参数组的首地址传递给形参，相当于传递整个数组；在调用结束时，系统自动释放形参（实质上是指针变量）的存储空间。

一维数组作为函数的参数，实参数组和形参数组的长度可以一致也可以不一致，编译器对形参数组长度不进行检查，形参数组长度由函数调用时的实参数组决定。为了方便函数对数组元素进行处理，一般另设一个参数传递对数组元素操作的个数。

例 8.2 在一维数组 r[N]中查找最大值元素。要求用函数实现。

解：设函数 Max 实现求数组 r[N]的最大值，具体说明如下：

- 函数原型：int Max(int r[ ], int n) 相当于 int Max(int *r, int n)。
- 函数调用：Max (a, 6)。
- 参数结合的过程相当于“int *r = a; int n = 6;”，参数传递的过程如图 8.12 所示。

```
#include <stdio.h>
#define N 6                              /*假设数组有 6 个元素*/
int Max(int r[ ], int n);

int main( )
{
   int i, a[N] = {2, 9, 5, 7, 8, 6}, maxValue;
   maxValue = Max(a, N);
   printf("最大值为: %d\n", maxValue);
   return 0;
}

int Max(int r[ ], int n)                 /*函数定义，一维数组作为形参*/
{
   int i, max = r[0];                    /*max 存储最大值并假定 r[0]最大*/
   for (i = 1; i < n; i++)
   {
      if (max < r[i])  max = r[i];
   }
```

```
    return max;
}
```

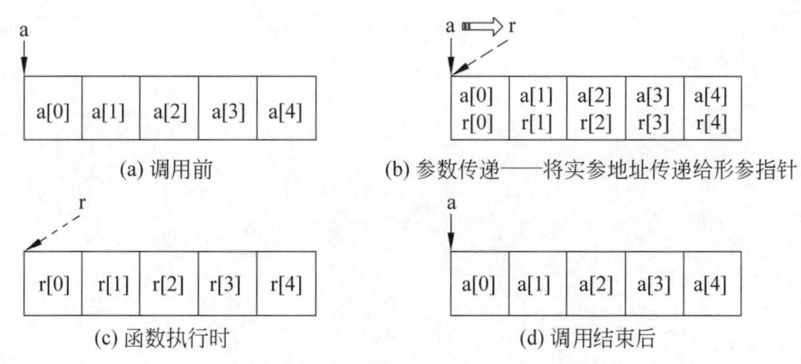

图 8.12　一维数组作为函数的参数

一维数组作为参数的特点是：传递的是数组的起始地址，数组元素本身不被复制，形参数组和实参数组占用同一段内存单元，因此，形参数组元素的值发生改变相当于对应实参数组元素的值发生改变。

需要强调的是，在函数调用时，传递给形参的实参指针表示函数中处理数据的起始地址，因此，实参指针不仅可以是数组的首地址，也可以是某个数组元素的首地址。对于例 8.2 的函数定义，表 8.1 所示都是正确的函数调用。

表 8.1　一维数组作为函数参数的调用示例

函数调用	被处理的数据
Max(a, N)	a[0]、a[1]、a[2]、a[3]、a[4]、a[5]
Max(a, N-3)	a[0]、a[1]、a[2]
Max(a+1, 4)	a[1]、a[2]、a[3]、a[4]

8.3.2　二维数组作为函数的参数

二维数组作为函数的参数属于指针传递方式。在函数定义时，将形参声明为二维数组，同时声明其行数和列数；在函数调用时，将二维数组名作为实参，且实参数组与形参数组的基类型一致，参数传递的过程是将实参数组的首地址、行数和列数传给形参；在调用结束后，系统自动释放形参的存储空间。

在参数传递时，由于从实参传递过来的是数组的首地址，在内存中按行优先存放，如果在形参中不说明列数，则编译器无法确定该数组的行数和列数。因此，形参数组可以指定行数和列数，也可以省略行数，但必须指明列数，而且必须为常量表达式。为了方便函数对数组元素进行处理，一般另设参数表示形参数组的行数和列数。

例 8.3　求二维数组 r[m][n]的最大值元素。要求用函数实现。

解：设函数 Max 实现求二维数组 r[m][n]的最大值，具体说明如下：

- 函数原型：int Max(int r[10][10], int m, int n)或 int Max(int r[ ][10], int m, int n)，注

意不能是 int Max(int r[m][n])，因为“[ ]”内必须为常量表达式。

- 函数调用：Max (a, 2, 3)。
- 参数结合的过程相当于“int *r = a; int m = 2; int n = 3;”，参数传递以及函数处理的二维数组如图 8.13 所示。

```
#include <stdio.h>
int Max(int r[10][10], int m, int n);

int main( )
{
   int a[10][10], i, j, m, n;
   printf("请输入二维数组的行数和列数：");
   scanf("%d%d", &m, &n);
   printf("请输入%d 个整数：", m * n);
   for (i = 0; i < m; i++)
      for (j = 0; j < n; j++)
        scanf("%d", &a[i][j]);
   printf("最大值是：%d\n", Max(a, m, n));
   return 0;
}

int Max(int r[10][10], int m, int n)                    /*函数定义*/
{
   int i, j, max = r[0][0];
   for (i = 0; i < m; i++)
      for (j = 0; j < n; j++)
        if (max < r[i][j])  max = r[i][j];
   return max;
}
```

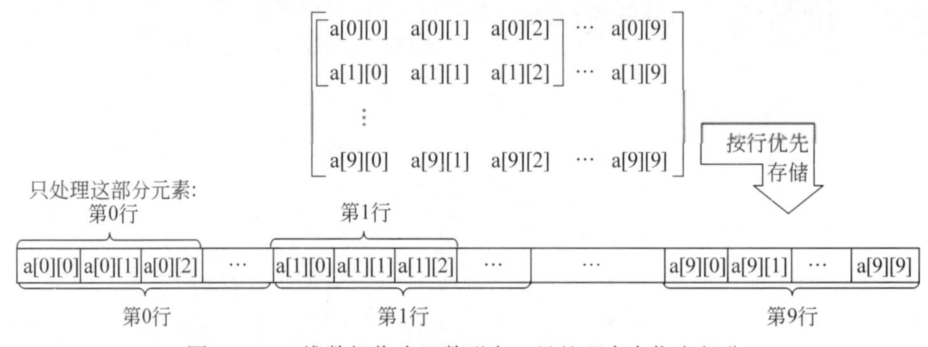

图 8.13　二维数组作为函数形参，只处理实参指定部分

8.3.3　程序设计实例 8.3——简单选择排序

【问题】 将 N 个元素组成的无序序列调整为有序序列。

【想法】 假设将待排序元素进行升序排列，简单选择排序的基本思想是：将整个序列划分为有序区和无序区，初始时有序区为空，无序区含有所有元素；在无序区中找到值最小的元素，将它与无序区中的第一个元素交换；不断重复上述过程，直到无序区只剩下一个元素。图 8.14 给出了一个简单选择排序的过程示例（方括号内是无序区）。

初始序列	[49 27 65 76 **13**]
第一次排序结果	13 [**27** 65 76 49]
第二次排序结果	13 27 [65 76 **49**]
第三次排序结果	13 27 49 [76 **65**]
第四次排序结果	13 27 49 65 [76]

图 8.14 简单选择排序的过程示例

【算法】 设函数 SelectSort 实现对无序序列 r[N]进行简单选择排序，参数 n 表示数组元素的个数，算法描述如下：

1. 循环变量 i 从 0 ~ n−2，重复执行 n−1 次下述操作：
   1.1 在序列 r[i]~r[n−1]中查找最小值元素 r[index];
   1.2 交换 r[index]与 r[i];
   1.3 i++;
2. 输出 r[N];

【程序】 设 int 型数组 r[N]存储 N 个无序元素，为了观察排序的结果，在调用函数 SelectSort 之前和之后分别输出数组 r[N]的值。程序如下：

```
#include <stdio.h>
#define N 8                                    /*假设有 8 个元素*/
void SelectSort(int r[ ], int n);
void Print(int r[ ], int n);

int main( )
{
  int i, r[N] = {9, 7, 5, 6, 3, 4, 1, 2};        /*定义并初始化数组 r[N]*/
  printf("排序前的序列是：");
  Print(r, N);
  SelectSort(r, N);                            /*函数调用，实参 r 是数组 r[N]的首地址*/
  printf("排序后的序列是：");
  Print(r, N);
  return 0;
}

void SelectSort(int r[ ], int n)               /*一维数组作为形参*/
{
```

```
    int i, j, index, temp;
    for (i = 0; i < n - 1; i++)                /*进行 n-1 次简单选择排序*/
    {
      index = i;                               /*假定 r[i]为最小值元素*/
      for (j = i + 1; j < n; j++)              /*在无序区中查找最小值元素*/
        if (r[j] < r[index]) index = j;
      temp = r[i]; r[i] = r[index]; r[index] = temp;
    }
}
void Print(int r[ ], int n)
{
    int i;
    for (i = 0; i < n; i++)
      printf("%3d", r[i]);
    printf("\n");
}
```

练习题 8-7 写出函数调用 SelectSort(r+1, N−1)、SelectSort(r, 5)的执行结果。

8.3.4 程序设计实例 8.4——鞍点

【问题】 若在矩阵 $\boldsymbol{A}_{m\times n}$ 中存在一个元素 a_{ij}（$1\leqslant i\leqslant m,\ 1\leqslant j\leqslant n$），该元素是第 i 行元素的最小值且又是第 j 列元素的最大值，则称此元素为该矩阵的一个鞍点。图 8.15 中元素 6 就是一个鞍点。求矩阵 $\boldsymbol{A}$ 的所有鞍点。

$$\begin{bmatrix} 7 & 4 & 2 & 5 \\ 8 & 9 & \textcircled{6} & 7 \\ 3 & 2 & 5 & 8 \end{bmatrix}$$

图 8.15 矩阵的鞍点

【想法】 在矩阵中逐行查找该行的最小值，然后判断该元素是否是所在列的最大值，如果是所在列的最大值，输出该元素及所在行号和列号。

【算法】 设函数 AnDian 在二维数组 a[m][n]中查找所有鞍点，算法如下：

1. 初始化累加器 count = 0;
2. 循环变量 i 从 0 ~ m − 1，重复执行下述操作：
   2.1 在第 i 行中查找最小值元素 a[i][k];
   2.2 如果元素 a[i][k]是第 k 列的最大值，则输出元素 a[i][k]; count++;
   2.3 i++;
3. 如果 count 等于 0，则矩阵无鞍点;

【程序】 设变量 min 保存第 i 行的最小值元素，变量 k 记载该最小值元素的列下标，程序如下：

```
#include <stdio.h>
void AnDian(int a[10][10], int m, int n);

int main( )
```

```
{
    int a[3][4] = {{7, 4, 2, 5}, {8, 7, 6, 9}, {3, 2, 5, 8}};
    AnDian(a, 3, 4);
    return 0;
}
void AnDian(int a[10][10], int m, int n)
{
    int i, j, k, min, count = 0;
    for (i = 0; i < n; i++)
    {
        min = a[i][0]; k = 0;                /*假设a[i][0]为第i行最小值*/
        for (j = 1; j < m; j++)
          if (a[i][j] < min)
          {
             min = a[i][j]; k = j;           /*a[i][j]为当前最小值*/
          }
        for (j = 0; j < n; j++)
          if (a[j][k] > min) break;
        if (j == n)
        {
          count++;
          printf("第%d个鞍点是(%d, %d) %d\n", count, i+1, k+1, a[i][k]);
        }
    }
    if (count == 0) printf("矩阵中无鞍点\n");
}
```

练习题 8-8　*在 AnDian 函数定义中，以下形参声明均不能通过编译，请说明原因。*

（1）(int a[ ][ ], int m, int n)　　（2）(int a[m][n])　　（3）(int a[10][ ], int m, int n)

8.4　本章实验项目

〖**实验 1**〗 上机实现 8.2.4 节程序设计实例 8.1，写出程序的运行结果。延伸实验：在调用函数 Equation 前增加系数校验，重复输入一元二次方程的系数直到满足条件 a≠0 且 $b^2-4ac\geqslant0$，请修改程序。

〖**实验 2**〗 上机实现 8.3.3 节程序设计实例 8.3，写出程序的运行结果。延伸实验：在具有 n 个元素的无序序列 T 中，第 k（$1\leqslant k\leqslant n$）小元素定义为 T 按升序排列后在第 k 个位置上的元素。修改 SelectSort 函数实现查找 T 的第 k 小元素。

〖**实验 3**〗 亮着电灯的盏数。一条长廊里依次装有 n（$1\leqslant n\leqslant65535$）盏电灯，编号依次为 1、2、3、…、$n-1$、$n$，每盏电灯由一个拉线开关控制。开始时电灯全部关闭，有 n 个学生从长廊穿过，第一个学生把编号是 1 的倍数的所有电灯的开关拉一下；接着第二个学生把编号是 2 的倍数的所有电灯的开关拉一下；接着第三个学生把编号是 3 的倍数的所有电灯的开关拉一下……，最后第 *n* 个学生把编号是 *n* 的倍数的所有电灯的开关拉一下。*n* 个学生按此规定走完后，长廊里电灯有几盏亮着？

8.5 本章教学资源

练习题答案

练习题 8-1 答疑教室的房间号是：12FF7C，答疑助教的教师编号是：1582（注：房间号的每次运行结果可能不同）。

练习题 8-2 *p 的值是 512。将整数 512 直接赋值给指针 p，系统会给出警告。

练习题 8-3 主函数中变量 chicken 和 rabbit 是接收函数 CR 返回值的存储单元，将变量地址传递给函数 CR 的形参指针，使得函数 CR 直接对变量 chicken 和 rabbit 的存储单元进行操作。

练习题 8-4 不能，函数 Swap3 实现交换两个指针 p 和 q 的值，如果在函数体内使用指针 p 和 q 对变量 a 和 b 进行间接访问，相当于进行了交换，但变量 a 和 b 的值并没有发生变化，退出函数 Swap3 释放形参 p 和 q，没有交换变量 a 和 b 的值。

练习题 8-5

```
void TriSort (int *p, int *q, int *r)
{
  int temp, x = *p, y = *q, z = *r;
  if (x > y)
  {
    temp = x; x = y; y = temp;
  }
  if (z < x)
  {
    temp = z; z = y; y = x; x = temp;
  }
  else if (z < y)
  {
    temp = y; y = z; z = temp;
  }
  *p = x; *q = y; *r = z;
}
```

练习题 8-6 查找成功，元素 8 在集合中的序号是 3。

练习题 8-7 函数调用 SelectSort(r+1, N−1)对序列{7, 5, 6, 3, 4, 1, 2}进行排序，函数调用 SelectSort(r, 5)对序列{9, 7, 5, 6, 3}进行排序。

练习题 8-8 （1）和（3）没有指明矩阵的列数，编译器无法判断每行的元素个数；（2）方括号中不能是变量。

二维码

课件	源代码	“每课一练”答案（1）	“每课一练”答案（2）	“每课一练”答案（3）

君子有九思：视思明，听思聪，色思温，貌思恭，言思忠，
事思敬，疑思问，忿思难，见得思义。
——《论语》

第9章

字符数据的组织——字符串

字符串简称串，是由零个或多个字符组成的有限序列。字符串是重要的非数值处理对象，在事务处理程序中，顾客的姓名、货物的产地等一般都是作为字符串进行处理的。在文字编辑、符号处理等许多领域，字符串也得到了广泛应用，因而在程序设计语言中大都有字符串变量的概念，并且提供了库函数以实现字符串的基本操作。

【引例9.1】 恺撒加密

【问题】 恺撒加密由朱迪斯·恺撒在其政府的秘密通信中使用而得名，其基本思想是：将待加密信息（称为明文）中每个字母在字母表中向后移动常量key（称为密钥），得到加密信息（称为密文）。例如，假设字母表为英文字母表，key等于3，则将明文computer加密为frpsxwhu。

【想法】 扫描明文字符串，依次将明文中的每一个字母进行替换，例如，如果key等于3，则将a替换为d，将b替换为e，以此类推，如果到字母表尾部则绕回到开头，因此，将x替换为a，将y替换为b，将z替换为c。以小写字母为例，对待加密字母ch的加密过程如下：

（1）将待加密字母ch向后移动key个位移量：ch + key；

（2）求ch + key在字母表中的序号：ch + key – 'a'；

（3）如果超过字母表的尾部，则绕回到开头：(ch + key – 'a') % 26；

（4）求序号(ch + key – 'a') % 26对应的字母：'a' + (ch + key – 'a') % 26。

【算法】 设变量key表示密钥，函数Encrypt实现恺撒加密，算法如下：

1. 对明文中的每一个字符 ch，执行下述操作：
   1.1 如果 ch 是大写字母，则 ch = 'A' + (ch + key – 'A') % 26;
   1.2 如果 ch 是小写字母，则 ch = 'a' + (ch + key – 'a') % 26;
2. 返回密文；

【程序】 设字符串变量 str1 和 str2 分别表示明文和密文，假设明文只包含英文字母，程序如下：

```
#include <stdio.h>
void Encrypt(char str1[ ], char str2[ ], int key);

int main( )
{
   char str1[100], str2[100];                    /*定义字符数组*/
   int key;
   printf("请输入一个字符串：");
   gets(str1);                                   /*接收从键盘输入的字符串，包括空格*/
   printf("请输入密钥：");
   scanf("%d", &key);
   printf("明文是：%s，", str1);
   Encrypt(str1, str2, key);                     /*函数调用，实现加密*/
   printf("密文是：%s\n", str2);
   return 0;
}

void Encrypt(char str1[], char str2[], int key)      /*函数定义*/
{
   int i;
   for (i = 0; str1 i] != '\0'; i++)              /*依次处理字符直至终结符*/
   {
      if (str1[i] >= 'A' && str1[i] <= 'Z')
         str2[i] = 'A' + (str1[i] + key - 'A') % 26;
      if (str1[i] >= 'a' && str1[i] <= 'z')
         str2[i] = 'a' + (str1[i] + key - 'a') % 26;
   }
}
```

练习题 9-1 设字符数组 str 存储明文，直接在数组 str 上进行加密处理，如何修改函数 Encrypt?
练习题 9-2 假设明文为"abcxyz"，密钥为 3，写出程序的运行结果。程序中出现了哪些新的语法？

9.1 字符串变量的定义和初始化

作为非数值处理对象，字符串的表示和处理与整型、实型等数值数据有很大不同。C 语言提供了**字符数组**和**字符串指针**两种方式来表示字符串。

9.1.1 字符数组

1. 字符数组变量的定义

【语法】 定义字符数组变量的一般形式如下：

```
char 串变量名[整型常量表达式];
       ↑          ↑
  串名(即数组名)    └── 串长 +1
```

其中，串变量名为字符串变量的标识符，也就是字符数组名；整型常量表达式表示字符的个数，由于字符串的尾部存储一个特殊字符'\0'（ASCII 码为 0）作为串的终结符，因此整型常量表达式的值为串的长度＋1。

【语义】 定义一个字符数组变量，编译器为其分配一段连续的存储空间，整型常量表达式的值为这段存储空间的长度，并将串变量名和这段存储空间绑定在一起，变量名表示这段存储空间的起始地址。

例如，下面是合法的字符数组变量定义，其存储示意图如图 9.1 所示。

```
char str[6];              /*能存储含有 5 个字符的字符串*/
```

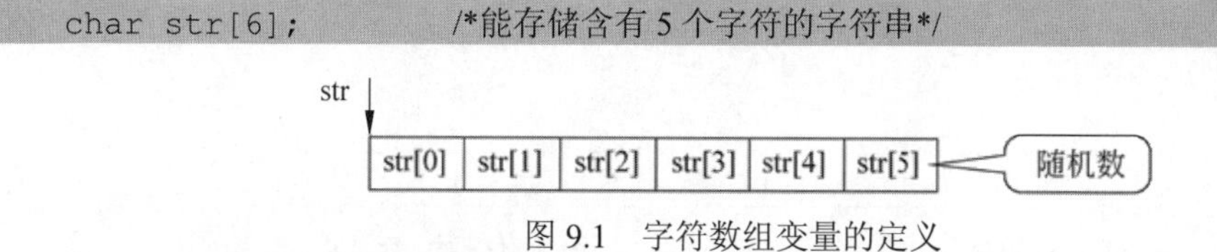

图 9.1 字符数组变量的定义

2. 字符数组变量的初始化

定义字符数组变量后，编译器为该变量分配一段连续的存储空间，但是该变量是“值无定义的”，如图 9.1 所示。字符数组变量的初始化是指在定义字符数组变量的同时为其赋初值。

【语法】 初始化字符数组变量有两种形式。

（1）将字符数组初始化为字符串常量，一般形式如下：

```
char 串变量名[整型常量表达式] = 字符串常量;
```

其中，字符串常量是由双引号括起的字符串，字符串常量中无须出现终结符'\0'，编译器自动为字符数组加上终结符。

（2）将字符数组初始化为字符序列，一般形式如下：

```
char 串变量名[整型常量表达式] = {字符序列};
```

其中，字符序列由逗号分隔的字符组成，字符序列中需要指定终结符；整型常量表达式表示字符数组的长度，如果缺省，则将字符串常量的长度+1 或字符序列的个数作为字符数组的长度[1]。

【语义】 定义字符数组变量并初始化。

可以将字符数组初始化为一个字符串常量，如果字符数组的长度多于字符串常量的长度，则将剩余单元初始化为'\0'。例如，下面是合法的字符数组变量初始化，其存储示意图如图 9.2 所示。

```
char str1[6] = "China";        /*定义字符数组 str1，初值为"China"*/
char str2[8] = "China";        /*定义字符数组 str2，初值为"China"*/
```

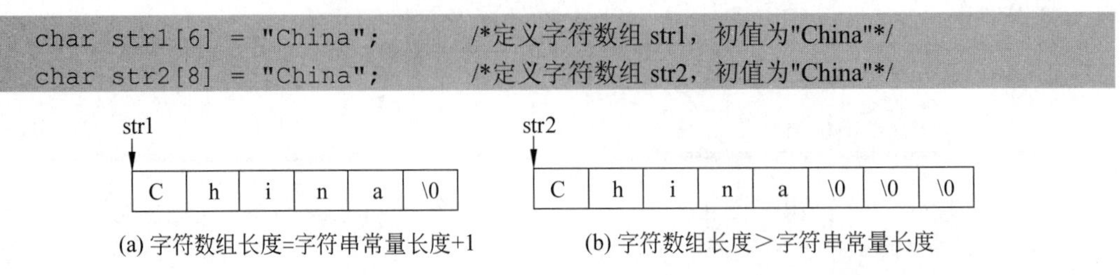

图 9.2 将字符数组初始化为字符串常量

可以将字符数组初始化为一个字符序列，如果字符序列中没有指定终结符'\0'，则字符数组的初始化结果仅仅是一个字符数组而不是字符串。下面是合法的字符数组变量初始化，其存储示意图如图 9.3 所示。

```
char str1[6] = { 'C', 'h', 'i', 'n', 'a', '\0' };  /*字符数组存储字符串*/
char str2[5] = { 'C', 'h', 'i', 'n', 'a' };        /*字符数组而不是字符串*/
```

str1: | C | h | i | n | a | \0 |

str2: | C | h | i | n | a |

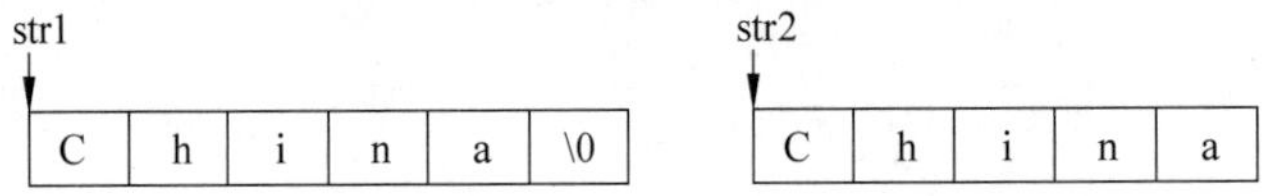

(a) 字符序列中指定'\0'　　(b) 字符序列中无'\0'

图 9.3 将字符数组初始化为字符序列

9.1.2 字符串指针

1. 字符串指针变量的定义

【语法】 定义字符串指针变量（简称字符串指针）的一般形式如下：

```
char *字符串指针变量名;
```

其中，“*”是指针定义符；字符串指针变量名是一个合法的标识符。

【语义】 定义字符串指针变量，编译器为该指针变量分配存储空间。

如下语句定义了字符串指针变量 str，但指针 str 尚未指向某个具体的字符串。

```
char *str;          /*定义字符串指针变量 str，该指针悬空*/
```

1 将字符数组初始化为字符串，一定要保证数组长度大于字符串的长度，否则可能覆盖字符数组后面的存储单元；将字符数组初始化为一个字符序列，该字符序列一定以'\0' 结束，否则编译器找不到终结符，使得字符数组无法作为字符串使用。

2. 字符串指针变量的初始化

定义一个字符串指针变量后，系统为该指针变量分配存储空间，但没有将该指针与某个有效对象相关联，因此，该指针是悬空的。在定义字符串指针变量的同时将其指向某个具体的字符串，称为**字符串指针变量的初始化**。

【语法】 初始化字符串指针变量有以下两种形式。

（1）将字符串指针初始化为字符串常量，一般形式如下：

```
char *字符串指针变量名 = 字符串常量;
```

（2）将字符串指针初始化为字符串的地址，一般形式如下：

```
char *字符串指针变量名 = 字符串的地址;
```

其中，字符串的地址可以是字符数组中某个字符的地址。

【语义】 定义字符串指针变量，并将其指向字符串在内存中的起始地址（即第一个字符的存储地址）。

如下是字符串指针变量的初始化语句，其存储示意图如图 9.4 所示。

```
char *str1 = "China";                /*字符串指针变量 str1 指向串"China"*/
char *str2, *str3, ch[6] = "China";
str2 = ch;                           /*字符串指针变量 str2 指向串"China"*/
str3 = ch + 2;                       /*字符串指针变量 str3 指向串"ina"*/
```

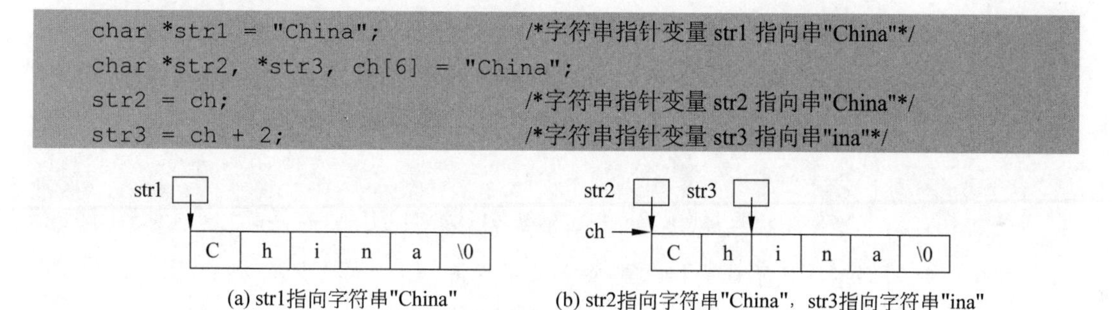

图 9.4　字符串指针变量的初始化

练习题 9-3　以下语句不能正确进行字符串初始化操作，请说明原因。

（1）char str[5] = "good!";　（2）char ch[5] = "abc"; char *str = ch[2];

练习题 9-4　对于字符串"red"，请分别用字符数组和字符串指针两种方式进行数据表示。

9.2　字符串的操作

9.2.1　输入/输出操作

C 语言提供了字符串输入/输出函数 gets 和 puts 实现字符串整体的输入/输出。标准输入/输出函数 scanf 和 printf 也能够实现字符串的输入/输出操作。

1. 字符串输入/输出函数

1）字符串输入函数 gets

【函数原型】 gets 函数的原型如下：

```
char *gets(char *str)
```

其中，str 可以是字符数组变量，也可以是指向某个确定存储单元的字符串指针[1]。

【功能】 将键盘的输入以字符串的形式存储在 str 所指内存单元中，直至遇到回车换行符'\n'，并将'\n'转换为字符串终结符'\0'。

【返回值】 正确读取，则返回 str 指针；否则返回空指针 NULL。

gets 函数是以回车换行符作为键盘输入字符串的结束标志，因此，gets 函数能接收包含空格符的字符串。例如：

```
char str[80];                    /*定义字符数组 str*/
gets(str);                       /*读取从键盘输入的字符串*/
```

假设从键盘上输入（□表示空格，< Enter >表示回车键）：

```
I□love□China< Enter >
```

则字符数组变量 str 中的字符串是"I□love□China"。

定义字符串指针后，如果该指针没有与某个内存地址相关联，则不能明确指针具体指向的内存单元，无法确定输入字符串的存储位置，因此，如下语句是错误的：

```
char *str;
gets(str);    /*指针 str 的值不确定，不能正确实现读操作*/
```

如果将字符串指针初始化为指向某个字符串常量，由于常量不能被修改，无法将读入的字符串覆盖字符串常量，因此，如下语句是错误的：

```
char *str = "China!";
gets(str);      /*覆盖字符串常量，不能正确实现读操作*/
```

字符串指针必须指向某个确定的存储单元，才能调用 gets 函数实现读入字符串操作，例如，如下语句能够正确读入字符串，其操作示意图如图 9.5 所示。

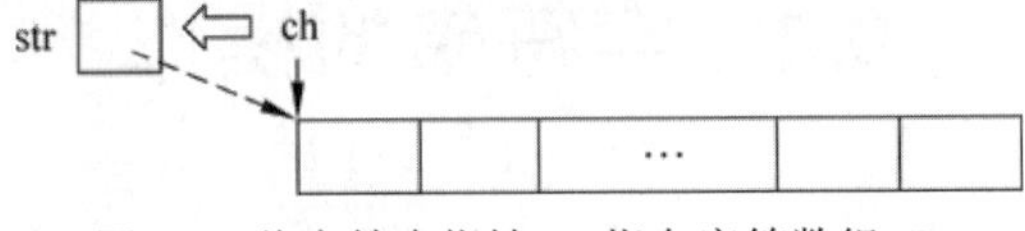

图 9.5　将字符串指针 str 指向字符数组 ch

1　在实际使用时，由于无法限制用户从键盘上输入字符串的长度，因此，用于接收字符串的字符数组的长度应该足够长，以便能够存储从键盘输入的字符串以及终结符，否则 gets 函数将把超过字符数组长度之外的字符顺序存储在字符数组后面的存储单元中，从而可能覆盖其他内存单元，造成程序错误。

```
char *str, ch[80];
str = ch;                      /*将指针 str 指向字符数组 ch */
gets(str);                     /*将读入的字符串存入 str 所指内存单元*/
```

2）字符串输出函数 puts

【函数原型】 puts 函数的原型如下：

```
int puts(char *str)
```

其中，str 可以是字符数组，可以是与某个内存地址相关联的字符串指针，也可以是字符串常量。

【功能】 将字符串输出到标准终端上，并将字符串的终结符'\0'转换为换行符'\n'。

【返回值】 正确输出，则返回换行符；否则返回-1。

如下字符串输出语句都是正确的：

```
char ch[ ] = "I  love  China !";
char *str = "I  love  China !";
puts(ch);                                  /*没有格式符*/
puts(str);                                 /*输出后自动换行*/
puts ("I love China !");                   /*不用加换行符'\n' */
```

2. 格式化输入/输出函数

1）格式化输入函数 scanf

【函数原型】 输入字符串时，scanf 函数的原型如下：

```
int scanf("%s", char *str)
```

其中，"%s"是格式控制符，表示输入一个字符串；str 可以是字符数组，也可以是指向某个确定存储单元的字符串指针。

【功能】 忽略前导空格，将键盘输入的字符串保存到 str 所指内存单元中，直至遇到空格或回车换行符，并自动在字符串后面加上终结符'\0'。

【返回值】 正确读取，则返回读入的数据个数；出错则返回 0。

由于 scanf 函数以空格或回车换行符作为键盘输入字符串的结束标志，因此，不能接收包含空格符的字符串。例如以下语句：

```
char str[80];                  /*定义字符数组 str*/
scanf("%s", str);              /*不要写成&str，str 是地址*/
```

当从键盘上输入（□表示空格，< Enter >表示回车键）：

```
I□love□China< Enter >
```

则变量 str 中的字符串是"I"。如果要接收输入的全部内容，应该用三个变量来接收空格分隔的字符串，语句如下：

```
char str1[10], str2[10], str3[10];
scanf("%s%s%s ", str1, str2, str3);
```

则数组str1中的字符串是"I",数组str2中的字符串是"love",数组str3中的字符串是"China"。所以，scanf函数可以连续输入多个字符串。

与gets函数类似，字符串指针必须与某个内存地址相关联，才能调用scanf函数实现读入字符串操作，因此，如下语句是错误的：

```
char *str1, *str2 = "China";
scanf("%s", str1);                /*str1 尚未与某个内存地址相关联*/      ×
scanf("%s", str2);                /*str2 指向字符串常量*/
```

如下语句序列能够正确读入字符串：

```
char *str, ch[80];
str = ch;                         /*将指针 str 指向字符数组 ch*/
scanf("%s", str);                 /*将读入的字符串存入 str 所指内存单元*/
```

2）格式化输出函数printf

【函数原型】 输出字符串时，printf函数的原型如下：

```
int printf("%s", char *str)
```

其中，"%s"是格式控制符，表示输出一个字符串；str可以是字符数组，可以是与某个内存地址相关联的字符串指针，也可以是字符串常量。

【功能】 将字符串输出到标准终端上。

【返回值】 如果正确输出，则返回输出的字符个数；否则返回-1。

如下字符串输出语句都是正确的：

```
char ch [] = "I  love  China !";
char *str = "I  love  China !";
printf("%s\n", ch);                    /*需要格式符%s*/
printf("%s\n", str);                   /*不能自动换行，需要'\n'*/
printf("I  love  China !\n");          /*可以输出一个字符串常量*/
```

9.2.2 赋值操作

字符数组变量名代表字符数组的起始地址，不能被赋值，因此，字符数组变量通常不能进行整体赋值。例如，如下语句是错误的：

```
char ch [10];
ch = "China";        /*ch 代表数组起始地址，不能被赋值*/        ×
```

字符数组的赋值需要使用循环语句将字符逐个进行赋值。由于普通数组的元素个数一般是确定的，可以用元素个数来控制循环，而字符数组并没有显式存储字符个数，只是规定在终结符'\0'之前的字符均是字符串的有效字符，因此，一般通过终结符来控制循环，换言之，通过检测字符是否为'\0'来判断字符串是否结束。例如，如下语句实现字符数组的复制：

```
char ch1[20], ch2[ ] = "I  love  China !";
int i;
for (i = 0; ch2[i] != '\0'; i++)
  ch1[i] = ch2[i];                              /*逐个将 ch2 的字符赋给 ch1*/
ch1[i] = '\0';                                  /*为字符数组 ch1 存入终结符*/
```

字符串指针变量指向字符串的起始地址，是一个指针变量，因而可以赋值。例如，如下语句实现字符串的复制：

```
char *str1, *str2 = "I  love  China !";
str1 = "I  love  you!";
str1 = str2;                                    /*str1 指向 str2 所指字符串*/
```

由于字符串的整体赋值是比较常用的操作，C 语言提供了 strcpy、strncpy、memcpy 等库函数实现字符串的整体赋值。下面以 strcpy 为例进行介绍。

【函数原型】 strcpy 函数的原型如下：

```
char * strcpy(char *strDestination, char *strSource)
```

其中，strDestination 可以是字符数组，也可以是指向某个确定存储单元的字符串指针；strSource 可以是字符数组，可以是已经被赋值的字符串指针，也可以是字符串常量。

【功能】 将字符串 strSource（源串）复制到字符串 strDestination（目的串）中。

【返回值】 如果复制成功，返回指向字符串 strDestination 的指针，否则返回空指针。

如下语句都能够正确实现字符串的复制操作：

```
char ch1[20], ch2[ ] = "I  love  China !";
char *str = "I  love  China !";
strcpy(ch1, ch2);
strcpy(ch1, str);
strcpy(ch1, " I  love  China !");
```

9.2.3 字符串的比较

在计算机中，每个字符都对应唯一的数值表示——称为字符编码，字符间的大小关系就定义为对应字符编码之间的大小关系。字符编码有很多种，微型计算机常用 ASCII 码。例如，字符'a'和'b'的 ASCII 码分别为 97 和 98，则'a' < 'b'。

字符串的比较是通过组成串的字符之间的比较来进行的，其比较规则是：将两个字符串逐个字符比较，直至遇到不同的字符或'\0'为止，如果全部字符都相同，则两个字符串相等，如果出现不同的字符，则以第一个不同字符的比较结果作为两个字符串的比较结果。例如，"ab" < "ac"，"ab" < "abc"，"ba" < "bbcc"，"bacc" < "bc"。

两个字符串的比较不能使用关系运算符，C 语言提供了 strcmp、stricmp、strncmp、strnicmp 等库函数实现两个字符串之间的比较。下面以 strcmp 为例进行介绍。

【函数原型】 strcmp 函数的原型如下：

```
int strcmp(char *string1, char *string2)
```

其中，string1 和 string2 可以是字符数组和字符串指针，也可以是字符串常量。

【功能】 将字符串 string1 与字符串 string2 进行比较。

【返回值】 若 string1 大于 string2，则返回值大于 0；若 string1 小于 string2，则返回值小于 0；若 string1 等于 string2，则返回值等于 0[1]。

如下语句都能够正确实现字符串的比较操作：

```
char ch1[20] = "I  love  you !", ch2[ ] = "I  love  China !";
char *str1 = "I  love  you !", *str2 = "I  love  China !";
printf("%d", strcmp(ch1, ch2));
printf("%d", strcmp(str1, str2));
printf("%d", strcmp("I  love  China !", "I  love  you !"));
printf("%d", strcmp(ch1, str2));
printf("%d", strcmp(str1, ch2));
printf("%d", strcmp("I  love  you !", ch1));
```

使用字符串库函数需要包含头文件 string.h。需要强调的是，字符串库函数没有提供字符数组的越界检查，所以，要保证各字符串已分配足够的存储空间，否则可能引起不可预知的错误。

练习题 9-5 假设有变量定义“char str1[8], str2[8] = "good";”，如何将字符数组 str2 赋值给 str1？

练习题 9-6 假设从键盘输入字符串"red"和"green"，请分别用字符数组和字符串指针两种方式接收键盘输入，并输出二者中较大的字符串。

9.3 程序设计实例

9.3.1 程序设计实例 9.1——字数统计

【问题】 字处理软件的字数统计功能可以对一篇文档统计字符数（计空格）和字符数（不计空格）。请模拟该功能，对一个字符串进行字符统计，分别统计包括空格和不包括空格的字符数（假设字符串少于 80 个字符）。

【想法】 用字符数组实现，包括空格的字符数即是字符串的长度，不包括空格的字

1 strcmp 返回值的结果取决于编译器，有些编译器以第一个不相同字符的比较为基准，返回第一个字符串的字符减去第二个字符串的字符的差。

符数即是在计算字符串长度时不统计空格。

【算法】设函数 CharCount 统计字符串 str 中包括空格的字符数 count1 和不包括空格的字符数 count2，算法如下：

1. 对字符串中的每一个字符 ch，执行下述操作：
   1.1 count1++;
   1.2 如果 ch 不是空格，则 count2++;
2. 返回 count1 和 count2;

【程序】 由于函数 Count 得到两个计算结果 count1 和 count2，考虑用指针作为函数的参数传递计算结果。程序如下：

```
#include <stdio.h>
void CharCount(char str[ ], int *p, int *q);

int main( )
{
   char ch[80];                          /*接收从键盘输入的字符串*/
   int countSum = 0, countNoSpace = 0;
   printf("请输入一个字符串：");
   gets(ch);                             /*不能用 scanf 函数，因为要接收空格*/
   CharCount(ch, &countSum, &countNoSpace);
   printf("字符数（计空格）：%d\n", countSum);
   printf("字符数（不计空格）：%d\n", countNoSpace);
   return 0;
}

void CharCount(char str[ ], int *p, int *q)      /*以传指针方式返回结果*/
{
   int i, count1 = 0, count2 = 0;
   for (i = 0; str[i] != '\0'; i++)
   {
      count1++;
      if (str[i] != '\40')              /*空格的 ASCII 码为 32，八进制数 40*/
        count2++;
   }
   *p = count1; *q = count2;            /*保存运算结果*/
}
```

9.3.2 程序设计实例 9.2——字符串匹配

【问题】 给定一个主串 s 和一个模式（也称为子串）t，在主串 s 中寻找模式 t 的过程称为字符串匹配，也称为模式匹配。如果匹配成功，则返回模式 t 中第一个字符在主串

s 中的序号。例如：模式"am"在主串"I am a student."中的序号是 3。

【想法】 从主串 s 的第一个字符开始和模式 t 的第一个字符进行比较，用变量 start 记录主串中开始比较的位置，如果对应字符相等，则继续比较后续字符；如果不相等，则主串 s 回溯到 start 的下一个位置，模式 t 回溯到第一个字符开始新一轮比较。重复上述过程，若模式 t 中的字符全部比较完毕，则匹配成功，返回 start，否则匹配失败，返回 0。字符串匹配的过程如图 9.6 所示。

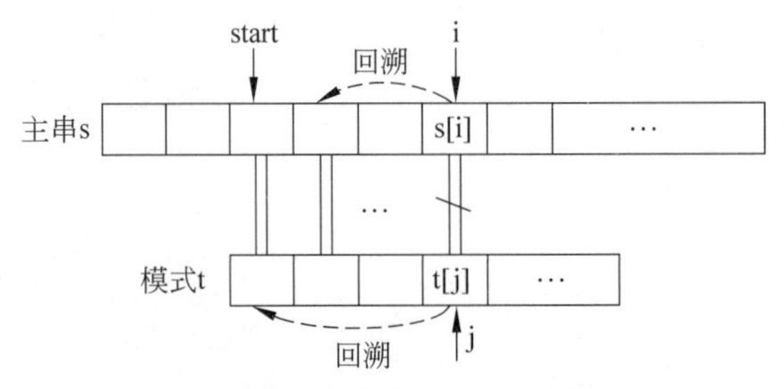

图 9.6　字符串匹配的过程

【算法】 设函数 Cmp 实现在主串 s 中查找模式 t，算法如下：

伪代码

1. 初始化主串 s 的起始下标 i = 0；初始化模式 t 的起始下标 j = 0;
2. 初始化比较的起始位置 start = 0;
3. 重复下述操作，直到 s 或 t 的所有字符比较完毕：
   3.1 如果 s[i]等于 t[j]，则继续比较主串 s 和模式 t 的下一对字符；
   3.2 将 start 后移一位，将 i 和 j 回溯，准备下一轮比较；
4. 如果 t 中所有字符都比较完毕，则返回起始位置 start 对应的序号；
   否则，匹配失败，返回 0;

【程序】 设字符数组 s[80]和 t[20]接收从键盘输入的主串和模式，然后调用函数 Cmp 实现字符串匹配，程序如下：

```
#include <stdio.h>
int Cmp(char s[ ], char t[ ]);

int main( )
{
  char s[80], t[20];
  int index;
  printf("请输入主串：");
  gets(s);                              /*需要接收字符串中的空格*/
  printf("请输入模式：");
  gets(t);
  index = Cmp(s, t);                    /*调用函数，返回 t 在 s 中的序号*/
  if (index == 0)
    printf("匹配不成功! \n");
```

```
    else
        printf("匹配成功! %s 在%s 中的序号是: %d\n", t, s, index);
    return 0;
}

int Cmp(char s[ ], char t[ ])                    /*函数定义，形参为字符数组*/
{
    int i = 0, j = 0, start = 0;                 /*start 记录每轮比较的起始位置*/
    while(s[i] != '\0' && t[j] != '\0')          /*当串 s 和串 t 均未结束*/
    {
        if (s[i] == t[j]) {i++; j++;}            /*准备比较下一对字符*/
        else {                                   /*一轮匹配失败，不再比较余下字符*/
          start++;                               /*起始位置加 1*/
          i = start; j = 0;                      /* i 和 j 分别回溯*/
        }
    }
    if (t[j] == '\0') return start + 1;          /*本轮起始位置对应的序号*/
    else return 0;                               /*匹配失败标志*/
}
```

练习题 9-7　自行设计两组测试数据，写出程序的运行结果。

练习题 9-8　函数 Cmp 的形参为什么没有指定两个字符数组的长度？

9.4　本章实验项目

〖**实验 1**〗 上机实现 9.3.1 节程序设计实例 9.1，自行设计两组测试数据，写出程序的运行结果。延伸实验：增加一项统计功能，不计标点符号，统计字母出现的次数。

〖**实验 2**〗 对两个字符串进行比较，将较小的字符串拼接在较大字符串的后面。要求不能使用库函数。

〖**实验 3**〗 翻译电话号码。将电话号码由英文数字表示翻译成阿拉伯数字表示，英文数字包括 Double，英文数字和 Double 都是首字母大写。单词间有空格、出现不是英文数字的单词、两个 Double 相连或 Double 位于最后一个单词等都属于语法错误，将给出“ERROR”的翻译结果。例如：OneTwoThree 将翻译为 123，OneTwoDoubleTwo 将翻译为 1222，OneTwoDouble 将翻译为 ERROR。

9.5　本章教学资源

练习题答案	练习题 9-1　函数的形参是(char str[ ], int k)，将函数体的 str1 和 str2 均改为 str 即可。 练习题 9-2　明文是 abcxyz，密文是 defabc。 练习题 9-3　（1）数组长度至少是 6，须额外存储'\0'；（2）ch[2]是字符 b，是将一个整

	数赋值给指针变量，系统会给出警告。
	练习题 9-4 `char color[5] = "red";  char *str = "red";`
	练习题 9-5 `strcpy(str1, str2);`
	练习题 9-6 `char color1[6], color2[6];`
	`char *str = color2;`
	`scanf("%s%s", color1, str);`
	`if (strcmp(color1, str) > 0) printf("%s", color1);`
	`else printf("%s", str);`
	练习题 9-7 测试用例 1["I am a student", "am", 3]，测试用例 2["student", "tun", 0]。
	练习题 9-8 C 语言没有存储字符串的长度，通过测试终结符'\0'来判断字符串的结束。

二维码	 课件	 源代码	 “每课一练”答案

博学而笃志，切问而近思，仁在其中矣。

——《论语》

第10章

自定义数据类型

基本数据类型一般只能表示单一的数据，但是在实际问题中，数据之间常常是有联系的，为了能够描述更复杂的数据以及数据之间的联系，大多数程序设计语言都允许编程人员根据实际问题自定义数据类型。本章介绍 C 语言的枚举类型、结构体类型等常用自定义数据类型。

10.1　可枚举数据的组织——枚举类型

在设计程序时，有时会遇到某些变量只能在一个有限范围内取值的情况，例如，一周有 7 天，一年有 12 个月，一副扑克牌的花色有黑桃、红桃、方块和梅花，等等。枚举类型将变量的所有可能取值列举出来，一方面限定了变量的取值范围，另一方面也增强了程序的可读性。

【引例 10.1】 行走机器人

【问题】 假设在平面直角坐标系内，机器人每次可以前进或后退一步、向上或向下行走一步，如图 10.1 所示。请模拟机器人控制系统中指令的翻译和执行过程，并给出机器人的行走路线。

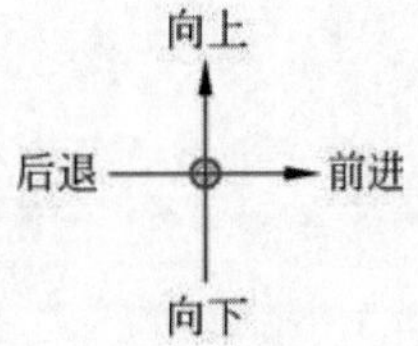

【想法】 假设机器人当前的位置是(x, y)，则前进一步到达$(x+1, y)$，后退一步到达$(x-1, y)$，向上行走一步到达$(x, y+1)$，向下行走一步到达$(x, y-1)$。

图 10.1　机器人的行走方向

【算法】 设变量 command 表示一条行走指令，函数 Move 模拟指令的翻译与执行系统，算法如下：

1. 获取机器人当前位置(x, y);
2. 指令 command 可能有以下四种情况:
    (1)前进:到达位置(x+1, y);
    (2)后退:到达位置(x−1, y);
    (3)向上:到达位置(x, y+1);
    (4)向下:到达位置(x, y−1);

【程序】 由于机器人行走方向只有四种,因此定义枚举类型 enum Direction 模拟机器人可以处理的指令集合,其枚举元素是 forward、back、up 和 down。简单起见,为避免在函数间传递参数,将坐标 x 和 y 设为全局变量。程序如下:

```
#include <stdio.h>
enum Direction {forward = 1, back, up, down};
int x = 0, y = 0;                                       /*坐标,全局变量*/
void Move(enum Direction command);

int main( )
{
  enum Direction command;                               /*定义枚举变量 command*/
  int temp;
  printf("请输入机器人的动作,用空格分隔,");
  printf("1.前进 2.后退 3.向上 4.向下:");
  printf("(%d, %d)\n", x, y);
  while (scanf("%d", &temp) != 0)
  {
    command = (enum Direction)temp;
    Move(command);
    printf("-->(%d, %d)", x, y);                        /*行走一步的坐标变化*/
  }
  return 0;
}
void Move(enum Direction command)
{
  switch (command)
  {
    case forward: ++x; break;
    case back: --x; break;
    case up: ++y; break;
    case down: --y; break;
    default: break;
  }
}
```

练习题 10-1 请说明 while 循环的条件表达式 scanf("%d", &temp) != 0 的计算过程。

练习题 10-2 设定一组路径作为输入数据，运行程序写出结果。程序中出现了哪些新的语法？

10.1.1 枚举类型的定义

枚举类型是根据问题需要，由编程人员自行定义的数据类型。因此，要先定义枚举类型，再定义相应的枚举变量。

【语法】 定义枚举类型的一般形式如下：

```
   自定义类型名
  ┌─────────┐       ┌──── 本质上是符号常量表
enum 枚举类型名 {枚举元素表}; ◄─── 以分号结尾
```

其中，enum 是关键字，枚举类型名是用户定义的类型标识符，enum 和枚举类型名构成枚举类型的名称；枚举元素表由逗号分隔的多个枚举元素组成，每个枚举元素可以看作是用户定义的整型符号常量，因此枚举元素也称为枚举常量，其默认值按照定义的顺序依次为 0、1、2……如果在定义时指定某个枚举元素的值（称为枚举值），其后面枚举元素的枚举值依次加 1。

【语义】 定义枚举类型，该类型的取值集合是枚举元素表。

本质上，枚举元素是整型符号常量，枚举类型是符号常量的集合。与定义若干个符号常量相比，将枚举元素组织成枚举类型，方便了程序的阅读和理解。

例 10.1 定义枚举类型表示一周的 7 天。

解：设一周从星期日开始，枚举类型定义如下：

```
enum WeekType {Sun, Mon, Tue, Wed, Thu, Fri, Sat};
```

则 Sun、Mon、Tue、Wed、Thu、Fri、Sat 的枚举值依次为 0、1、2、3、4、5、6。

设一周从星期一开始，枚举类型定义如下：

```
enum WeekType {Mon = 1, Tue, Wed, Thu, Fri, Sat, Sun};
```

则 Mon、Tue、Wed、Thu、Fri、Sat、Sun 的枚举值依次为 1、2、3、4、5、6、7。

10.1.2 枚举变量的定义与初始化

数据类型只是一个模板，编译器不为数据类型分配存储空间。定义枚举类型并不进行内存分配，在定义枚举变量时才为变量进行内存分配。

【语法】 定义枚举变量有两种形式。

（1）先定义枚举类型，再定义枚举变量，一般形式如下：

```
enum 枚举类型名 变量名列表;
```

其中，“enum 枚举类型名”是已经定义的枚举类型，在标准 C 中，enum 不能省略；变量名列表由逗号分隔的变量名组成。

（2）在定义枚举类型的同时定义枚举变量，一般形式如下：

```
enum 枚举类型名
{
  枚举元素表
} 变量名列表;
```

其中，枚举类型名可以省略，但在此定义后无法再定义这个类型的其他枚举变量。

【语义】 定义枚举变量，编译器为枚举变量分配存储空间。

例 10.2 定义枚举类型表示一周的 7 天，定义变量 today、nextday 是该枚举类型。

解： 以下两种定义形式都是合法的枚举变量定义：

```
enum WeekType {Mon = 1, Tue, Wed, Thu, Fri, Sat, Sun};  /*定义枚举类型*/
enum WeekType today, nextday;                           /*定义枚举变量*/
```

```
enum WeekType                               /*可以省略枚举类型名 WeekType */
{
  Mon = 1, Tue, Wed, Thu, Fri, Sat, Sun
} today, nextday;                           /*定义枚举类型同时定义枚举变量*/
```

定义枚举变量后，编译器为枚举变量分配一段连续的存储空间，但是该枚举变量是"值无定义的"。可以在定义枚举变量时进行初始化，即为枚举变量赋初值。

【语法】 初始化枚举变量有两种形式，对应定义枚举变量的两种形式。

（1）先定义枚举类型，再定义枚举变量并初始化，一般形式如下：

```
enum 枚举类型名 变量名 = 初值;
```

（2）定义枚举类型的同时，定义枚举变量并初始化，一般形式如下：

```
enum 枚举类型名
{
  枚举元素表
} 变量名 = 初值;
```

其中，初值为枚举元素而不是枚举值。如果为多个枚举变量初始化，则用逗号分隔。

【语义】 定义并初始化枚举变量。

以下两种形式都是合法的枚举变量初始化：

```
enum WeekType {Mon = 1, Tue, Wed, Thu, Fri, Sat, Sun};  /*定义枚举类型*/
enum WeekType today = Mon;                              /*定义枚举变量并初始化*/
```

```
enum WeekType                               /*可以省略枚举类型名 WeekType */
{
  Mon = 1, Tue, Wed, Thu, Fri, Sat, Sun
} today = Mon;                      /*定义枚举类型同时定义枚举变量并初始化*/
```

10.1.3 枚举变量的操作

1. 赋值操作

C 语言规定，在为枚举变量赋值时，只能将枚举元素赋给枚举变量，不能直接将枚举值赋给枚举变量，通常将枚举值进行强制类型转换再赋给枚举变量。如下都是正确的枚举变量赋值语句：

```
enum WeekType today;            /*定义枚举变量 today*/
today = Mon;
today = (enum WeekType)1;
```

2. 输入/输出操作

由于不能直接把枚举值赋给枚举变量，因此，从键盘输入一个整数后要进行强制类型转换再赋给枚举变量，如下语句是常用的输入方式：

```
enum WeekType today;                        /*定义枚举变量 today*/
int index;
scanf("%d", &index);
today = (enum WeekType)index;               /*将 index 转换为枚举元素*/
```

枚举变量不能直接输出枚举元素，一般使用 switch 语句输出枚举元素，如下语句是常用的输出方式：

```
enum WeekType today = (enum WeekType)2;              /*定义枚举变量*/
switch (today)                                   /*根据枚举值输出对应的星期名*/
{
  case Mon : printf("Monday"); break;
  case Tue : printf("Tuesday"); break;
  case Wed : printf("Wednesday"); break;
  case Thu : printf("Thursday"); break;
  case Fri : printf("Friday"); break;
  case Sat : printf("Saturday"); break;
  case Sun : printf("Sunday"); break;
  default : break;
}
```

3. 其他操作

本质上，枚举类型是缩小范围的 int 型，因此，枚举变量可以执行 int 型数据允许的所有操作，例如+、-、*、/等算术运算。如下语句可以根据 today 的枚举元素确定下一天的枚举元素。

```
enum WeekType today = Mon, nextday;
nextday = (enum WeekType)(Mon + (today + 1 - Mon ) % 7);
```

练习题 10-3 枚举元素在表达式中可以作为整数使用，这种说法正确吗？

练习题 10-4 对于枚举类型定义 “enum ColorType {red, green, blue, yellow = 7, black};”，枚举元素 red 和 black 的值分别是多少？

10.1.4 程序设计实例 10.1——荷兰国旗问题

【问题】 重新排列一个由 Red、White 和 Blue（这是荷兰国旗的颜色）构成的数组，使得所有的 Red 都排在最前面，White 排在其次，Blue 排在最后。

【想法】 设数组 a[N]存储 Red、White 和 Blue 三种元素，设置三个参数 i、j、k，其中 i 之前的元素（不包括 a[i]）全部为红色；k 之后的元素（不包括 a[k]）全部为蓝色；i 和 j 之间的元素（不包括 a[j]）全部为白色；j 表示当前正在处理的元素。首先将 i 初始化为 0，k 初始化为 n−1，j 初始化为 0。j 从前向后扫描，在扫描过程中根据 a[j]的颜色，将其交换到序列的前面或后面，当 j 等于 k 时，算法结束。荷兰国旗问题的求解思想如图 10.2 所示。

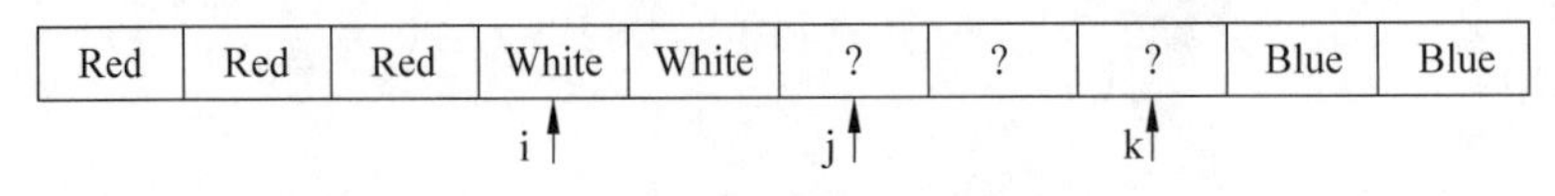

图 10.2 荷兰国旗问题的求解思想

注意到当 j 扫描到 Red 时，将 a[i]和 a[j]交换，只有当前面全部是 Red 时，交换到位置 j 的元素是 Red，否则交换到位置 j 的元素一定是 White，因此交换后 j 应该加 1；当 j 扫描到 Blue 时，将 a[k]和 a[j]交换，Red、White 和 Blue 均有可能交换到位置 j，则 a[j]需要再次判断，因此交换后不能改变 j。

【算法】 设数组 a[N]有 Red、White 和 Blue 三种元素，函数 Sort 实现荷兰国旗问题，算法如下：

1. 初始化 i = 0; k = n – 1; j = 0;
2. 当 j <= k 时，依次考查元素 a[j]，有以下三种情况：
   （1）如果 a[j]是 Red，则交换 a[i]和 a[j]；i++; j++;
   （2）如果 a[j]是 Blue，则交换 a[k]和 a[j]；k−−;
   （3）如果 a[j]是 White，则 j++;

【程序】 由于数组 a[N]只有三种元素，因此，定义枚举类型 enum Color，枚举元素表为{Red, White, Blue}。主函数首先定义并初始化枚举数组 a[N]，然后调用函数 Sort 将数组 a[N]排序，最后调用函数 PrintOut 输出排序后的数组 a[N]。程序如下：

```
#include <stdio.h>
#define N 8                                    /*定义符号常量 N，数组元素个数*/
```

```
enum Color {Red, White, Blue};                    /*定义枚举类型*/
void Sort(enum Color a[ ], int n);                /*函数声明，排序*/
void PrintOut(enum Color a[ ], int n);            /*函数声明，输出荷兰国旗*/

int main( )
{
  enum Color a[N] = {White, Red, Red, Blue, White, Blue, Red, White};
  Sort(a, N);                                     /*函数调用，将数组 a 排序*/
  printf("排序后的序列为：");
  PrintOut(a, N);
  return 0;
}

void Sort(enum Color a[ ], int n)                 /*函数定义，形参是一维枚举数组*/
{
  int i = 0, k = n - 1, j = 0;                    /*下标 i、j、k 初始化*/
  enum Color temp;
  while (j < k)
    switch (a[j])                                 /*考查当前元素*/
    {
      case Red : temp = a[i]; a[i] = a[j]; a[j] = temp; i++; j++; break;
      case Blue: temp = a[j]; a[j] = a[k]; a[k] = temp; k--; break;
      case White: j++; break;
    }
}
void PrintOut(enum Color a[ ], int n)             /*函数定义，形参是一维枚举数组*/
{
  int i;
  for (i = 0; i < n; i++)
    switch (a[i])                                 /*输出数组元素对应的枚举元素*/
    {
      case Red:  printf("Red "); break;
      case White: printf("White "); break;
      case Blue:  printf("Blue "); break;
    }
}
```

练习题 10-5 设函数 CreatIn 随机生成数组 a[N]的元素值，请给出函数定义。

10.2 不同类型数据的组织——结构体类型

在实际应用中，一个数据往往由多个分量组成，每个分量描述了数据的某个属性，在概念上构成一个整体。可以用简单变量分别存储数据的各个分量信息，但是这些变量在内存中占用各自的存储单元，分散存储的变量没有体现各分量之间的关联关系。大多数程序设计语言提供了结构体类型来描述这类数据，将数据的各个分量定义为结构体的成员变量，所有成员在内存中连续存储，使得各个分量信息在存储上构成一个整体。

【引例 10.2】 统计考研成绩

【问题】 《计算机学科硕士研究生入学考试大纲》中规定，专业课考试科目包括数据结构、计算机组成原理、操作系统和计算机网络[1]。对于一个考生，输入各科成绩，并计算总分。

【想法】 输入考生的各项信息，再计算总分。

【算法】 设变量 totalScore 存储考生的总分，变量 spec1、spec2、spec3 和 spec4 分别存储四科专业课成绩，算法如下：

1. 输入一个考生的各项信息;
2. totalScore = spec1 + spec2 + spec3 + spec4;
3. 输出 totalScore;

【程序】 定义结构体类型 StudentType，包括考号、姓名以及各考试科目的成绩等，用结构体变量 stu 接收从键盘输入的信息，并计算总分。程序如下：

```
#include <stdio.h>
struct StudentType                                  /*定义结构体类型*/
{
  char no[10], name[10];                            /*考号、姓名*/
  double spec1, spec2, spec3, spec4;
};

int main( )
{
  struct StudentType stu;                           /*定义结构体变量 stu*/
  double totalScore;
  printf("请输入考生的考号和姓名：");
  scanf("%s%s", stu.no, stu.name);                  /*数组名不用加&*/
  printf("请输入四门专业课成绩，用空格分隔：");
  scanf("%lf%lf%lf%lf", &stu.spec1, &stu.spec2, &stu.spec3, &stu.spec4);
  totalScore = stu.spec1 + stu.spec2 + stu.spec3 + stu.spec4;
  printf("%s 的总分是%5.1f\n", stu.name, totalScore);
  return 0;
}
```

1　计算机科学与技术学科考研专业课从 2009 年开始实行全国统一考试，满分为 150 分，包括数据结构（45 分）、计算机组成原理（45 分）、操作系统（35 分）和计算机网络（25 分）。各高校的考研专业课可以自主命题，也可以参加全国统考，具体可查询各高校的招生简章。

练习题 10-6 如果在结构体类型中包含总分，如何修改结构体的类型定义？程序中出现了哪些新的语法？

10.2.1 结构体类型的定义

结构体类型是根据问题需要，由编程人员自行定义的数据类型。因此，要先定义结构体类型，再定义相应的结构体变量。

【语法】 定义结构体类型的一般形式如下：

```
    自定义类型名
struct 结构体类型名
{
  数据类型1   成员1;
  数据类型2   成员2;           成员列表
     ⋮
  数据类型n   成员n;
};  ←—— 以分号结尾
```

其中，struct 是关键字，结构体类型名是用户定义的标识符，struct 和结构体类型名构成结构体类型的名称；成员的数据类型、数量和顺序不限，且成员的数据类型可以是任意合法的数据类型。结构体类型定义必须以分号结尾。

【语义】 定义含有 *n* 个成员的结构体类型。

结构体的成员列表本质上是变量定义，如果成员具有相同的数据类型，可以合在一起定义，成员间用逗号分隔。

例 10.3 定义结构体类型 DateType 表示日期的年、月、日等信息。

解：结构体类型 DateType 包括 3 个成员 year、month 和 day，定义如下：

```
struct DateType
{
  int year, month, day;
};
```

在定义结构体类型时，成员可以是任意合法的数据类型，如果成员的数据类型是已经定义的结构体类型，则构成结构体类型的嵌套定义。显然，在定义嵌套的结构体类型时，先定义成员的结构体类型，再定义主结构体类型。考虑到程序的清晰性和执行效率，一般情况下，结构体类型的嵌套不超过三层。

例 10.4 定义结构体类型 StudentType 表示学生的基本信息，包括姓名、学号、出生日期等信息。

解：在结构体类型 StudentType 中，出生日期包括年、月、日等信息，其数据类型是结构体类型 DateType，构成了结构体类型的嵌套定义，具体定义如下：

```
struct StudentType
{
```

```
  char name[10], no[10];
  struct DateType birthday;
};
```

10.2.2 结构体变量的定义和初始化

结构体类型是用户自定义数据类型，与基本数据类型具有同样的地位和作用，可以出现在基本数据类型允许出现的任何地方。结构体类型只是一个模板，本身并不占用内存空间，只有在定义结构体变量时才为该变量分配存储空间。

1. 结构体变量的定义

【语法】 定义结构体变量有两种形式。

（1）先定义结构体类型，再定义结构体变量，一般形式如下：

```
struct 结构体类型名 变量名列表;
```

其中，“struct 结构体类型名”是已经定义的结构体类型，在标准 C 中，struct 不能省略；变量名列表由用逗号分隔的变量名组成。

（2）在定义结构体类型的同时定义结构体变量，一般形式如下：

```
struct 结构体类型名
{
  成员列表
} 变量名列表;
```

其中，结构体类型名可以省略，但在此定义后无法再定义这个类型的其他结构体变量。

【语义】 定义结构体变量，编译器为结构体变量分配存储空间，并将变量名和这段存储空间绑定在一起。

结构体变量按照定义结构体类型时成员的先后顺序分配存储空间，结构体变量所占存储单元数是各个成员所占存储单元数之和。如下都是合法的结构体变量定义，其存储如图 10.3 所示。

```
struct DateType                        /*定义结构体类型 struct DateType*/
{
  int year, month, day;
};
struct DateType birthday;              /*定义结构体变量 birthday*/
```

```
struct DateType                        /*可以省略结构体类型名 DateType */
{
  int year, month, day;
} birthday;
```

结构体变量birthday	year	month	day

图 10.3　结构体变量 birthday 的存储示意图

2. 结构体变量的初始化

定义结构体变量后，编译器为结构体变量分配一段连续的存储空间，但是该结构体变量是“值无定义的”。可以在定义结构体变量时进行初始化，即为结构体变量赋初值。

【语法】 初始化结构体变量有两种形式，对应定义结构体变量的两种形式。

（1）先定义结构体类型，再定义结构体变量并赋初值，一般形式如下：

```
struct 结构体类型名 变量名 = {初值列表};
```

（2）定义结构体类型的同时，定义结构体变量并赋初值，一般形式如下：

```
struct 结构体类型名
{
   成员列表
} 变量名 = {初值列表};
```

其中，初值列表是由用逗号分隔的初值组成，并且初值顺序与结构体类型定义中的成员顺序必须一一对应。

【语义】 定义结构体变量并赋初值。如果提供的初值个数少于成员的个数，则其余成员被初始化为系统默认值：int 型为 0，char 型为'\0'，float 和 double 型为 0.0，int 型数组为{0}，char 型数组为"\0"。

如下都是合法的结构体变量初始化操作：

```
struct DateType
{
  int year, month, day;
};
struct DateType birthday = {1968, 3, 26};
```

```
struct DateType
{
  int year, month, day;
} birthday = {1968, 3, 26};
```

10.2.3　结构体变量的操作

在 C 语言中，可以通过成员运算符“.”来引用结构体变量的某个具体成员。

1. 结构体变量的引用

【语法】 引用结构体变量的某个成员，其一般形式如下：

```
结构体变量名.成员名
```

其中，“.”称为成员运算符，且具有左结合性；结构体变量名是已经定义的结构体变量；成员名是结构体类型的某个成员。

【语义】 引用结构体变量的某个成员。

例如，在定义结构体变量 birthday 后，使用 birthday.year、birthday.month 和 birthday.day 可以分别实现对结构体变量 birthday 各成员的访问。结构体变量以及各成员都可以用取地址运算符获得存储地址：&birthday 为结构体变量 birthday 在内存中的起始地址，&birthday.year、&birthday.month 和&birthday.day 分别为每个成员在内存中的起始地址。

2. 输入/输出操作

在 C 语言中，不能整体读入一个结构体变量，也不能整体输出一个结构体变量，只能对结构体变量的各个成员进行输入/输出操作。例如，如下语句实现结构体变量的输入和输出操作：

```
struct DateType birthday;
scanf ("%d%d%d", &birthday.year, &birthday.month, &birthday.day);
printf("%4d.%2d.%2d", birthday.year, birthday.month, birthday.day);
```

3. 赋值操作

在程序中不可以对结构体变量进行整体赋值，因此，如下语句是错误的：

```
struct DateType birthday;
birthday = {1968, 3, 26};
```

如果两个结构体变量的类型相同，可以将一个结构体变量的值整体赋给另一个结构体变量。例如：

```
struct DateType birthday1 = {1968, 3, 26}, birthday2;
birthday2 = birthday1;
```

4. 其他操作

C 语言没有定义施加于结构体类型的运算，对结构体变量的操作是通过对其成员的操作实现的。本质上，结构体变量的成员是一个简单变量，因此，其成员的使用方法与同类型简单变量的使用方法相同。例如，如下对结构体变量的操作都是正确的：

```
struct DateType birthday1 = {1968, 3, 26}, birthday2;
int year;
birthday2.year = 1963;
year = birthday1.year - birthday2.year;
```

练习题 10-7 以下对结构体变量 day 的定义是错误的，请指出错误并说明原因。

```
struct {int x, y;} Date;
struct Date day;
```

练习题 10-8 结构体变量在其作用域内，只有正在使用的成员驻留在内存中，这种说法正确吗？

10.2.4 结构体数组

数组元素的类型可以是任意合法的数据类型，如果数组元素的类型是结构体类型，则构成**结构体数组**。在实际应用中，常常用结构体数组来描述批量不同类型的数据集合。从本质上讲，结构体数组相当于一个二维表，表结构对应结构体类型，表中每一行信息对应一个数组元素，表中的行数对应结构体数组的长度，如图 10.4 所示。

	考号	姓名	专业课1	专业课2	专业课3	专业课4	
结构体类型 →							
stud[0] →	0001	陆 宇	87	67	88	82	数组长度
stud[1] →	0002	李 明	68	85	78	77	
⋮	⋮	⋮	⋮	⋮	⋮	⋮	
stud[9] →							

图 10.4 结构体数组与二维表的对应关系

1. 结构体数组的定义

【语法】 定义结构体数组有两种形式，分别对应定义结构体变量的两种形式。

（1）先定义结构体类型，再定义结构体数组，一般形式如下：

```
struct 结构体类型名 数组变量名[数组长度];
```

（2）在定义结构体类型的同时定义结构体数组，一般形式如下：

```
struct 结构体类型名
{
  成员列表
} 数组变量名[数组长度];
```

其中，结构体类型名可以省略，但此后无法再定义这个类型的其他结构体变量。

【语义】 定义结构体数组变量，编译器为数组变量分配存储空间，并将数组变量名与这段存储空间绑定在一起。

结构体数组是结构体与数组的结合，与普通数组的不同之处在于每个数组元素都是一个结构体类型，每个数组元素包括多个成员。如下都是正确的结构体数组定义，存储示意图如图 10.5 所示。

```
struct StudentType                              /*定义结构体类型*/
{
   char no[10], name[10];
   double spec1, spec2, spec3, spec4;
};
struct StudentType stu[10];                     /*定义结构体数组*/
```

```
struct StudentType
{
   char no[10], name[10];
   double spec1, spec2, spec3, spec4;
} stu[10];                                      /*定义结构体数组*/
```

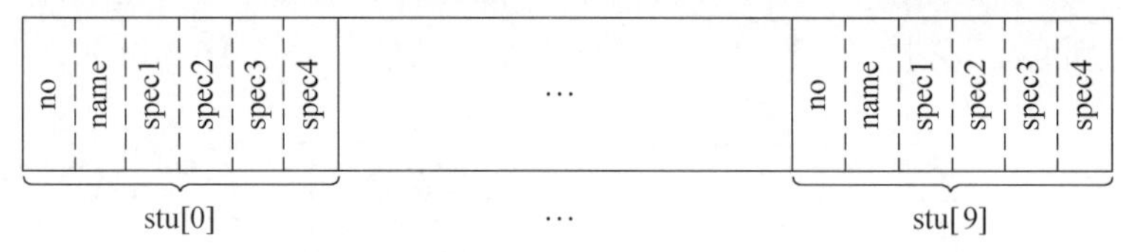

图 10.5　结构体数组的存储示意图

2. 结构体数组的初始化

与普通数组一样，可以在定义结构体数组时进行初始化。

【语法】 初始化结构体数组有两种形式，对应定义结构体变量的两种形式。

（1）先定义结构体类型，再定义结构体数组并初始化，一般形式如下：

```
struct 结构体类型名 数组变量名[数组长度] = {{初值表}, …, {初值表}};
```

（2）在定义结构体类型时定义结构体数组并初始化，一般形式如下：

```
struct 结构体类型名
{
   成员列表
} 数组变量名[数组长度] = {{初值表}, …, {初值表}};
```

其中，初值表是由逗号分隔的数据集合，每个初值表对应一个数组元素，其数据类型为结构体类型。

【语义】 定义并初始化结构体数组。

以下两种都是合法的结构体数组初始化操作：

```
struct StudentType                     /*定义结构体类型*/
{
   char no[10], name[10];
   double spec1, spec2, spec3, spec4;
};
```

```
struct StudentType stu[10] ={{001, 陆宇, 87, 67, 88, 82}, {002, 李明, 68, 85, 78, 77} };
```

```
struct StudentType
{
    char no[10], name[10];
    double spec1, spec2, spec3, spec4;
} stu[10] ={{001, 陆宇, 87, 67, 88, 82}, {002, 李明, 68, 85, 78, 77}};
```

3. 结构体数组的操作

结构体数组是结构体和数组的结合，因此，用下标引用结构体数组元素，用引用运算符引用元素的某个成员。

【语法】 引用结构体数组元素的成员，一般形式如下：

```
结构体数组名[下标].成员名
```

【语义】 引用结构体数组元素的某个具体成员。

对于结构体数组 stu[10]，stu[i].name、stu[i].spec1 分别表示结构体数组元素 stu[i]的 name 成员和 spec1 成员。由于结构体数组的每个元素都是一个结构体类型的数据，因此结构体数组元素的使用方法与结构体变量的使用方法相同，结构体数组元素每个成员的使用方法与同类型简单变量的使用方法相同。例如，如下操作都是正确的：

```
struct StudentType stu[5] ={{0001, 陆宇, 87, 67, 88, 82}} ;
stu[1] = stu[0];
stu[2].spec1 = 98;
strcpy(stu[2].name, "王奇");
printf("专业课 1 成绩的差是%6.2f\n", stu[2].spec1 - stu[1].spec2);
```

10.2.5 程序设计实例 10.2——最近对问题

【问题】 最近对问题要求在包含 n 个点的集合中找出距离最近的两个点。在空中交通控制问题中，若将飞机作为空间移动的一个点来处理，则具有最大碰撞危险的两架飞机，就是这个空间中最接近的一对点。这类问题是计算几何中研究的基本问题之一。

【想法】 简单起见，只考虑二维的情况，并假设每个点以笛卡儿坐标形式（x, y）给出，两个点 $P_i = (x_i, y_i)$和 $P_j = (x_j, y_j)$之间的距离是标准的欧氏距离：

$$d = \sqrt{(x_i - x_j)^2 + (y_i - y_j)^2} \tag{10.1}$$

定义数组 pot[N]存储 N 个点的坐标，分别计算每一对点之间的距离，然后找出距离最小的那一对。为了避免对同一对点重复计算，只考虑 $j<i$ 的那些点对(P_i, P_j)。

【算法】 设函数 MinPot 实现在 N 个点中找出距离最近的点对，变量 minDist 表示最近距离，算法描述如下：

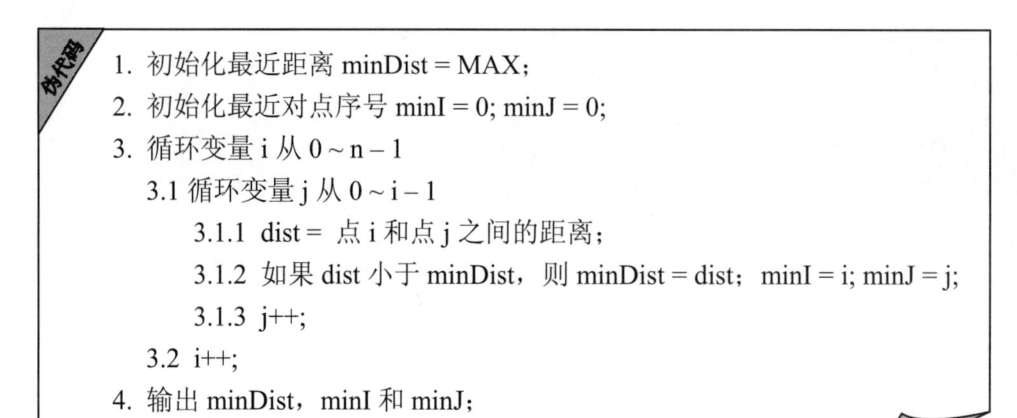

伪代码

1. 初始化最近距离 minDist = MAX；
2. 初始化最近对点序号 minI = 0; minJ = 0;
3. 循环变量 i 从 0 ~ n – 1
   3.1 循环变量 j 从 0 ~ i – 1
      3.1.1 dist = 点 i 和点 j 之间的距离；
      3.1.2 如果 dist 小于 minDist，则 minDist = dist；minI = i; minJ = j;
      3.1.3 j++;
   3.2 i++;
4. 输出 minDist，minI 和 minJ；

【程序】 定义结构体类型 struct PointType 表示笛卡儿坐标，主函数首先调用函数 CreatPot 随机产生 N 个点，每个点的横坐标和纵坐标的区间是[0，99]，然后调用函数 MinPot 求最近对。函数 MinPot 有三个返回值，分别是最近距离和两个最近点的序号，用指针传递方式返回两个最近点的序号，最近距离作为函数 MinPot 的返回值。在比较欧氏距离时，可以免去求平方根操作，因为如果被开方的数越小，则它的平方根也越小，在返回最近距离时再求平方根，这样可以提高程序的效率。程序如下：

```
#include <stdio.h>
#include <stdlib.h>
#include <time.h>
#include <math.h>
#define N 10                                    /*定义符号常量N，坐标点的个数*/
struct PointType                                /*定义结构体类型 PointType*/
{
   int x, y;
};
void CreatPot(struct PointType pot[], int n);              /*随机产生 n 个点*/
double MinPot(struct PointType pot[], int n, int *p, int *q);/*求最近点对*/
void PrintPot(struct PointType pot[], int n);                  /*输出 n 个点*/

int main( )
{
   struct PointType pot[N];                       /*定义结构体数组 pot[N]*/
   int i, minI, minJ;                             /* minI 和 minJ 存储最近点对下标*/
   double minDist;
   CreatPot(pot, N);                              /*实参 pot 是数组首地址*/
   PrintPot(pot, N);
   minDist = MinPot(pot, N, &minI, &minJ);
   printf("最近点(%2d, %2d)%5.2f\n", minI, minJ, minDist);
   return 0;
}
```

```
void CreatPot(struct PointType pot[ ], int n)
{
    int i;
    srand(time(NULL));                       /*初始化随机种子为当前系统时间*/
    for (i = 0; i < n; i++)                  /*产生 n 个随机点*/
    {
      pot[i].x = rand( ) % 100;
      pot[i].y = rand( ) % 100;
    }
}
void PrintPot(struct PointType pot[ ], int n)
{
    int i;
    printf("产生的随机点是：\n");
    for (i = 0; i < n; i++)
    {
      printf("%2d (%2d, %2d)\t", i + 1, pot[i].x, pot[i].y);
      if ((i + 1) % 5 == 0) printf("\n");    /*每行输出 5 个点*/
    }
}
double MinPot(struct PointType pot[ ], int n, int *p, int *q)
{
    int i, j, minI, minJ, tempx, tempy;
    int dist, minDist = 1000;                /*假设距离不超过 1000*/
    for (i = 0; i < n; i++)
      for (j = 0; j < i; j++)                /*避免重复计算，只考虑 j<i 点对*/
      {
        tempx = pot[i].x-pot[j].x;  tempy = pot[i].y-pot[j].y;
        dist = tempx * tempx + tempy * tempy;
        if (dist < minDist)
        {
          minDist = dist;  minI = i+1;  minJ = j+1;
        }
      }
    *p = minI; *q = minJ;                    /*保存最终结果*/
    return sqrt(minDist);
}
```

10.3 为数据类型定义别名

C 语言提供了存储类型说明符 typedef，用来为某个数据类型定义别名。定义别名没有产生新的数据类型，而是将已有类型（包括基本数据类型和自定义数据类型）重新命名，常用于简化复杂数据类型名的描述。

【语法】 为数据类型定义别名的一般形式如下：

```
typedef 数据类型 类型名;
```

其中，typedef 是关键字；数据类型是一个已经定义或正在定义的数据类型；类型名是一个合法的标识符。

【语义】 将数据类型命名为类型名，相当于为数据类型定义一个别名。

可以先定义结构体类型 struct DateType，再为 struct DateType 定义新类型名：

```
struct DateType                              /*定义结构体类型*/
{
    int year, month, day;
};
typedef struct DateType Date;
```

也可以在定义结构体类型的同时为其定义新类型名：

```
typedef struct DateType                      /*可以省略结构体类型名 Date */
{
    int year, month, day;
}Date;
```

然后直接用新类型名 Date 定义结构体变量：

```
Date birthday;
```

还可以为基本数据类型定义别名。例如，将 float 型命名为 real 型：

```
typedef float real;                          /*为 float 定义别名 real*/
real a = 2.5, b = 3.6;                       /*相当于 float a = 2.5, b = 3.6 ; */
```

需要强调的是，typedef 仅仅是为一个已经存在的数据类型定义别名，所定义的新类型名仍然是一个模板，所有的数据类型都不存在任何实体，没有分配存储空间，只有在变量定义时才为变量进行内存分配。

10.4 本章实验项目

〖**实验 1**〗 上机实现 10.2.5 节程序设计实例 10.2，写出程序的运行结果。延伸实验：程序中没有检验是否存在相同坐标，如何保证随机生成的点一定不会出现相同坐标呢？请设计算法并实现。

〖**实验 2**〗 歌曲查询系统。假设歌曲基本信息包括歌曲名称、歌手、歌词、年代等，请实现以下基本功能：①新增：加入一首歌曲；②单项查询：按歌曲名称进行查询；

③组合查询：按歌曲名称和歌手进行组合查询；④统计：分别按歌手和年代进行歌曲统计。

10.5 本章教学资源

<table>
<tr><td>练习题答案</td><td colspan="3">
练习题 10-1　scanf("%d", &temp) != 0 的计算过程如下：首先执行 scanf 函数，读入一个整数赋值给变量 temp，然后判断是否正确读入，如果没有正确读入，则 scanf 函数返回 0，表达式为逻辑假，退出 while 循环。这样用一个表达式就实现了读取和判断两个功能。
练习题 10-2　测试用例：[1 1 4 2 3，(0, 0)-->(0, 1)-->(0, 2)-->(1, 2)-->(1, 1)-->(0, 1)]
练习题 10-3　正确，本质上，枚举元素就是整型符号常量。
练习题 10-4　枚举元素 red 和 black 的值分别是 0 和 8。
练习题 10-5
<pre>
void CreatIn(enum Color a[ ], int n)
{
  int i, temp;
  srand(time(NULL));
  for (i = 0; i < n; i++)
  {
    temp = rand( ) % 3;
    a[i] = (enum Color)temp;
  }
}
</pre>
练习题 10-6
<pre>
struct StudentType
{
  char no[10], name[10];
  double spec1, spec2, spec3, spec4;
  double totalScore
};
</pre>
练习题 10-7　Date 作为类型名应该放到 struct 的后面。
练习题 10-8　结构体变量在其作用域内，所有成员均驻留在内存中，结构体变量所占存储单元数是各个成员所占存储单元数之和。
</td></tr>
<tr><td>二维码</td><td>课件</td><td>源代码</td><td>“每课一练”答案</td></tr>
</table>

学而不思则罔，思而不学则殆。

——《论语》

第 11 章

再谈函数

在 C 程序中，主函数作为应用程序的入口和出口，由操作系统调用。除主函数外，所有函数地位平等，彼此可以相互调用，函数通过相互调用体现其程序逻辑，完成数据处理。如果被调用函数在执行过程中调用了其他函数，则构成函数的嵌套调用；如果被调用函数在执行过程中直接或间接地调用自身，则构成函数的递归调用。

11.1 函数的嵌套调用

【引例 11.1】 字符串的循环左移

【问题】 将一个字符串向左循环移动 *i* 个位置，假设左移的位数小于字符串长度。例如，字符串"abcdefg"向左循环移动 3 个位置为"defgabc"。这个算法有很多应用，例如，在文本编辑器中移动行的操作，磁盘整理时交换两个不同大小的相邻内存块等。

【想法】 可以通过下述方法将长度为 *n* 的字符串循环左移 *i* 位：先将字符串中的前 *i* 个字符置逆，再将后 *n*−*i* 个字符置逆，最后将整个字符串置逆[1]。例如，将字符串"abcdefg"循环左移 3 位，先将"abc"置逆为"cba"，再将"defg"置逆为"gfed"，最后将"cbagfed"置逆为"defgabc"，如图 11.1 所示。

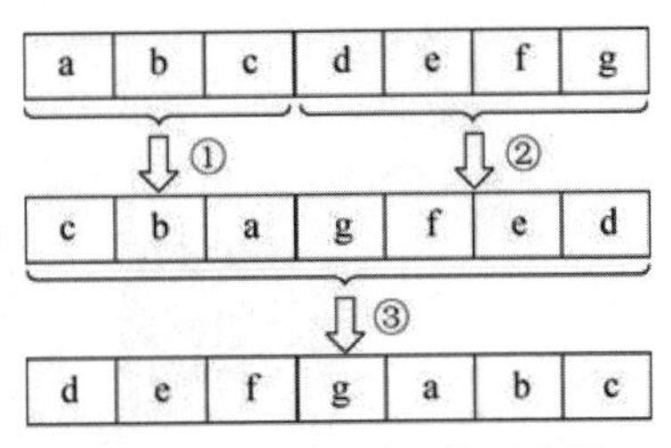

图 11.1 循环左移操作示意图

【算法】 设函数 Converse 实现将字符串 ch 循环左移 i 位，算法如下：

1 Brian Kernighan 在设计 *Software Tools in Pascal* 的文本编辑器时提出了这个算法用于移动行的操作。这个算法在时间和空间上都很有效，并且非常简短和巧妙。

1. n = 字符串 ch 的长度;
2. 将字符串 ch 的前 i 个字符置逆;
3. 将字符串 ch 的后 n-i 个字符置逆;
4. 将字符串 ch 的所有字符置逆;

算法 Converse 中执行了 3 次字符串置逆操作，设函数 Reverse 将字符串 ch 中从 low 到 high 的字符串置逆，算法如下：

1. 计算置逆区间的长度 len = high – low + 1;
2. 循环变量 i 从 0 ~ len / 2 − 1，重复执行下述操作：
   2.1 将位置 low + i 的字符与位置 high – i 的字符交换;
   2.2 i++;

【程序】 首先用字符数组 ch 接收从键盘读入的字符串，然后调用函数 Converse 实现字符串左移，在函数 Converse 中再调用函数 Reverse 实现字符串置逆。程序如下：

```
#include <stdio.h>
#include <string.h>
void Reverse(char ch[ ], int low, int high);
void Converse(char ch[ ], int i);

int main( )
{
    char ch[50];
    int i;
    printf("请输入一个字符串：");
    scanf("%s", ch);                    /*不接收空格*/
    printf("请输入循环左移的位数：");
    scanf("%d", &i);
    Converse(ch, i);                    /*函数调用，将字符串 ch 循环左移 i 位*/
    printf("循环左移%d 位后的字符串为：%s\n", i, ch);
    return 0;
}

void Converse(char ch[ ], int i)        /*函数定义*/
{
    int n = strlen(ch);                 /*求得字符串 ch 的长度*/
    Reverse(ch, 0, i-1);                /*函数调用，将字符串 ch 从 0 ~ i-1 置逆*/
    Reverse(ch, i, n-1);                /*函数调用，将字符串 ch 从 i ~ n-1 置逆*/
    Reverse(ch, 0, n-1);                /*函数调用，将字符串 ch 从 0 ~ n-1 置逆*/
}
void Reverse(char ch[ ], int low, int high)          /*函数定义*/
{
    char temp;
```

```
    int i, len = high - low + 1;
    for (i = 0; i < len / 2; i++)
    {
      temp = ch[low+i]; ch[low+i] = ch[high-i]; ch[high-i] = temp;
    }
}
```

练习题 11-1 假设将字符串"asdfghjkl"循环左移 4 位，运行程序给出结果。程序中出现了哪些新的语法？

11.1.1 函数——封装的小程序

从构成的角度来看，函数是由一些语句组成的小程序，用来描述逻辑上相对独立的功能。从使用的角度来看，可以把函数看成一个“黑盒子”，只要将输入数据送进去就能得到处理结果，而函数内部究竟是如何构成的，调用者并不需要知道，调用者只需要知道函数接口（函数名、给函数输入什么以及函数将输出什么），如图 11.2 所示。

图 11.2 函数的使用视图

设计一个复杂的应用程序时，往往把程序划分成若干个功能较为单一的程序模块[1]，然后分别实现各个模块，再把所有模块按照程序逻辑装配起来，这就是模块化程序设计。对于不同的程序设计语言，模块的实现机制不同，在 C 语言中，函数是实现模块化的基本手段，是程序的组成单位。模块机制将“做什么”和“怎么做”分离开来，不仅缩小了代码长度，而且使得程序的设计、调试和维护更加容易。在软件的发展史上，引进模块的概念是一个重大成就，对程序设计技术的发展起到了重大影响，它是模块化、分块编译、逐步求精等技术的基础，封装也是面向对象程序设计的概念基础。

11.1.2 函数的嵌套调用

在 C 语言中，函数定义都是相互平行、相互独立的，也就是说在函数定义时，函数体内不能包含另一个函数的定义，即函数不能嵌套定义，但是函数可以嵌套调用，函数的嵌套调用是在函数的执行过程中再调用其他函数。例如，如果在函数 A 的执行过程中调用了另外一个函数 B，则在函数 A 中设置断点并保存执行环境（例如形参、局部变量等）后执行函数 B，当函数 B 执行结束后返回到函数 A 的断点恢复执行环境继续执行。本质上，函数的嵌套调用过程和一般函数的调用过程完全相同[2]，下面通过一个例子说明函数的嵌套调用过程。

1 经验表明，模块中包含的语句一般不超过 50 行，如果模块的功能太复杂，可以进一步分解，这样既便于编程人员的思考和设计，也便于程序的阅读和理解。

2 C 语言对函数嵌套调用的层数未加限制，但嵌套调用的层数过多会影响程序的执行效率。

例 11.1 对于如下程序，说明程序的执行过程。

```
#include <stdio.h>
int Max2(int x, int y);                        /*函数声明，求两个数的较大值*/
int Max4(int x1, int x2, int x3, int x4);      /*函数声明，求四个数的最大值*/

int main( )
{
   int x1, x2, x3, x4, max;
   printf("请输入四个整数：");
   scanf("%d%d%d%d", &x1, &x2, &x3, &x4);
   max = Max4(x1, x2, x3, x4);                 /*函数调用，得到四个数的最大值*/
   printf("最大值是：%d\n", max);
   return 0;
}
int Max2(int x, int y)
{
   if (x > y) return x;
   else return y;
}
int Max4(int x1, int x2, int x3, int x4)
{
   int max1 = Max2(x1, x2);                    /*函数调用，得到 x1 和 x2 的较大值*/
   int max2 = Max2(x3, x4);                    /*函数调用，得到 x3 和 x4 的较大值*/
   return Max2(max1, max2);                    /*返回 max1 和 max2 的较大值*/
}
```

解：假设输入四个整数 3、6、8、4，程序的执行过程如图 11.3 所示。

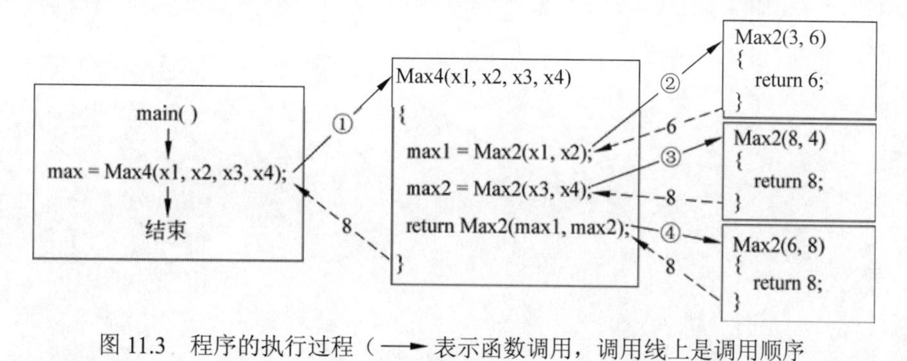

图 11.3 程序的执行过程（——▶ 表示函数调用，调用线上是调用顺序
- - ▶ 表示调用返回，返回线上是返回值）

11.1.3 程序设计实例 11.1——公共子序列

【问题】 对主串 s 按序号递增的顺序选出一个子串 t，称 t 是 s 的子序列。例如，对于主串 s="abcbda"，子串"bcd"是 s 的一个子序列。给定两个主串 s1 和 s2，当子串 t 既是

s1 的子序列又是 s2 的子序列时，称 t 是 s1 和 s2 的公共子序列。例如，主串 s1="abcbda"，主串 s2="abcab"，则子串"acb"是主串 s1 和 s2 的公共子序列。判断给定的子串是否为两个主串的公共子序列。

【想法】 分别判断子串 t 是否是主串 s1 和 s2 的子序列，如果子串 t 是主串 s1 的子序列，同时也是主串 s2 的子序列，则子串 t 是主串 s1 和 s2 的公共子序列。

【算法】 设 s1 和 s2 分别表示主串 1 和主串 2，t 表示子串，函数 ComString 判断 t 是否是主串 s1 和 s2 的公共子序列，函数 Cmp 判断子串 strB 是否是主串 strA 的子序列。函数 ComString 的算法较简单，请读者自行完成，函数 Cmp 的算法如下：

1. 初始化比较的起始位置 i = 0；j = 0；
2. 当 strA[i]不等于'\0'并且 strB[j]不等于'\0'时重复执行下述操作：
   2.1 如果 strA[i]等于 strB[j]，则 i++；j++；
   2.2 否则 i++；
3. 如果 strB[j]等于'\0'，说明 strB 中字符全部匹配，返回 1；否则返回 0；

【程序】 采用字符数组 s1[80]、s2[80]和 t[10]分别存储主串 1、主串 2 和子串，由于主串可能包含空格，因此使用库函数 gets 输入字符串。程序如下：

```
#include <stdio.h>
int ComString(char str1[ ], char str2[ ], char str3[ ]);
int Cmp(char strA[ ], char strB[ ]);

int main( )
{
    char s1[80], s2[80], t[10];                    /*主串 s1 和 s2，子串 t*/
    int flag = 0;                                  /* flag 是匹配标志*/
    printf("请输入主串 1: ");
    gets(s1);                                      /*主串 s1 可以包含空格*/
    printf("请输入主串 2: ");
    gets(s2);                                      /*主串 s2 可以包含空格*/
    printf("请输入待匹配字符串: ");
    gets(t);                                       /*子串 t 也可以包含空格*/
    flag = ComString(s1, s2, t);
    if (flag == 1)
      printf("匹配成功！\"%s\"是公共子序列\n", t);        /* \"表示" */
    else
      printf("匹配不成功！\"%s\"不是公共子序列\n", t);
    return 0;
}

int ComString(char str1[ ], char str2[ ], char str3[ ])
                                               /*str1 和 str2 为主串，str3 为子串*/
{
    int flag = 0;                                  /*匹配标志，初始化为不匹配*/
```

```
    flag = Cmp(str1, str3);                /*判断 str3 是否是 str1 的子序列*/
    if (flag == 1)
      return Cmp(str2, str3);              /*判断 str3 是否是 str2 的子序列*/
    else
      return 0;                 /*str3 不是 str1 的子序列，一定不是公共子序列*/
}
int Cmp(char strA[ ], char strB[ ])        /*strA 是主串，strB 是模式*/
{
    int i = 0, j = 0;
    while (strA[i] != '\0' && strB[j] != '\0')
    {
      if (strA[i] == strB[j])
      {
        i++; j++;                          /*准备比较下一对字符*/
      }
      else
        i++;                               /*准备和主串的下一个字符比较*/
    }
    if (strB[j] == '\0') return 1;
    else return 0;
}
```

练习题 11-2 假设两个主串分别是"哈尔滨工业大学"和"哈尔滨工程大学"，子串是"哈工大"，运行程序给出结果。

11.1.4 程序设计实例 11.2——弦截法求方程的根

【问题】 用弦截法求方程 $f(x) = 0$ 的根，例如求方程 $x^3 - 2x^2 + x - 2 = 0$ 的根。

【想法】 弦截法的具体方法如下：取两个不同的点 x_1、x_2，使得 $f(x_1)$和 $f(x_2)$的符号相反，则区间(x_1, x_2)内必有一个根，即点$(x_1, f(x_1))$和点$(x_2, f(x_2))$确定的直线交 x 轴于 x，如图 11.4 所示。若 $f(x)$和 $f(x_1)$的符号相同，则根必在区间(x, x_2)内，将 x 作为新的 x_1；否则，根必在区间(x_1, x)内，将 x 作为新的 x_2。重新计算点$(x_1, f(x_1))$和点$(x_2, f(x_2))$确定的直线与 x 轴的交点 x，直到$|f(x)| < \varepsilon$ 为止，ε 为一个很小的数，例如 10^{-6}。

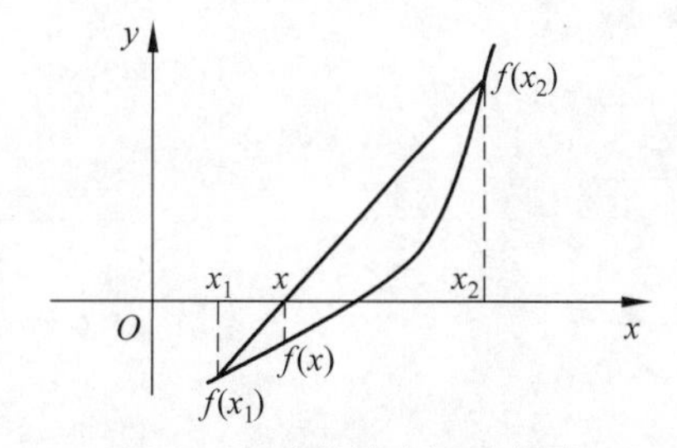

图 11.4 弦截法求解示意图

点$(x_1, f(x_1))$和点$(x_2, f(x_2))$确定的直线与 x 轴的交点 x 可以由式（11.1）求出：

$$x = (x_1 f(x_2) - x_2 f(x_1))/(f(x_2) - f(x_1)) \qquad (11.1)$$

【算法】 设变量 x1 和 x2 表示符号相反的两个点，变量 x 表示方程 f(x) = 0 的根，精度为 ε，函数 Root 实现弦截法，算法如下：

1. 重复执行下述操作，直到$|f(x)| < \varepsilon$：
    1.1 求点$(x_1, f(x_1))$和点$(x_2, f(x_2))$确定的直线与 x 轴的交点 x；
    1.2 y = f(x); y1 = f(x1);
    1.3 如果 y 和 y1 的符号相同，则 x1 = x；否则 x2 = x；
2. 返回 x；

【程序】 定义符号常量 PRECISION 表示精度，主函数首先确定方程根所在的区间[x1, x2]，然后调用函数 Root 用弦截法求方程的根，主函数和 Root 函数中都需要调用函数 F(x)求 f(x)的值。程序如下：

```
#include <stdio.h>
#include <math.h>                              /*使用库函数 fabs*/
#define PRECISION 0.000001                     /*符号常量 PRECISION 表示精度*/
double F(double x);
double Root(double x1, double x2);

int main( )
{
   double x1, x2, y1, y2, x;
   do                                          /*保证方程在区间[x1, x2]一定有根*/
   {
      printf("请确定方程的根所在区间：");
      scanf("%lf %lf", &x1, &x2);
      y1 = F(x1);                              /*函数调用，计算 f(x1)的值*/
      y2 = F(x2);                              /*函数调用，计算 f(x2)的值*/
   } while (y1 * y2 >= 0);                     /*当 f(x1)和 f(x2)的符号相同时执行循环*/
   x = Root(x1, x2);                           /*求方程的根并存入变量 x*/
   printf("方程的根为%6.3f\n", x);
   return 0;
}

double F(double x)                             /*函数定义，形参 x 采用传值方式*/
{
   double y;
   y = x * (x * x - 2* x + 1) - 2;             /*减少乘法次数以提高程序效率*/
   return y;
}
double Root(double x1, double x2)              /*函数定义*/
{
   double x, y, y1, y2;
   do
   {
      y1 = F(x1); y2 = F(x2);                  /*函数调用，计算 f(x1)和 f(x2)的值*/
      x = (x1 * y2 - x2 * y1)/(y2 - y1);       /*计算直线与 x 轴的交点*/
```

```
        y = F(x);                                  /*函数调用，计算 f(x)的值*/
        if (y * y1 > 0) x1 = x;
        else x2 = x;                               /*根据 f(x)与 f(x1)符号调整求根区间*/
    } while (fabs(y) > PRECISION);                 /*当根不满足精度要求时循环*/
    return x;
}
```

11.2　函数的递归调用

【引例 11.2】 求 *n*!

【问题】 求 *n*!，要求用递归方法实现。

【想法】 由数学知识可知，阶乘有如下递推公式：

$$n! = \begin{cases} 1 & n = 1 \\ n \times (n-1)! & n > 1 \end{cases} \tag{11.2}$$

【算法】 设递归函数 Fac 计算 n!，变量 fac 存储阶乘结果，算法如下：

1. 如果 n 等于 1，则 fac = 1；
2. 否则，fac = n * Fac(n − 1);
3. 返回 fac;

【程序】 首先从键盘输入一个整数 n，然后调用递归函数 Fac 计算 n!，程序如下：

```
#include <stdio.h>
int Fac(int n);

int main( )
{
    int m, n;
    printf("请输入一个整数：");
    scanf("%d", &n);
    m = Fac(n);                               /*返回 n 的阶乘并存入变量 m*/
    printf("%d! = %d\n", n, m);
    return 0;
}

int Fac(int n)                                /*函数定义，形参 n 采用传值方式*/
{
    int fac;
    if (n == 1)                               /*递归出口，当 n 等于 1 时结束递归*/
      fac = 1;
    else
```

```
        fac = n * Fac(n-1);           /*递归调用，将Fac(n−1)的返回值与n相乘*/
    return fac;
}
```

练习题 11-3 如果 n 较大，$n!$的值可能会超出 int 型数据的表示范围，可否将变量 m 和 fac 定义为 double 型？上机测试当 n 的值最大是多少时，$n!$不超出 int 型数据的表示范围。

练习题 11-4 假设输入整数 4，写出程序的运行结果。程序中出现了哪些新的语法？

11.2.1 递归的基本思想

先讲一个语言上的递归现象[1]。“从前有座山，山里有座庙，庙里有个老和尚在给小和尚讲故事，故事是什么呢？从前有座山，山里有座庙，庙里有个老和尚在给小和尚讲故事，故事是什么呢？从前有座山……”

递归是一种解决问题的基本方法，递归程序通过不断调用自己，将待求解问题转化为解法相同的子问题，最终实现问题的求解。递归通常用来解决结构自相似的问题。所谓**结构自相似**，是指构成原问题的子问题与原问题在结构上相似，可以用类似的方法解决。具体地，递归方法的求解思想是：将一个难以直接解决的原问题分解为两部分，一部分是规模（即输入量）足够小的子问题，可以直接求解；另一部分是一些规模较小的子问题，子问题的解决方法与原问题的解决方法相同。如果子问题的规模仍然不够小，则再将子问题分解为规模更小的子问题，如此分解下去，直到子问题的规模足够小，可以直接求解为止。递归过程不能无限地进行下去，否则程序会陷入死循环的情况。因此，递归有两个基本要素：

（1）递归出口：确定递归到何时终止，即递归的结束条件；

（2）递归体：确定递归的方式，即原问题是如何分解为子问题的。图 11.5 是一种典型的递归执行过程。

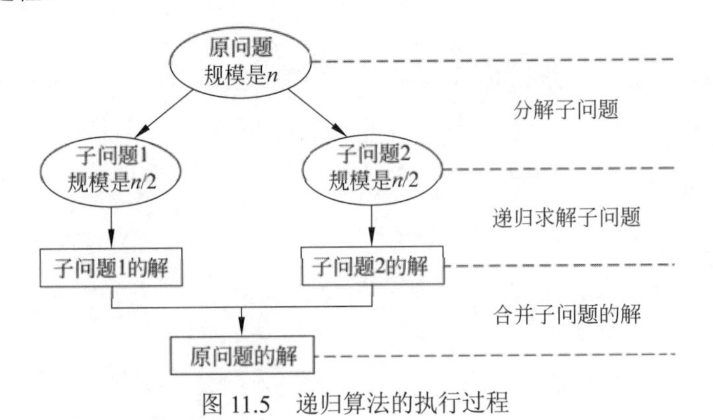

图 11.5 递归算法的执行过程

很多问题本身就是以递归形式给出的，可以用递归程序求解。例如，阶乘的递归定

1 从词源上讲，递归（recursion）一词来自拉丁文“recurso”，原意是指回跑、召回等，是借助于“回归”把未知的归结为已知的。递归在语言学、逻辑学、数学、计算机科学、生物学、物理学等学科中都有涉及。

义。有些问题虽然定义本身不具有明显的递归特征，但其求解方法是递归的，汉诺塔问题就是这类问题的一个典型代表。

11.2.2 递归函数的定义

从静态行文的角度看，在定义一个函数时，若在函数体中出现对函数自身的调用，则称该函数是**递归函数**。同非递归函数一样，递归函数的形参可以是简单变量，在参数结合时以值传递方式接收函数的输入数据。

例 11.2 Fibonacci（斐波那契）数列。把一对兔子（雌雄各 1 只）放到围栏中，从第 2 个月以后，每个月这对兔子都会生出一对新兔子，其中雌雄各 1 只，而且每对新兔子从第 2 个月以后每个月都会生出一对新兔子，也是雌雄各 1 只，问一年后围栏中有多少对兔子？

【想法】 令 $f(n)$表示第 n 个月围栏中兔子的对数，显然第 1 个月有 1 对，由于每对新兔子在第 2 个月后才可以生兔子，因此，第 2 个月仍然有 1 对，第 n 个月时，那些第 n−1 个月就已经在围栏中的兔子仍然存在，第 n−2 个月就已经在围栏中的每对兔子都会生出一对新兔子，即 $f(n) = f(n-1) + f(n-2)$。因此，斐波那契数列存在如下递推式：

$$f(n) = \begin{cases} 1 & n = 1 \\ 1 & n = 2 \\ f(n-1) + f(n-2) & n > 2 \end{cases} \tag{11.3}$$

【算法】 设递归函数 Fib 求解第 n 个月时围栏中兔子的对数，变量 fib 存储兔子的对数，算法如下：

1. 如果 n 等于 1 或 2，则 fib = 1；
2. 否则，fib = Fib(n − 1) + Fib(n − 2)；
3. 返回 fib；

【程序】 在递归函数 Fib 中，当 n 等于 1 或 2 时结束递归，当 n 大于 2 时递归调用 Fib(n−1)和 Fib(n−2)，然后计算表达式 Fib(n−1)+Fib(n−2)的值。递归函数定义如下：

```
int Fib(int n)                              /*函数定义，形参 n 采用传值方式*/
{
   int fib;
   if ((n == 1) || (n == 2))                /*当 n 等于 1 或 2 时结束递归*/
      fib = 1;
   else
      fib = Fib(n - 1) + Fib(n - 2);        /*两个函数调用都是递归调用*/
   return fib;
}
```

一维数组作为递归函数的形参，一般通过参数传递实现将原问题分解为规模更小的子问题，由于子问题是对数组的部分元素进行处理，因此，典型的形参是(int r[ ], int low, int high)，其中形参 low 和 high 表示数组的处理区间[low, high]。

例 11.3 在一维数组中查找最大值，要求用递归实现。

解：设递归函数 Max 对数组的处理区间是[low, high]，以中间位置 mid 将原问题分解为两个子问题，查找区间分别是[low, mid]和[mid+1, high]，在左半区间查找最大值 maxL，在右半区间查找最大值 maxR，则 maxL 和 maxR 的较大值即是区间[low, high]的最大值。递归函数定义如下：

```
int Max(int r[ ], int low, int high)
{
   int mid, maxL, maxR;
   if (low == high)                              /*区间只有一个元素递归结束*/
      return r[low];
   else
   {
      mid = (low + high) / 2;
      maxL = Max(r, low, mid);                   /*递归调用求左半区的最大值*/
      maxR = Max(r, mid + 1, high);              /*递归调用求右半区的最大值*/
      if (maxL > maxR) return MaxL;              /*返回左右半区的较大值*/
      else return MaxR;
   }
}
```

练习题 11-5 假设查找数组 r[N]的最大值，写出递归函数 Max 的初始调用。

11.2.3 递归函数的调用过程

从动态执行的角度看，在调用一个函数时，若被调用函数尚未结束，又出现对函数自身的调用，则称该调用是**递归调用**。在计算机内部，一个函数的递归调用类似于多个函数的嵌套调用，只不过调用函数和被调用函数是同一个函数，为便于理解，可以看成是调用同一个函数的复制。采用图示方法描述函数递归调用的运行轨迹，可以较直观地了解到各调用层次及执行过程。具体方法如下：

（1）写出函数当前调用层执行的各条语句，并用有向弧表示语句的执行顺序；

（2）对函数调用，从调用语句处画一条实线有向弧指向被调用函数入口，表示调用路线，从被调用函数末尾处画一条虚线有向弧指向调用语句的下面，表示返回路线；

（3）在调用路线上标出本次调用的顺序号，在返回路线上标出本层调用的返回值。

假设输入整数 4，求阶乘函数 Fac 的递归执行过程如图 11.6 所示。注意变量 fac 是函数级局部变量，每次递归调用时，都占用不同的存储空间，具有不同的变量值。

当 n = 5 时，求斐波那契数列函数 Fib 的递归执行过程如图 11.7 所示（篇幅所限，将 Fib 简写为 F）。注意到在递归函数 Fib 中，出现了两次递归调用 Fib(n−1)和 Fib(n−2)，当这两个函数都执行完并得到返回值后，才能计算表达式 Fib(n−1)+Fib(n−2)的值。

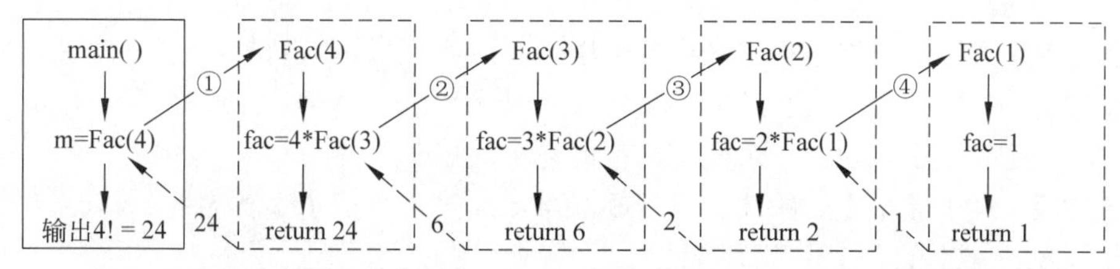

图 11.6　Fac(4)的递归执行过程（——► 表示递归调用 - - -► 表示调用返回）

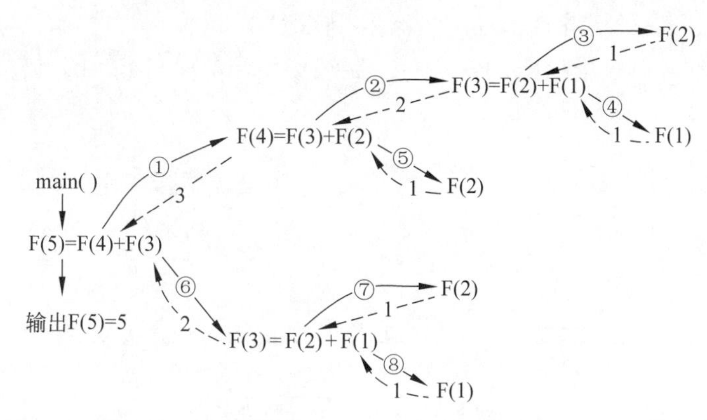

图 11.7　Fib(5)的递归执行过程（——► 表示递归调用 - - -► 表示调用返回）

对于数组{8, 3, 2, 6}，求数组最大值函数 Max 的初始调用是 Max(0, 3)，函数的递归执行过程如图 11.8 所示。

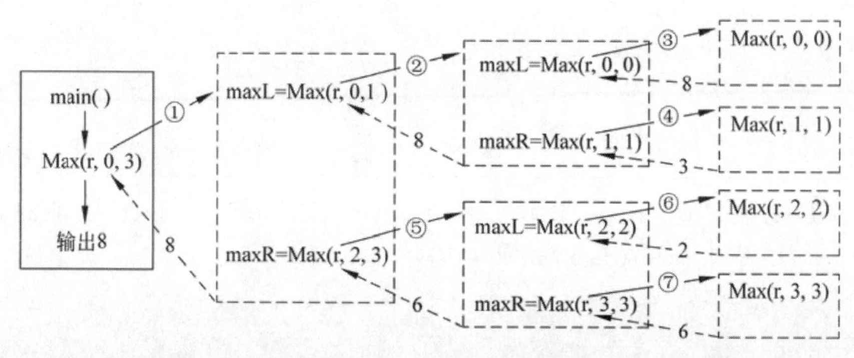

图 11.8　Max(r, 0, 3)的执行过程（——► 表示递归调用 - - -► 表示调用返回）

需要说明的是，由于递归函数在执行过程中需要通过递归调用不断分解子问题，通过递归返回得到子问题的解，然后合并子问题的解，得到规模更大的子问题的解，最终得到原问题的解，因此，这种自底向上的方式执行效率不高。在实际应用中，有时需要把递归算法转化为对应的非递归算法。

11.2.4　程序设计实例 11.3——汉诺塔问题

【问题】 汉诺塔问题来自一个古老的传说：有一座宝塔（塔 A），其上有 64 个金碟，所有碟子按从大到小的次序从塔底堆放至塔顶。这座宝塔紧挨着另外两座宝塔（塔 B 和塔 C），要求把塔 A 上的碟子移动到塔 C 上，其间借助于塔 B 的帮助。每次只能移动一个碟子，任何时候都不能把一个碟子放在比它小的碟子上面。

【想法】 对于 n 个碟子的汉诺塔问题，可以通过以下三个步骤实现：

（1）将塔 A 上的 n−1 个碟子借助塔 C 先移到塔 B 上；

（2）将塔 A 上剩下的一个碟子移到塔 C 上；

（3）将 n−1 个碟子从塔 B 借助于塔 A 移到塔 C 上。

当 $n = 3$ 时的求解过程如图 11.9 所示，显然这是一个递归求解的过程。

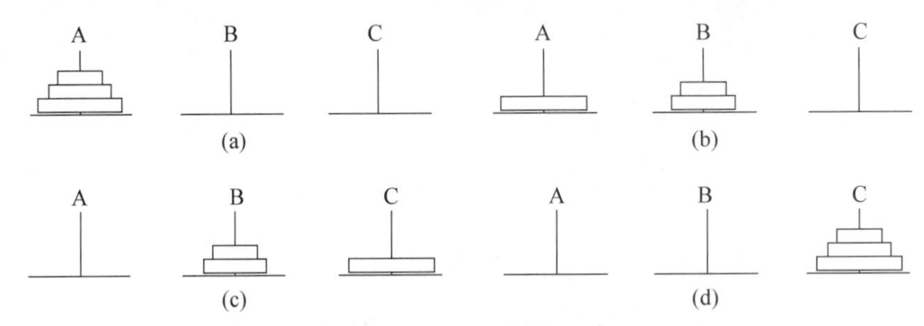

图 11.9　汉诺塔问题求解示意图

【算法】 设函数 Hanio 实现将 n 个碟子从塔 A 借助塔 B 移到塔 C 上，算法如下：

1. 如果 n 等于 1，则执行移动 A-->C; 结束算法；
2. 否则，执行下列操作：
   2.1 Hanio(n−1, A, C, B);
   2.2 执行移动 A-->C;
   2.3 Hanio(n−1, B, A, C);

【程序】 设字符型变量 A、B 和 C 表示塔 A、塔 B 和塔 C，主函数接收键盘输入的碟子个数 n，然后调用函数 Hanio 完成具体移动。程序如下：

```
#include <stdio.h>
void Hanio(int n, char A, char B, char C);      /*函数声明，n 阶汉诺塔*/

int main( )
{
   int n;
   char A = 'a', B = 'b', C = 'c';              /*表示塔 A、塔 B、塔 C*/
   printf("请输入汉诺塔的阶数：");
   scanf("%d", &n);
   Hanio(n, A, B, C);                           /*函数调用，实现 n 阶汉诺塔*/
   return 0;
}

void Hanio(int n, char A, char B, char C)
```

```
{
  if (n ==1)                          /*当 n 等于 1 时结束递归*/
    printf("%c-->%c\t", A, C);        /*将塔 A 上的一个碟子移到塔 C 上*/
  else
  {
    Hanio(n-1, A, C, B);              /*将 n-1 个碟子由塔 A 借助塔 C 移到塔 B*/
    printf("%c-->%c\t", A, C);        /*将塔 A 上的一个碟子移到塔 C 上*/
    Hanio(n-1, B, A, C);              /*将 n-1 个碟子由塔 B 借助塔 A 移到塔 C*/
  }
}
```

11.2.5 程序设计实例 11.4——折半查找

【问题】 应用折半查找方法在一个有序序列中查找值为 *k* 的元素。若查找成功，返回元素 *k* 在序列中的位置；若查找失败，返回失败信息。要求用递归函数实现。

【想法】 请参见 6.1.4 节。

【算法】 设有序序列 r[N]，查找区间[low, high]，待查值为 k，函数 BinSearch 实现折半查找，递归的结束条件是不存在查找区间，即 low>high，否则，根据比较结果修改查找区间，进行递归调用。算法如下：

1. 若 low > high，则查找区间不存在，返回 0；
2. 计算中间位置：mid=(low+high)/2；
3. 比较 k 与 r[mid]，有以下三种情况：
   （1）若 k < r[mid]，在查找区间[low, mid−1]递归调用函数 BinSearch；
   （2）若 k > r[mid]，在查找区间[mid+1, high]递归调用函数 BinSearch；
   （3）若 k = r[mid]，则查找成功，返回 mid+1；

【程序】 主函数首先接收键盘输入的待查值，然后调用递归函数 BinSearch 进行折半查找，显然，递归的初始调用区间是[0, N−1]。程序如下：

```
#include <stdio.h>
#define N 10
int BinSearch(int r[ ], int low, int high, int k);

int main( )
{
  int r[N] = {1, 3, 5, 7, 9, 11, 13, 15,17, 19}, k, index;
  printf("请输入待查值：");
  scanf("%d", &k);
  index = BinSearch(r, 0, N-1, k);                /*初始调用区间是[0, N-1]*/
  if (index == 0) printf("查找失败！\n");
  else printf("该元素的序号是%d\n", index);
```

```
    return 0;
}
int BinSearch(int r[ ], int low, int high, int k)  /*查找区间[low, high]*/
{
    int mid;                                        /*区间中间点元素的下标*/
    if (low > high)                                 /*递归的边界条件*/
        return 0;
    else
    {
        mid = (low + high) / 2;
        if (k < r[mid])                             /*查找区间[low, mid−1]*/
            return BinSearch(r, low, mid-1, k);
        else if (k > r[mid])                        /*查找区间[mid+1, high]*/
            return BinSearch(r, mid+1, high, k);
        else return mid + 1;                        /*查找成功*/
    }
}
```

练习题 11-6 假设输入待查值 11，给出程序的运行结果，并说明递归函数的执行过程。

11.3 本章实验项目

〖**实验 1**〗 上机实现 11.1.4 节程序设计实例 11.2，假设方程根所在区间是[0, 6]，运行程序给出结果。延伸实验：程序首先需要输入方程根所在的区间，能否自动确定并优化这个区间？请设计程序实现。

〖**实验 2**〗 上机实现 11.2.4 节程序设计实例 11.3，假设从键盘输入整数 3，写出程序的执行结果，说明递归函数的调用过程。延伸实验：模拟递归函数 Hanio 的执行过程，设计非递归算法求解汉诺塔问题。

〖**实验 3**〗 速算 24。输入 1~10 范围内的四个正整数，对这四个数进行加、减、乘、除四则运算（可以加括号），使得计算结果等于 24，求所有可能的表达式。

〖**实验 4**〗 假币问题。在 *n* 枚外观相同的硬币中，有一枚是假币，并且已知假币较轻。可以通过一架天平来任意比较两组硬币，从而得知两组硬币的重量是否相同，或者哪一组更轻一些。要求设计一个高效的算法来检测出这枚假币。

11.4 本章教学资源

练习题答案	练习题 11-1　循环左移 4 位后的字符串为：ghjklasdf 练习题 11-2　匹配成功！"哈工大"是公共子序列 练习题 11-3　可以将变量 m 和 fac 定义为 double 型，n 的值最大是 12 时，n!在 int 型的

<table>
<tr><td></td><td colspan="4">表示范围。
练习题 11-4　4! = 24
练习题 11-5　Max(r, 0, N−1);
练习题 11-6　将函数名 BinSearch 简写为 BS，查找 11 的调用过程如图 11.10 所示。
图 11.10　查找 11 的调用过程（——► 表示递归调用 - - -► 表示调用返回）</td></tr>
<tr><td>二维码</td><td>课件</td><td>源代码</td><td>“每课一练”
答案（1）</td><td>“每课一练”
答案（2）</td></tr>
</table>

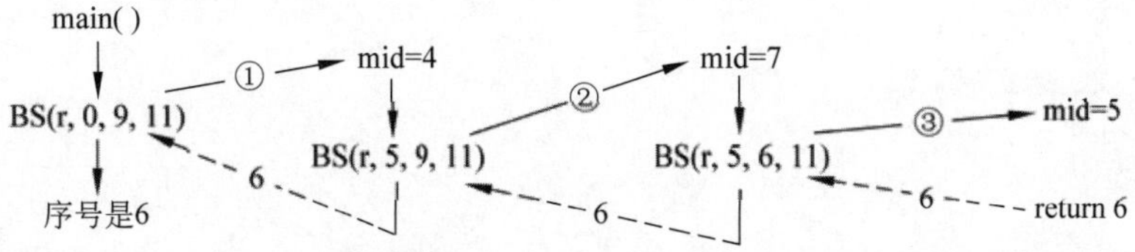

非学无以广才，非志无以成学。

——《诫子书》

第12章

再谈指针

由于指针可以直接对内存进行操作，所以指针的功能非常强大。正确灵活地使用指针可以有效地表示复杂的数据结构，可以在程序的运行过程中根据实际需求动态分配内存空间，并提高程序的执行效率。

12.1　指针与数组

【引例 12.1】 判断回文串

【问题】 输入一个字符串，判断该字符串是否为回文串。回文串指的是首尾对称的字符串，例如"abcba" "abba"均为回文串。要求用指针实现。

【想法】 设两个指针变量 p 和 q，其中 p 指向串的首部，q 指向串的尾部，p 从前向后，q 从后向前，依次取出字符进行比较，直到 p 和 q 相遇，如果在匹配过程中对应字符不相等，则说明不是回文串。

【算法】 设函数 TurnString 判断字符串 str 是否是回文串，算法如下：

1. 指针 p 指向字符串 str 的首部，指针 q 指向字符串 str 的尾部；
2. 重复执行下述操作，直到 p 和 q 相遇：
   2.1 如果 p 所指字符不等于 q 所指字符，则 str 不是回文串，返回 0；
   2.2 p++; q--;
3. str 是回文串，返回 1;

【程序】 用字符数组 str 表示字符串，程序如下：

```
#include <stdio.h>
```

```
#include <string.h>
int TurnString(char str[ ]);                    /*函数声明，判断 str 是否是回文串*/

int main( )
{
    char str[80];
    printf("请输入字符串：");
    scanf("%s", str);
    if (TurnString(str) == 1)                   /*返回值作为逻辑值*/
      printf("%s 是回文串！\n", str);
    else
      printf("%s 不是回文串！\n", str);
    return 0;
}

int TurnString(char str[ ])                     /*函数定义*/
{
    char *p = str;                              /*指针 p 指向字符串的首部*/
    char *q = str + strlen(str) - 1;            /*指针 q 指向字符串的尾部*/
    while (p < q)                               /*p 和 q 之间还有元素*/
    {
      if (*p == *q)
      {
        p++; q--;                               /*指针 p 后移，指针 q 前移*/
      }
      else
        return 0;                               /*匹配失败，字符串 str 不是回文串*/
    }
    return 1;                                   /*匹配成功，字符串 str 是回文串*/
}
```

练习题 12-1 假设输入字符串 abcba，请给出程序的运行结果。程序中出现了哪些新的语法？

练习题 12-2 不用指针，设计函数 TurnString 判断回文串。

12.1.1 用指针访问一维数组

由于数组在内存中占用一段连续的存储空间，并且每个数组元素占用的存储单元数相同，故而可以定义指针变量指向数组的起始地址，然后通过这个指针对数组元素进行操作[1]。例如，如下语句定义了指针 p 并将其指向数组 a 的起始地址，则元素 a[i]的地址是 p + i，*(p + i) 访问地址为 p + i 的存储单元，如图 12.1 所示。

```
int a[10], *p = a;
```

1 相对于下标方式，用指针处理数组的主要优点是效率。但是在现代编译器中，下标方式和指针方式处理数组的效率差不多。

```
    *(p + 1) = 5;  *(p + 2) = 3;                /*为元素 a[1]、a[2]赋值*/
```

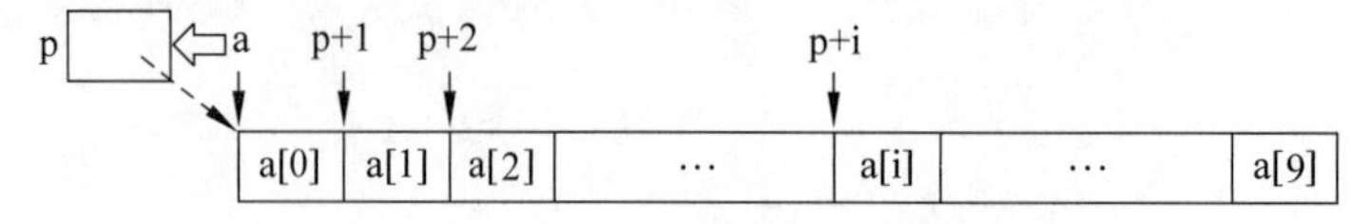

图 12.1　指向一维数组元素的指针

由于指针作为一个变量可以改变，设指针变量 p 指向数组的起始地址，p++运算将指针 p 指向数组的下一个元素[1]，因此，可以用指针自增的方法遍历整个数组。通过指针访问数组元素同样需要注意指针的越界问题，如果指针 p 所指存储单元已经不是数组空间，这时再引用指针 p 所指存储单元可能产生无法预料的结果，如图 12.2 所示。

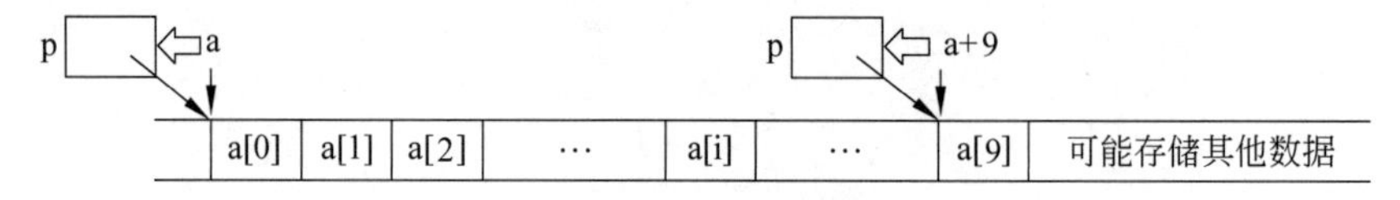

图 12.2　指针越界示意图

例 12.1　在一维数组 r[n]中查找最大值元素。要求用指针实现。

解：设指针 p 指向数组 r[n]的起始地址，然后通过指针 p 遍历数组查找最大值。设函数 Max 实现查找数组最大值，函数定义如下：

```
int Max(int r[ ], int n)
{
    int max, *p = r;                /*指针 p 指向数组 r 的起始地址*/
    for (max = *p, p = r + 1; p < (r + n); p++)
    {
      if (max < *p) max = *p;        /*指针 p 所指元素与 max 进行比较*/
    }
    return max;
}
```

12.1.2　用指针访问二维数组

二维数组是一维数组的推广，可以把二维数组的每一行看成是一维数组，其中每个数组元素又是一个一维数组。如图 12.3 所示，二维数组 a[3][4]包含 3 行，即数组 a 有 3 个元素，分别是：a[0]、a[1]和 a[2]，每个元素是一维数组，例如，元素 a[0]有 4 个元素，分别是 a[0][0]、a[0][1]、a[0][2]和 a[0][3]。可以定义指针变量指向数组的起始地址，然后通过这个指针对数组元素进行操作[2]。如下语句定义了指针变量 p 指向二维数组 a[3][4]的首地址，则元素 a[i][j]的存储地址是 p+i×4+j，可以用*(p+i×4+j)访问元素 a[i][j]，操作

1　假设 int 型数据占用 4 字节，指针 p 的当前值为 2000，则 p++等同于 p = p + 1×sizeof(a[0]) = 2000 + 1×4 = 2004，即 p++运算将指针 p 指向数组的下一个元素。

2　采用指针方式访问二维数组比较烦琐，对二维数组的访问一般都采用下标方式。

示意图如图 12.3 所示。

```
int a[3][4] = {0}, *p = &a[0][0];
*(p + 2 * 4 + 1) = 5;                    /*为元素 a[2][1]赋值*/
```

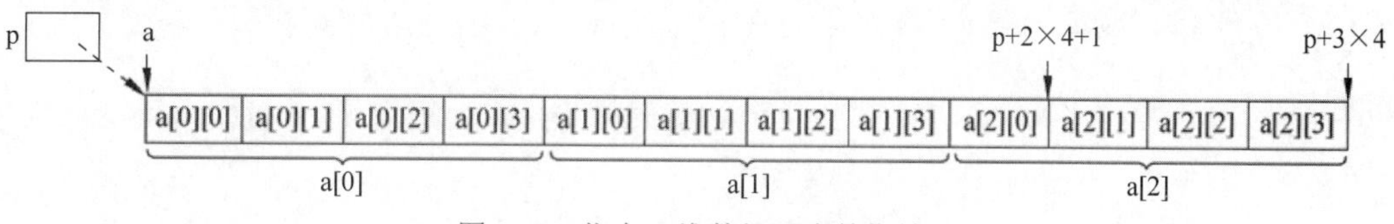

图 12.3 指向二维数组元素的指针

由于指针作为一个变量可以改变，当指针变量指向二维数组的起始地址，可以用指针自增的方法遍历整个数组元素，同样需要注意下标越界问题。

例 12.2 求二维数组 r[m][n]的最大值元素。要求用指针实现。

解：设指针 p 指向二维数组 r[m][n]的起始地址，然后通过指针 p 遍历二维数组查找最大值。注意判断指针 p 是否越界，r+m×n−1 为二维数组 r[m][n]最后一个元素的存储地址。函数定义如下：

```
int Max(int r[10][10], int m, int n)
{
   int max, *p = &r 0][0];              /*指针 p 指向数组第一个元素*/
   for (max = *p; p < &r[0][0]+m*n; p++)
   {
      if (max < *p) max = *p;           /*指针 p 所指元素与 max 进行比较*/
   }
   return max;
}
```

12.1.3 指针数组

在 C 语言中，数组元素可以是任意合法的数据类型，如果一个数组的所有元素都是同类型的指针，则构成了指针数组。

【语法】 定义一维指针数组的一般形式如下：

```
类型名 *数组名[数组长度];
```

其中，类型名是任意合法的数据类型（也称基类型）。可以看出，与定义普通数组不同的是指针定义符“*”，由于指针定义符“*”的优先级低于下标运算符“[ ]”的优先级，所以，该定义相当于：

```
类型名 *(数组名[数组长度]);
```

【语义】 定义指针数组，数组元素为指向基类型的指针，编译器为指针数组分配存储空间，并将数组名与这段存储空间绑定在一起。

指针数组是由指针构成的数组，对指针数组元素的操作与同类型指针变量的操作相同，可以对数组元素进行赋值（地址或同类型的指针），也可以间接访问数组元素所指向存储单元的内容。指针数组常用于处理字符串数组，如下语句定义并初始化一维数组 str[5]，数组元素为字符串指针，其存储示意图如图 12.4 所示。

```
char *str[5] = {"Red", "Green", "Blue", "Yellow", "Black"};
```

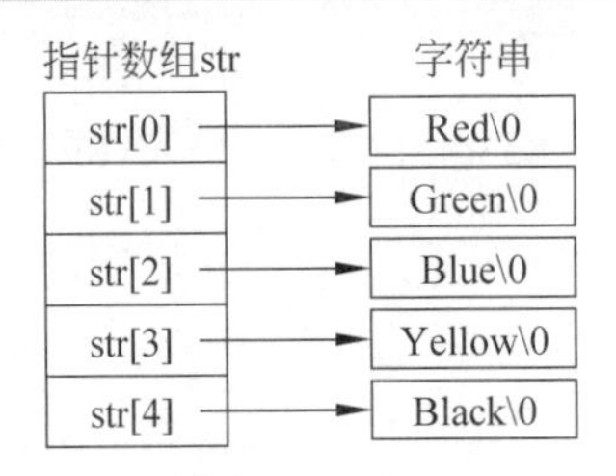

图 12.4 指针数组的存储示意图

例 12.3 求 *n* 个字符串中最大的字符串。要求用指针实现。

解：定义指针数组 str 存储 *n* 个字符串，字符串比较操作调用库函数 strcmp 实现，设函数 Max 查找最大字符串，则函数的返回值类型是 char *。函数定义如下：

```
char *Max(char *str[ ], int n)
{
   int i, index = 0;                              /*index 保存最大字符串的下标*/
   for (i = 1; i < n; i++)
   {
      if (strcmp(str[i], str[index]) > 0)        /* str[i]>str[index]*/
        index = i;
   }
   return str[index];                             /*返回最大字符串*/
}
```

练习题 12-3 在字符串序列{"Red"、"Green"、"Blue"、"Yellow"、"Black"}中查找最大值，请补写主函数。

12.1.4 程序设计实例 12.1——解密藏头诗

【问题】 藏头诗的一种常见形式是每句第一个字构成一句话。给定一首中文藏头诗，取出每句第一个汉字连在一起并输出。要求用指针数组实现。

【想法】 依次取出每句的第一个汉字连接在一起形成一个字符串。

【算法】 假设藏头诗有 n 句，设字符串指针数组 str[n]存储藏头诗，字符数组 firstWords 存储解密结果，函数 DecPoetry 实现解密藏头诗，算法如下：

伪代码

1. 初始化字符序列 firstWords 为空串;
2. 循环变量 i 从 0 ~ n−1，重复执行下述操作：
   2.1 取 str[i]的第一个汉字存储到 firstWords 的末尾;
   2.2 i++;
3. 返回字符数组 firstWords;

【程序】 简单起见，藏头诗在定义指针数组 poem 时进行初始化，程序如下：

```
#include <stdio.h>
#include <string.h>                                    /*调用字符串库函数*/
char *DecPoetry(char *str[ ], int n);

int main( )
{
    char *poem[4] = {"一江眺无边","帆扬弄翩翩","风劲舟行快","顺达弹指间"};
    char firstWords[10];
    strcpy(firstWords, DecPoetry(poem, 4));
    printf("藏的句子是: %s\n", firstWords);
    return 0;
}

char *DecPoetry(char *str[ ], int n)
{
    int i;
    char firstWords[10]={'\0'}, temp[4] = {'\0'};
    for (i = 0; i < n; i++)
    {
        strncpy(temp, str[i], 2);
        strcat(firstWords, temp);
    }
    return firstWords;
}
```

12.2 指针与结构体

【引例 12.2】 统计考研成绩（函数版）

【问题】 计算机学科考研专业课包括数据结构、计算机组成原理、操作系统和计算机网络。对于一个考生，输入各科成绩，并计算总分。要求用函数实现。

【想法】 输入考生的各项信息，再计算总分。

【算法】 设函数 AddMarks 计算一个考生的总分，算法请参见引例 10.2。

【程序】 定义结构体类型表示考生的各项信息，函数 AddMarks 采用指针传递方式，形参是指向结构体类型的指针，实参是结构体变量的地址。程序如下：

```
#include <stdio.h>
struct StudentType                                  /*定义结构体类型*/
{
   char no[10], name[10];
   double spec1, spec2, spec3, spec4;
   double totalScore;
};
void AddMarks(struct StudentType *p);               /*函数声明*/

int main( )
{
   struct StudentType stu;                          /*结构体变量 stu*/
   printf("请输入考生考号和姓名：");
   scanf("%s%s", stu.no, stu.name);
   printf("请输入考生各科成绩：");
   scanf("%lf%lf%lf%lf", &stu.spec1, &stu.spec2, &stu.spec3, &stu.spec4);
   AddMarks(&stu);                                  /*实参是结构体变量 stu 的首地址*/
   printf ("%s 的总分是：%6.2f\n", stu.name, stu.totalScore);
   return 0;
}

void AddMarks(struct StudentType *p)                /*形参 p 采用传指针方式*/
{
    p->totalScore = p->spec1 + p->spec2 + p->spec3 + p->spec4;
}
```

练习题 12-4 给定一组测试数据，运行程序写出结果。程序中出现了哪些新的语法？

12.2.1 指向结构体的指针

在 C 语言中，指针所指存储单元可以是任意合法的数据类型，指向结构体类型的指针称为结构体指针。

1. 结构体指针的定义

【语法】 定义结构体指针的一般形式如下：

```
结构体类型名 *指针变量名;
```

其中，结构体类型名是已经定义或正在定义的结构体类型；“*”是指针定义符；指针变量名是一个合法的标识符。

【语义】 定义指向结构体类型的指针，编译器为结构体指针分配存储空间。

定义结构体指针后，需要将该指针与某个结构体变量的地址相关联，例如，如下语句定义结构体指针 p 并进行了初始化，如图 12.5 所示。

```
struct DateType
{
   int year, month, day;
};
struct DateType birthday = {1968, 3, 26};
struct DateType *p = &birthday;
```

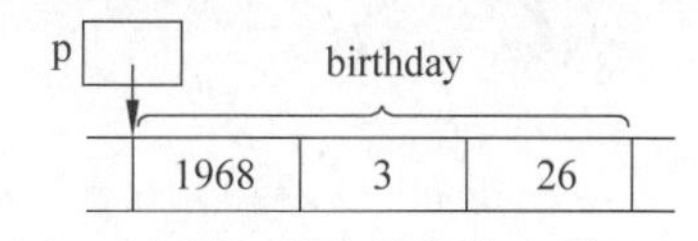

图 12.5　指针 p 指向结构体变量 birthday

2. 通过指针引用结构体成员

【语法】 通过指针引用结构体成员的一般形式如下：

```
(*指针).成员
```

其中，指针已指向某个结构体变量；“*指针”一定要用括号括起来，因为成员运算符“.”的优先级高于间接引用运算符“*”的优先级。C 语言还提供了运算符“->”（减号后紧跟大于号）引用结构体变量的成员，一般形式如下：

```
指针->成员
```

【语义】 通过结构体指针引用结构体变量的某个具体成员。

在结构体指针与某个结构体变量的地址相关联后，就可以通过指针引用结构体变量的具体成员。例如，如下语句通过指针 p 输出结构体变量 birthday 的各成员：

```
struct DateType birthday = {1968, 3, 26};
struct DateType *p = &birthday;
printf("%4d.%2d.%2d\n", p->year, p->month, p->day);
```

对于嵌套定义的结构体类型，在引用结构体成员时需要注意使用合适的运算符。如下语句定义了指针 p 指向结构体变量 stu，p 是结构体指针，使用运算符“->”引用成员，因此 p->birthday 引用 stu 的成员 birthday；p->birthday 是结构体变量，使用运算符“.”引用成员，因此 p->birthday.day 引用 birthday 的成员 day。

```
struct DateType
{
   int year, month, day;
};
struct StudentType
```

```
{
    char name[10];
    struct DateType birthday;
};
struct StudentType stu = {"小言", {1997, 1, 4}};
struct StudentType *p = &stu;
printf("%s 的生日是: ", p->name);
printf("%d 月%d 日\n", p->birthday.month, p->birthday.day);
```

12.2.2 结构体指针作为函数参数

将结构体变量传递给函数，如果形参是结构体变量，实参是结构体变量的值，则参数传递是将结构体变量的值传递给形参，在结构体规模较大时，空间和时间开销很大。通常采用指针传递方式，形参是指向结构体类型的指针，实参是结构体变量的地址或指向结构体变量的指针，参数传递是将结构体变量的首地址传递给形参。例如引例 12.2，函数 AddMarks 的形参 p 是指向结构体类型 StudentType 的指针，实参&stu 是结构体变量 stu 的地址，参数传递是将变量 stu 的起始地址传给形参指针 p，在 AddMarks 函数体内部对“p->成员”进行操作是在变量 stu 的存储单元中进行，如图 12.6 所示。

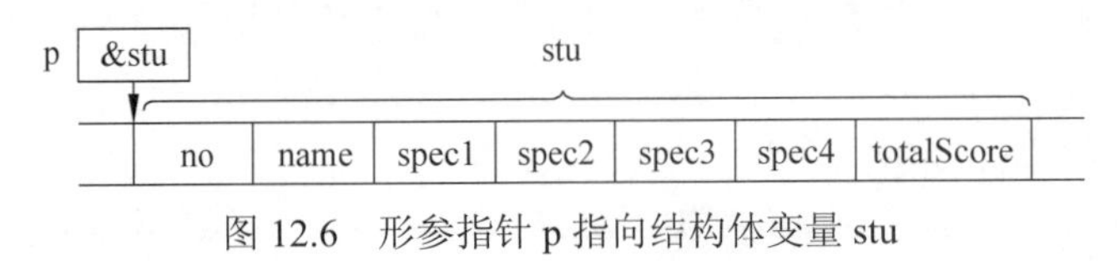

图 12.6　形参指针 p 指向结构体变量 stu

12.2.3 程序设计实例 12.2——日期格式

【问题】 假设有两种格式的日期表示方式：斜杠格式 yyyy/MM/dd 和横杠格式 yyyy-MM-dd，将输入的日期按指定格式输出。要求用函数实现。

【想法】 定义结构体类型 struct DateType 表示日期，输入一个日期的年、月、日信息，然后调用函数 FormatDay 输出相应格式的日期。

【算法】 算法比较简单，请读者自行设计。

【程序】 函数 FormatDay 的形参是指向 struct DateType 的指针，实参是 struct DateType 型变量 date 的起始地址。程序如下：

```
#include <stdio.h>
struct DateType                          /*定义结构体类型*/
{
    int year, month, day;
};
void FormatDay(struct DateType *p);      /*函数声明*/

int main( )
```

```
{
    struct DateType date;                    /*定义结构体变量 date*/
    printf("请输入一个日期，分别对应年、月、日：");
    scanf("%d%d%d", &date.year, &date.month, &date.day);
    FormatDay(&date);                        /*实参是结构体变量 date 的首地址*/
    return 0;
}

void FormatDay(struct DateType *p)         /*形参 p 采用传指针方式*/
{
    int select;
    printf("请选择输出格式：1. 斜杠格式    2. 横杠格式  ");
    scanf("%d", &select);
    if (select == 1)
        printf("%4d/%2d/%2d\n", p->year, p->month, p->day);
    else
        printf("%4d-%2d-%2d\n", p->year, p->month, p->day);
}
```

练习题 12-5 如果形参是结构体类型 DataType 变量 day，请修改函数 FormatDay。

12.3 动态存储分配

在程序中定义变量后，编译器为变量按照数据类型分配相应的内存空间，并且该变量在其作用域内始终占有这段存储单元，这种内存分配方式称为**静态存储分配**。在某些情况下，编写程序时无法确定所需存储空间的数量，**动态存储分配**可以在程序运行期间根据实际存储需求分配内存空间，并在不需要时释放。

在 C 语言中，动态存储分配通过调用库函数实现内存的分配和释放，具体步骤是：①确定需要多少内存空间；②用动态分配函数来获得需要的内存空间；③使指针指向获得的内存空间；④使用完毕，释放这些内存空间。调用动态存储分配库函数需要包含头文件 malloc.h。

【引例 12.3】 动态数组求最大值

【问题】 在一维整型数组中查找最大值。元素个数由用户在运行程序时确定，要求用动态数组实现。

【想法】 请参见 6.1.3 节。

【算法】 请参见 6.1.3 节。

【程序】 主函数首先用变量 n 接收键盘输入的元素个数，向内存申请长度为 n 的数组空间，再为数组赋值，然后调用函数 Max 求一维数组的最大值。程序如下：

```
#include <stdio.h>
#include <malloc.h>

int main( )
{
   int i, n, *base;
   printf("请输入数组元素的个数: ");
   scanf("%d", &n);
   base = (int *)malloc(n * sizeof(int));    /*申请长度为 n 的数组空间*/
   printf("请输入%d 个整数: ", n);
   for (i = 0; i < n; i++)
      scanf("%d", &base[i]);                 /*为数组元素赋值*/
   printf("最大值是: %d\n", Max(base, n));
   free(base);                               /*释放动态数组空间*/
   return 0;
}

int Max(int r[ ], int n)                     /*函数定义，一维数组作为形参*/
{
   int i, max = r[0];                        /*max 存储最大值并假定 r[0]最大*/
   for (i = 1; i < n; i++)
   {
      if (max < r[i])  max = r[i];
   }
   return max;
}
```

练习题 12-6 如果申请数组空间后不进行赋值操作，运行程序观察结果。程序中出现了哪些新的语法？

12.3.1 申请和释放存储空间

1. 申请存储空间

C 语言提供了 malloc、calloc、realloc 等库函数实现申请存储空间。

【函数原型】 动态内存分配函数 malloc 的原型如下：

```
void *malloc(unsigned int size)
通用指针                   存储空间的字节数
```

其中，void *表示通用指针；size 表示申请分配内存的大小（以字节为单位），size 的数据类型是无符号整数。

【功能】 申请分配 size 字节的内存单元，但不清空该内存单元。

【返回值】 如果分配成功[1]，则返回这段内存空间的起始地址，否则返回 NULL。

调用 malloc 函数需要注意：①由于 malloc 函数的返回值类型是通用指针，所以，实际使用时需要进行强制类型转换；②调用 malloc 函数时应该用 sizeof 运算符获得所需存储空间的数量，不要直接写数值，因为在不同平台下数据类型占用的空间大小可能不同；③使用 malloc 函数申请的存储空间是"值无定义的"。如下语句申请一个 int 型存储空间，操作示意图如图 12.7 所示。

```
int *p = NULL;
p = (int *)malloc(sizeof(int));
```

【函数原型】 连续动态内存分配函数 calloc 的原型如下：

其中，void *表示通用指针；n 表示申请的存储单元个数；size 表示每个存储单元的字节数。n 和 size 的数据类型均是无符号整数。

【功能】 申请分配 *n* 个连续的存储单元，每个存储单元的长度为 size 字节，并且将该内存空间全部初始化为 0。

【返回值】 如果分配成功，则返回这段内存空间的起始地址，否则返回 NULL。

使用 calloc 函数申请的存储空间全部初始化为 0，因此是"值有定义的"。如下语句申请 5 个 int 型大小的存储空间，操作示意图如图 12.8 所示。

```
int *p = NULL;
p = (int *)calloc(5, sizeof(int));          /*申请 5 个 int 型大小的存储空间*/
```

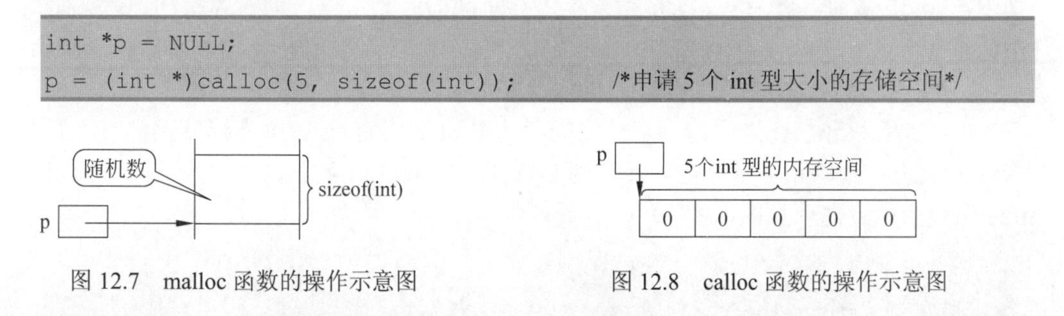

图 12.7　malloc 函数的操作示意图　　　　图 12.8　calloc 函数的操作示意图

【函数原型】 内存分配调整函数 realloc 的原型如下：

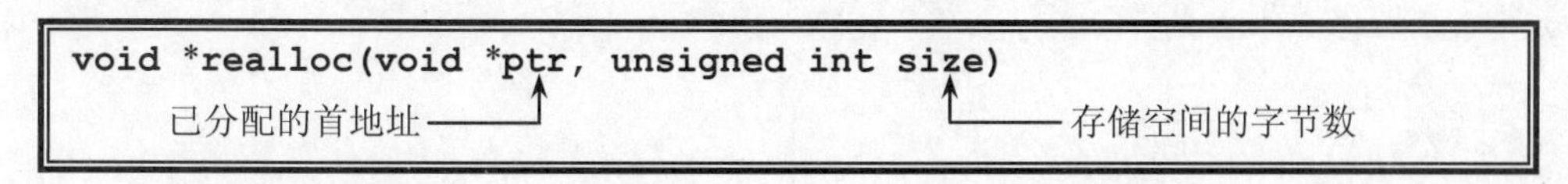

其中，void *表示通用指针；ptr 必须指向通过动态存储分配得到的存储空间；size 表示重新申请存储空间的字节数。

【功能】 重新申请长度为 size 字节的存储空间（称为新块），并将 ptr 所指存储空间

1　每次进行动态申请内存最好检查申请是否成功，以免发生意外情况。如果调用函数 malloc 的返回值为 NULL，则表示申请空间不成功。

（称为旧块）的数据复制到新块的前一部分。

【返回值】 如果分配成功，则返回这段内存空间的起始地址，但旧块的数据可能会发生改变，因此不允许再访问旧块；否则返回 NULL，并且旧块的数据保持不变。

realloc 函数用于变更已分配内存空间的大小，将指针 ptr 指向的内存空间扩展或缩小为 size 大小，如果变更成功，则返回调整后内存空间的首地址。对于扩展空间，原有数据保持不变，新增空间清零；对于缩小空间，被缩小的那一部分空间的数据会丢失，其他空间的数据保持不变。如下语句是正确的内存分配调整操作：

```
int *p = (int *)calloc(10, sizeof(int));  /*申请分配存放 10 个整数的内存空间*/
p = (int *)realloc(p, 15 * sizeof(int));   /*扩展空间，存放 15 个整数*/
p = (int *)realloc(p, 5 * sizeof(int));    /*缩小空间，存放 5 个整数*/
```

2. 释放存储空间

在程序的执行过程中，如果不断地动态申请内存空间，使用过后却不及时释放，必然会造成可用内存空间减少，导致“内存泄漏”。内存是计算机最宝贵的资源，可用内存减少会影响程序的正常运行，因此，动态申请的存储空间要及时释放。C 语言提供了 free 函数实现释放存储空间。

【函数原型】 释放存储空间函数 free 的原型如下：

```
void free(void *block)
```

其中，void *是通用指针；block 是某个内存空间的起始地址，通常为指向该起始地址的指针。

【功能】 释放起始地址是 block 的内存空间。

free 函数只释放动态申请的存储空间，如果 block 为指针，则该指针仍然存在，即该指针占用的存储单元仍然存在，释放的是该指针指向的内存空间。例如，如下语句执行 free 函数后的存储示意图如图 12.9 所示。

```
int *p = NULL;
p = (int *)malloc(sizeof(int));
*p = 10;                           /*通过指针 p 访问动态申请的存储空间*/
free(p);
```

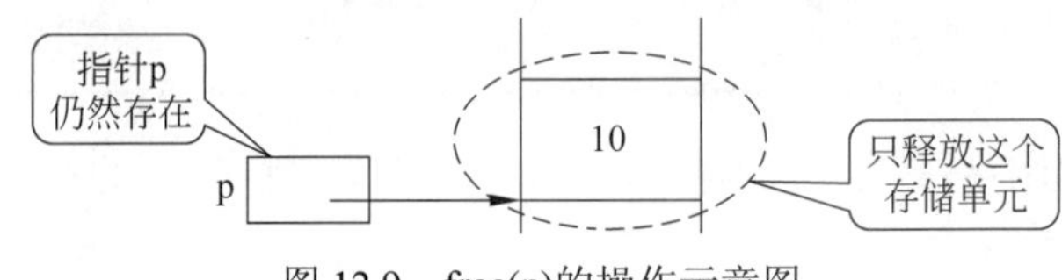

图 12.9 free(p)的操作示意图

练习题 12-7 对于如下两条语句，运行结果有什么不同？

（1）p = (int *)malloc(5 * sizeof(int)); （2）p = (int *)calloc(5, sizeof(int));

练习题 12-8 如图 12.9 所示，在执行了语句“free(p);”后，*p 的值是多少？

12.3.2 动态数组

数组属于静态存储分配，在定义数组时必须指明数组长度（即元素个数）。有些问题在处理之前无法确定元素个数，定义数组时就需要估算数组长度，如果估算的元素个数过多，则浪费存储空间；如果估算的元素个数过少，会因存储空间不足而产生溢出。可以利用指针申请动态数组，在运行程序时根据需要申请合适大小的数组空间，在不需要时释放。

1. 动态一维数组

用 malloc 函数或 calloc 函数申请一段连续的存储空间，函数返回这段存储空间的起始地址，可以将这段连续的存储空间作为一维数组使用。如下语句调用 malloc 函数申请了 10 个 int 型元素的存储空间，base 指向这段存储空间的起始地址，base+i 为第 i 个元素的起始地址，可以用*(base+i)访问第 i 个数组元素。为了便于书写和理解，C 语言允许用 base[i]来代替*(base+i)，如图 12.10 所示。

```
int *base = NULL;
base = (int *)malloc(10 * sizeof(int));      /*申请 10 个元素的数组空间*/
base[2] = 5;                                  /*为动态数组元素赋值*/
free(base);
```

这段存储空间是程序运行过程中动态申请的，在使用后要释放。如果修改了这段存储空间的起始地址，在不需要时就无法通过起始地址释放这段存储空间，因此，程序中不要修改这个起始地址。这段存储空间虽然是动态分配的，但其大小在分配后也是确定的，注意不要越界使用。

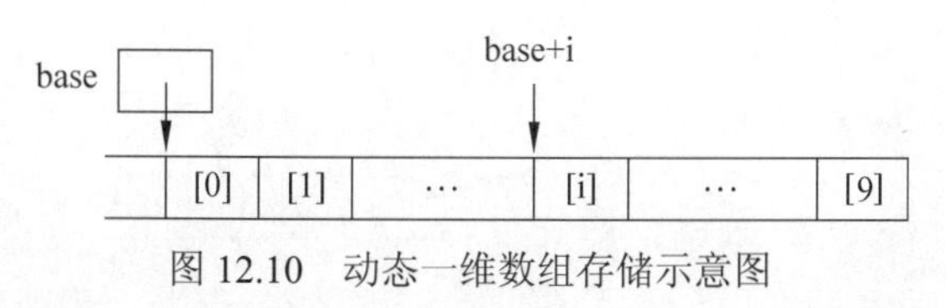

图 12.10　动态一维数组存储示意图

2. 动态二维数组

动态二维数组使用指向指针的指针（也称为二级指针），二级指针存储的是一级指针变量的存储地址。

【语法】 定义二级指针的一般形式如下：

```
类型名 **指针变量名;
```

其中，类型名是任意合法的数据类型（也称基类型）；指针变量名是一个合法的标识符。

【语义】 定义指向指针的指针，编译器为该二级指针变量分配内存空间。

一级指针只能存储普通变量的地址，二级指针只能存储一级指针变量的地址。在二级指针已存储一级指针变量的地址，且一级指针已存储普通变量地址的前提下，可以通过二级指针访问普通变量。如下语句定义了一级指针 p 和二级指针 pp。

```
int a = 10;
int *p = &a;
int **pp = &p;
**pp = 5;                                /*通过二级指针访问普通变量，相当于 a = 5;*/
```

注意：由于 p 指向变量 a，因此变量 p 的值是&a，a 和*p 表示同一个存储单元；由于 pp 指向变量 p，因此变量 pp 的值是&p，则 p 和*pp 表示同一个存储单元，即 a、*p 和**pp 表示同一个存储单元，如图 12.11 所示。

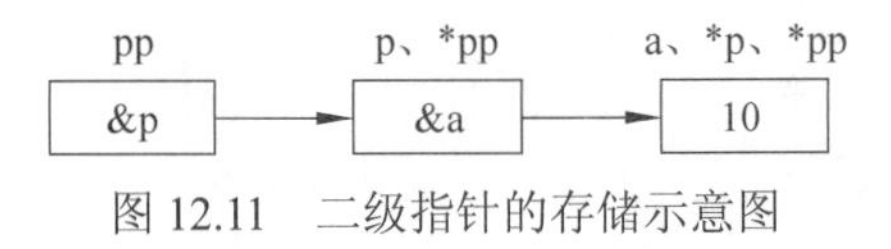

图 12.11　二级指针的存储示意图

假设要动态申请 *m* 行 *n* 列的二维数组，由于二维数组的每一行是一维数组，可以先申请含有 *m* 个元素的指针数组，这将返回一个二级指针，再逐行申请动态一维数组。如下语句申请了含有 3 个元素的指针数组，由于数组元素为一级指针，因此，返回一个二级指针赋给变量 array；由二级指针的概念可知，array+i 相当于行指针，*(array+i)为第 i 行数组的首地址，再逐行申请动态一维数组，如图 12.12 所示。

```
int i, **array = NULL;
array = (int **)malloc(3 * sizeof(int *));
for (i = 0; i < 3; i++)
  *(array + i) = (int *)malloc(4 * sizeof(int));
```

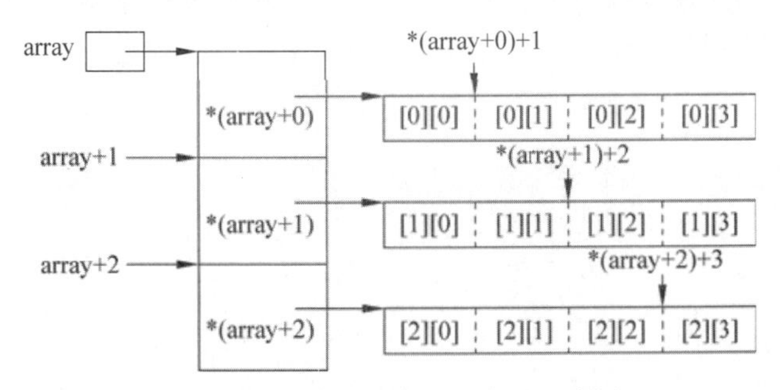

图 12.12　动态二维数组的存储示意图

申请动态二维数组后，二级指针 array 相当于二维数组名，*(array+i)为第 i 行数组的首地址，*(array+i)+j 为第 i 行第 j 列元素的首地址，再用*(*(array+i)+j)访问第 i 行第 j 列元素。为便于书写和理解，C 语言允许用 array[i][j]来代替*(*(array+i)+j)。如下语句实现对动态二维数组的访问：

```
for (i = 0; i < 3; i++)
  for (j = 0; j < 4; j++)
    array[i][j] = i + j;                 /*相当于*(*(array+i)+j) = i+j; */
```

动态二维数组使用后，要释放这些动态申请的存储单元。释放时先释放每一行的动态一维数组，再释放二级指针指向的指针数组，语句如下：

```
for (i = 0; i < 3; i++)
  free(array[i]);                    /*释放行指针指向的动态一维数组*/
free(array);                         /*释放二级指针指向的指针数组*/
```

12.3.3 链表

链表属于动态存储分配，可以在程序的运行过程中，根据需要申请存储空间，通常用来存储动态向量。

1. 链表的存储定义

链表在内存中占用一组**任意**的存储单元，每个存储单元在存储数据的同时，还存储其后继数据（即下一个数据）所在的内存地址，这个地址称为**指针**，这两部分组成了数据的存储映像，称为**结点**，如图 12.13 所示。其中，data 称为数据域，用来存放数据值；next 称为指针域（亦称链域），用来存放该结点的后继结点的地址。由于每个结点只有一个指针域，故也称为**单链表**。

显然，单链表中每个结点的存储地址存放在其前驱结点（前一个结点）的 next 域中，而第一个结点无前驱，所以设**头指针**指向第一个结点（称为开始结点）；由于最后一个结点无后继结点，故最后一个结点（称为终端结点）的指针域为空（图示中用“∧”表示），也称**尾标志**。存储整数序列{3, 5, 8, 4}的单链表如图 12.14 所示。

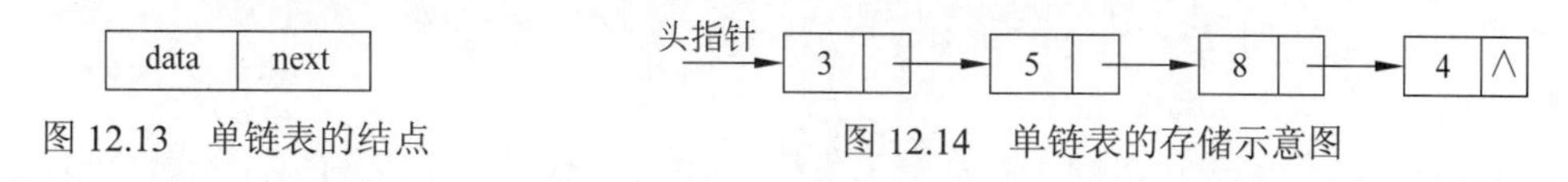

图 12.13　单链表的结点　　　　图 12.14　单链表的存储示意图

通常用结构体类型来描述单链表的结点，一般形式如下：

```
struct 结点类型名
{
    类型名 data;  ←—— 数据域的类型取决于具体问题
    struct 结点类型名 *next;
};  ←—— 结尾有分号
```

其中，结点类型名是一个合法的标识符，是正在定义的结构体类型，这是 C 语言唯一允许的尚未定义类型就可以使用的情况。假设结点类型名是 Node，结点的数据域存储整数，单链表的结点结构定义如下：

```
struct Node
{
  int data;
  struct Node *next;
```

```
};
```

2. 单链表的查找操作

【问题】 在单链表中查找第 i 个数据。

【想法】 设置一个工作指针 p，从头指针出发，沿着 next 域逐个结点往下搜索。当 p 指向某结点时判断是否为第 i 个结点，若是，则查找成功；否则，将工作指针 p 后移，即将 p 指向原来所指结点的后继结点。对每个结点依次执行上述操作，直到 p 为 NULL 时查找失败，查找过程如图 12.15 所示。

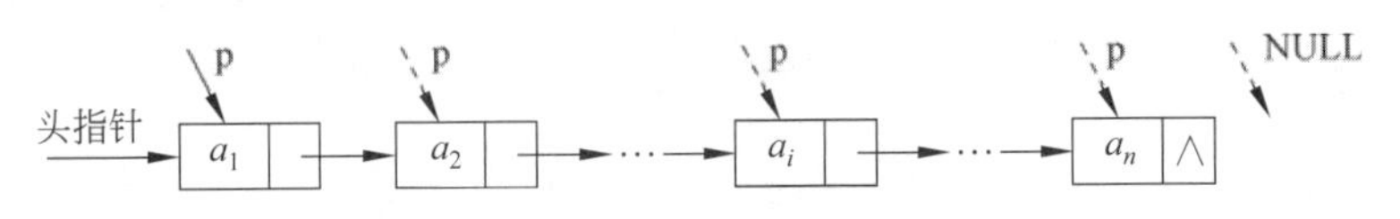

图 12.15 单链表的查找过程示意图

需要强调的是，工作指针 p 后移不能写作 p++，而要写作 p = p->next，因为单链表中的结点在内存中不是顺序存储，则 p++（相当于 p+1×sizeof(Node)）后指针 p 不一定指向原结点 p 的后继结点，如图 12.16 所示。

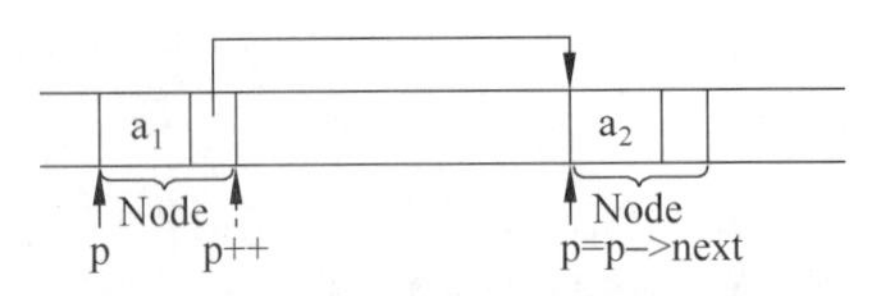

图 12.16 p++和 p = p->next 的操作示意图

【算法】 设函数 Search 实现在单链表 first 中查找第 i 个数据，如果查找成功，则返回第 i 个结点的数据值；否则返回 0。算法如下：

1. 初始化工作指针 p = first; 初始化计数器 count = 1;
2. 当 p 不为空且 count < i 时，重复执行下述操作：
   2.1 执行 p = p->next，将工作指针 p 后移指向下一个结点;
   2.2 count++;
3. 若 p 为空，则不存在第 i 个数据;否则查找成功，返回结点 p 的数据;

【程序】 假设结点数据为 int 型，函数 Search 定义如下：

```
int Search(struct Node *first, int i)
{
   struct Node *p = first;
   int count = 1;
   while (p != NULL && count < i)
   {
     p = p->next;
     count++;
   }
   if (p == NULL) return 0;
   else return p->data;
}
```

3. 单链表的插入操作

【问题】 在单链表中指针 p 所指结点的后面插入一个值为 x 的新结点。

【想法】 申请一个结点 s，然后将结点 s 插入结点 p 的后面，插入过程如图 12.17 所示，需要修改两个指针：①将结点 s 的 next 域指向结点 p 的后继结点：s->next = p->next; ②将结点 p 的 next 域指向结点 s：p->next = s。注意修改指针的顺序，如果先将 p->next 指向 s，将无法找到结点 p 的后继结点。

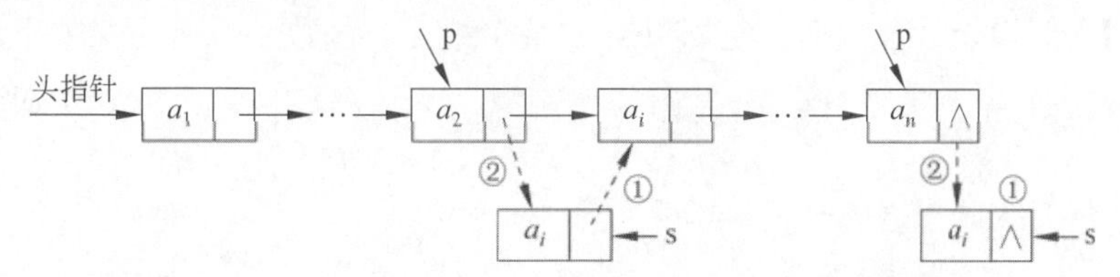

图 12.17 在结点 p 的后面插入结点 s 时指针的变化情况

【算法】 设函数 Insert 实现在单链表 first 中指针 p 所指结点的后面插入一个值为 x 的新结点，算法如下：

1. s = 申请一个新结点;
2. s->data = x;
3. 修改指针，将结点 s 插入结点 p 的后面;

【程序】 假设指针 p 指向单链表 first 的某个结点，函数 Insert 定义如下：

```
void Insert(struct Node *first, struct Node *p, int x)
{
    struct Node *s = (struct Node *)malloc(sizeof(struct Node));
    s->data = x;
    s->next = p->next; p->next = s;
}
```

4. 单链表的删除操作

【问题】 在单链表中删除结点 p 的后继结点。

【想法】 删除过程如图 12.18 所示，注意表尾的特殊情况，当指针 p 指向最后一个结点，结点 p 无后继结点。

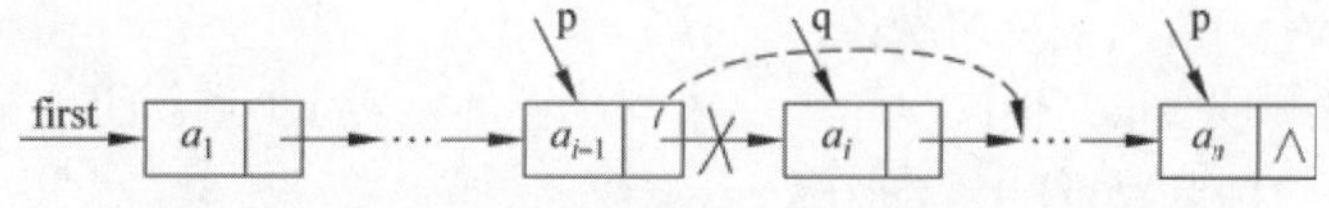

图 12.18 删除结点 p 的后继结点时指针的变化情况

【算法】 设函数 Delete 实现单链表中删除结点 p 的后继结点，算法如下：

1. 如果结点 p 不存在后继结点，则无法执行删除操作，算法结束；
2. 否则执行下述操作：
   2.1 执行 q = p->next，将指针 q 指向被删结点；
   2.2 执行 p->next = q->next，将结点 q 摘链;
   2.3 释放结点 q；

【程序】 假设指针 p 指向单链表 first 的某个结点，函数 Delete 定义如下：

```
void Delete(struct Node *first, struct Node *p)
{
   struct Node *q = p->next;
   if (q == NULL) return;
   p->next = q->next;
   free(q);
}
```

12.3.4 程序设计实例 12.3——发纸牌

【问题】 纸牌的花色有梅花、方块、红桃和黑桃，点数有 2、3、4、5、6、7、8、9、10、J、Q、K、A，要求根据用户输入的牌数 *n*，随机发 *n* 张纸牌。

【想法】 为避免重复发牌，设二维数组 sign[4][13]记载是否发过某张牌，其中行下标表示花色，列下标表示点数，数组元素均初始化为 0。设字符串指针数组 card[n]存储随机发的 *n* 张纸牌，例如 card[0] = "梅花 2"。按以下方法依次发每一张牌：首先产生一个 0~3 的随机数 *i* 表示花色，再产生一个 0~12 的随机数 *j* 表示点数，如果这张牌尚未发出，则将 sign[i][j]置 1，并将这张牌存储到数组 card 中，如图 12.19 所示。

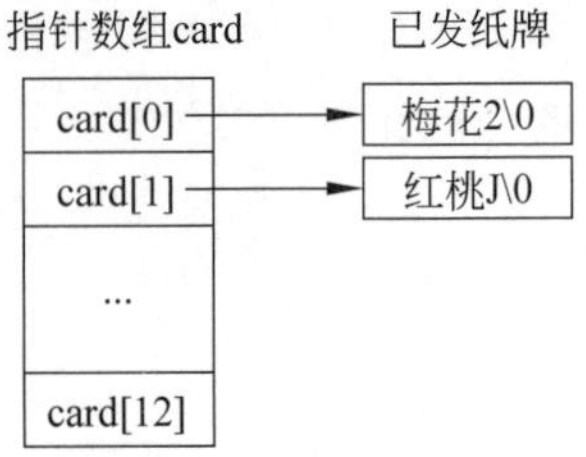

指针数组card　　已发纸牌
card[0] → 梅花2\0
card[1] → 红桃J\0
...
card[12]

图 12.19　存储纸牌的指针数组

【算法】 设数组 card[n]存储随机发的纸牌，函数 SendCards 实现发 n 张纸牌，算法如下：

1. 循环变量 k 从 0 ~ n−1 重复执行下述操作：
   1.1 i = 0~3 的随机数;
   1.2 j = 0~12 的随机数;
   1.3 如果 sign[i][j]等于 1，结束本次循环，转 1.1 重新生成第 k 张牌；
       否则，执行下述操作：
       1.3.1 sign[i][j] = 1;
       1.3.2 将第 k 张牌存储到数组 card[k]中;
       1.3.3 k++;
2. 返回数组 card[n];

【**程序**】 设字符串指针数组 str1[4]和 str2[13]分别存储一副纸牌的花色和点数，假设最多发 13 张牌，设字符串指针数组 card[13]存储随机产生的 n 张纸牌，为避免在函数之间传递大量参数，将数组 str1[4]、str2[13]和 card[13]设为全局变量。产生第 k 张纸牌后，需申请一段连续的存储空间存放该纸牌，并将 card[k]指向该空间的起始地址。程序如下：

```
#include <stdio.h>
#include <stdlib.h>                          /*使用库函数 srand 和 rand*/
#include <time.h>                            /*使用库函数 time*/
#include <string.h>                          /*使用库函数 strcpy 和 strcat*/
#include <malloc.h>                          /*使用 malloc 等库函数*/
char *str1[4] = {"梅花","黑桃","红桃","方块"};
char *str2[13] = {"2","3","4","5","6","7","8","9","10","J","Q","K","A"};
char *card[13];                              /*随机产生的纸牌，最多发 13 张牌*/
void SendCards(int n);                       /*函数声明，随机产生并存储 n 张牌*/
void Printcards(int n);                      /*函数声明，输出产生的 n 张牌*/

int main( )
{
  int n;
  printf("请输入发牌张数：");
  scanf("%d", &n);
  SendCards(n);
  Printcards(n);
  return 0;
}

void SendCards(int n)                        /*函数定义，形参 n 表示发牌张数*/
{
  int sign[4][13] = {0};                     /*初始化标志数组，所有牌均未发出*/
  int k, i, j ;
  srand(time(NULL));                         /*初始化随机种子为当前系统时间*/
  for (k = 0; k < n; )                       /*省略表达式 3，发第 k 张牌*/
  {
    i = rand( ) % 4 ;                        /*随机生成花色的编号*/
    j = rand( ) % 13;                        /*随机生成点数的编号*/
    if (sign[i][j] == 1)                     /*这张牌已发出*/
      continue;                              /*跳过余下语句，k 值不变*/
    else
    {
      card[k] = (char *)malloc(6);           /*存储一张牌需要 6 字节*/
      strcpy(card[k], str1[i]);              /*字符串赋值*/
      strcat(card[k], str2[j]);              /*字符串连接*/
      sign[i][j] = 1;                        /*标识这张牌已发出*/
      k++;                                   /*准备发下一张牌*/
    }
```

```
    }
}

void Printcards(int n)                     /*函数定义，形参 n 表示发牌张数 */
{
    int k;
    for (k = 0; k < n; k++)
        printf("%-10s", card[k]);          /*宽度 10 位左对齐输出第 k 张牌*/
    printf("\n");
}
```

12.3.5 程序设计实例 12.4——进制转换

【问题】 将十进制整数转换为任意 r 进制整数（$2 \leqslant r \leqslant 9$）。要求用链表实现。

【想法】 将十进制整数转换为 r 进制整数的规则请参见 3.1.1 节。如果用数组存储转换后的 r 进制整数，由于不能确定转换后 r 进制整数的位数，无法确定数组长度，因此，考虑用单链表保存得到的 r 进制整数。首先初始化一个空的单链表，然后将余数依次插入单链表的最前面，达到逆序排列的效果。例如，将十进制整数 46 转换为二进制整数的操作示意图如图 12.20 所示。

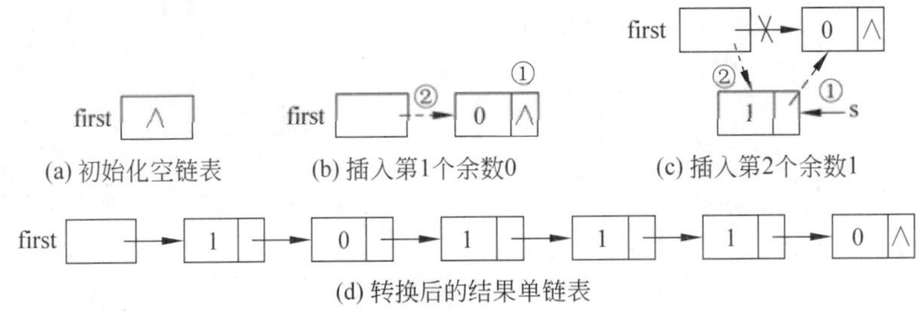

图 12.20 单链表保存余数的操作示意图（①s->next = first; ②first = s;）

【算法】 设函数 Transform 实现将十进制整数 A 转换为 r 进制整数，first 为单链表头指针，算法如下：

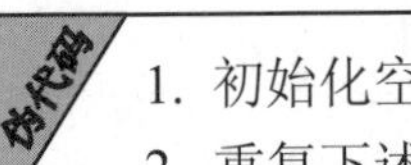

1. 初始化空单链表 first = NULL;
2. 重复下述操作直到 A 为 0:
   2.1 B = A % r; A = A / r;
   2.2 申请结点 s; s->data =B;
   2.3 将结点 s 插到单链表的最前面;
3. 依次输出单链表各结点的值;

【程序】 假设 A 不等于 0，程序如下：

```
#include <stdio.h>
```

```
#include <malloc.h>                    /*使用 malloc 等库函数实现动态存储分配*/
struct Node                            /*定义单链表的结点 Node*/
{
    int data;
    struct Node *next;
};
void Transform(int A, int r);          /*函数声明，十进制数 A 转换为 r 进制数*/

int main( )
{
   int A, r;
   printf("请输入一个十进制整数：");
   scanf("%d", &A);
   printf("请输入转换进制的基数：");
   scanf("%d", &r);
   Transform(A, r);
   return 0;
}

void Transform(int A, int r)
{
   struct Node *first = NULL, *s = NULL;
   int B;                              /*变量 B 保存转换后的每一位数字*/
   while (A != 0)                      /*当 A 不等于 0 时执行循环，执行转换*/
   {
      B = A % r;  A = A / r;
      s = (struct Node *)malloc(sizeof(struct Node));        /*申请结点*/
      s->data = B;                                /*保存得到的一位 r 进制数*/
      s->next = first;  first = s;                /*插入*/
   }
   printf("转换为%d 进制整数是：", r);
   struct Node *p = first;                        /*工作指针 p 初始化*/
   while (p != NULL)                              /*当工作指针 p 尚未移出单链表*/
   {
      printf("%d", p->data);                      /*打印结点 p 的数据域*/
      p = p->next;                                /*工作指针后移*/
   }
}
```

练习题 12-9 假设输入十进制整数 46，转换为二进制整数，运行程序给出结果。

12.4 本章实验项目

〖**实验 1**〗 上机实现 12.1.4 节程序设计实例 12.1，写出程序的运行结果。延伸实验：如果从键盘上输入藏头诗，可以用二维字符数组 poem[4][15]存储藏头诗（四句七言），每行存储一句。请设计程序。

〖**实验 2**〗上机实现 12.3.4 节程序设计实例 12.3，假设发 4 张牌，运行程序给出结果。延伸实验：①在游戏结束后要释放动态申请的存储空间，请设计函数 FreeCards 实现；②假设游戏有 4 个玩家，随机发 4 手牌，每手 5 张牌，请设计程序。

〖**实验 3**〗找词游戏。在一张填满字符的表格中，沿着横线、竖线或者斜线，正着读或者反着读可以组成若干个单词，例如，图 12.21 所示表格可以组成 this、two、fat 和 that 等单词。要求游戏者找出所有的英文单词，并要给出单词个数提示。

t	h	i	s
w	a	t	s
o	a	h	g
f	g	d	t

图 12.21　字符表格

12.5　本章教学资源

练习题答案

练习题 12-1　abcba 是回文串。

练习题 12-2

```
int TurnString(char str[ ])
{
  int i = 0, j = strlen(str)-1;
  while (i < j)
  {
    if (str[i] == str[j]) {i++; j--;}
    else return 0;
  }
  return 1;
}
```

练习题 12-3

```
int main( )
{
  char *str[5] = {"Red", "Green", "Blue", "Yellow", "Black"}
  printf("最大字符串是%s\n", Max(str, 5));
  return 0;
}
```

练习题 12-4　请自行设计考生学号、姓名和四科成绩，运行程序写出结果。

练习题 12-5

```
void FormatDay(struct DateType stu)
{
  int select;
  printf("请选择输出格式: 1. 斜杠格式     2. 横杠格式  ");
  scanf("%d", &select) ;
  if (select == 1)
    printf("%4d/%2d/%2d\n", stu.year, stu.month, stu.day);
  else
```

```
        printf("%4d-%2d-%2d\n", stu.year, stu.month, stu.day);
    }
```

练习题 12-6 用 malloc 函数申请的存储空间是“值无定义的”，因此都是随机数，程序会得到执行，返回的是所有随机数的最大值。

练习题 12-7 第一条语句申请的存储单元都是随机数，第二条语句申请的存储单元均被初始化为 0。

练习题 12-8 *p 的值有可能是 10。因为没有给指针 p 赋值，指针 p 仍然指向原来的存储单元，在尚未覆盖被释放掉的存储单元之前，该存储单元的值保持不变。

练习题 12-9 十进制整数 46 转换为二进制整数 101110。

二维码	 课件	 源代码	 “每课一练”答案（1）	 “每课一练”答案（2）	 “每课一练”答案（3）

敖不可长，欲不可从，志不可满，乐不可极。

——《礼记》

第 13 章

再谈输入/输出

文件是输入/输出的一个重要概念。从操作系统的角度看，每一个与主机相连的外部设备都被看作是一个文件，例如，键盘是标准输入文件，显示器是标准输出文件，磁盘既是输入文件也是输出文件。程序中用到的输入数据既可以通过键盘输入，也可以通过磁盘文件输入，程序的处理结果既可以输出到显示器上，也可以输出到磁盘文件中，磁盘文件一般用来处理输入/输出数据量比较大的情况。

【引例 13.1】 文件复制

【问题】 模拟操作系统的文件复制功能。

【想法】 假设将文件 fileS 的内容复制到文件 fileT 中，可以依次读取文件 fileS 的每一个字符，并写入文件 fileT 中，则文件 fileS 应该以只读方式打开，文件 fileT 应该以只写方式打开。

【算法】 设函数 Copy 实现将源文件 fileS 复制到目标文件 fileT，算法如下：

1. 以只读方式打开文件 fileS；以只写方式打开文件 fileT；
2. 当 fileS 尚未到文件尾，重复执行下述操作：
    2.1 ch = 从文件 fileS 读出一个字符；
    2.2 将 ch 写入文件 fileT；
3. 关闭文件 fileS；关闭文件 fileT；

【程序】 程序同时打开两个文件，因此，设两个文件指针分别指向两个已打开的文件，源文件和目标文件均可以带路径。程序如下：

```
#include <stdio.h>
void Copy(char fileT[ ], char fileS[ ]);     /*函数声明，文件复制*/
```

```
int main( )
{
    char fileS[30], fileT[30];                     /*存放源文件名和目标文件名*/
    printf("请输入要复制的源文件：");
    scanf("%s", fileS);                            /*输入源文件名，可以带路径*/
    printf("请输入要复制的目标文件：");
    scanf("%s", fileT);                            /*输入目标文件名，可以带路径*/
    Copy(fileT, fileS);
    return 0;
}

void Copy(char fileT[ ], char fileS[ ])            /*函数定义，字符数组作为形参*/
{
    char ch;
    FILE *fpS, *fpT;                               /*定义文件指针*/
    fpS = fopen(fileS, "r");
    fpT = fopen(fileT, "w");
    while (!feof(fpS))                             /*源文件 fpS 未结束*/
    {
      ch = fgetc(fpS);                             /*ch 接收从文件 fpS 读出的一个字符*/
      fputc(ch, fpT);                              /*将 ch 写入目标文件 fpT*/
    }
    fclose(fpS);                                   /*关闭源文件*/
    fclose(fpT);                                   /*关闭目标文件*/
    printf("文件复制成功!\n");
}
```

练习题 13-1 在当前文件夹下新建源文件 test1.txt 并输入几行文字，假设目标文件名为 test2.txt，运行程序观察 test2.txt 文件的内容。程序中出现了哪些新的语法？

13.1 文件缓冲区与文件指针

前面各章的程序中用到的输入数据都是在程序运行时通过键盘输入，再次运行程序时必须再次从键盘输入数据，处理结果都是输出在显示器上，程序运行结束后，运行结果也就丢失了。为了长期保存程序的处理结果，以及避免每次运行程序时都通过键盘输入数据，可以将数据以文件的形式存储在计算机的外存中，需要时可随时进行读写。

13.1.1 文件缓冲区

操作系统对磁盘文件的存取速度远远小于对内存的存取速度，为了提高数据的存取效率，应用程序一般通过文件缓冲区对磁盘文件进行读写操作。所谓**文件缓冲区**是在应用程序和磁盘文件之间设置的一段连续的内存空间，应用程序与磁盘文件的数据交换通过文件缓冲区来完成，如图 13.1 所示。

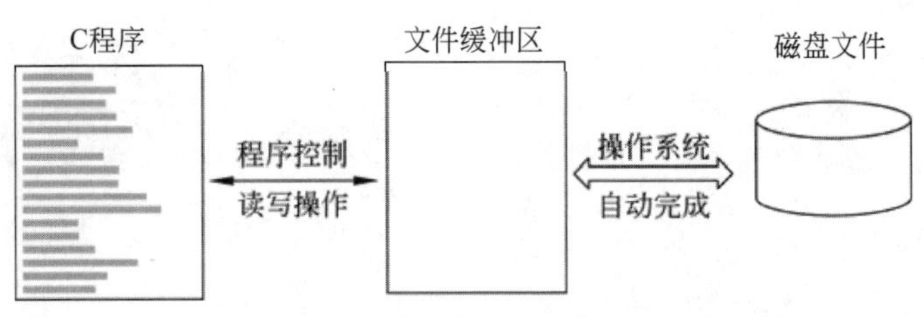

图 13.1　文件缓冲区的工作原理

使用文件一般按照如下操作流程进行：

（1）打开文件。在打开一个文件时，操作系统自动在内存中开辟一个文件缓冲区，缓冲区的大小由具体的语言标准规定。由于磁盘数据的组织方式是按扇区进行的，每个扇区一般为 512B，一般微机中的 C 语言编译系统也把缓冲区大小定为 512B，恰好与磁盘的一个扇区大小相同，从而保证磁盘操作的高效性。

（2）文件测试。如果以只读方式打开文件时文件不存在、文件路径不正确，或是不同的程序试图打开同一个文件，可能会出现文件打开错误，因此打开文件后要测试文件是否正确打开。

（3）读写操作。从文件中读数据时，操作系统首先自动把一个扇区的数据导入文件缓冲区中，然后由程序控制读入数据并进行处理，一旦数据读入完毕，操作系统会自动把下一个扇区的数据导入文件缓冲区中，以便继续读入数据。把数据写入文件时，首先由程序控制把数据写入文件缓冲区，一旦写满文件缓冲区，操作系统会自动把这些数据写入磁盘中的一个扇区，然后把文件缓冲区清空，以便接收新的数据。

（4）关闭文件。每一个打开的文件都会占用一个文件缓冲区，操作系统需要对每一个打开的文件进行管理，因此，可同时打开的文件是有限的，如果不及时关闭文件就会浪费操作系统的文件资源。关闭文件的另一个重要作用是强制将文件缓冲区的数据写入文件，因为数据不是直接写入文件，而是先写入文件缓冲区，当文件缓冲区满时再写入文件。如果文件缓冲区不满时发生程序异常终止，缓冲区中的数据就会丢失。

13.1.2　文件指针

一个打开的文件包括文件的当前位置指针、文件缓冲区的地址等基本信息，这些信息由头文件 stdio.h 中定义的结构体类型 FILE 来描述。文件指针是 FILE 型指针变量，系统通过文件指针实现对结构体 FILE 的各成员的访问，编程人员通常不必关心 FILE 的具体内容。同普通变量相同，文件指针变量（简称文件指针）也要先定义后使用。

【语法】 定义文件指针的一般形式如下：

```
FILE *文件指针变量名;
```

其中，“*”是指针定义符；文件指针变量名是一个合法的标识符[1]。

【语义】 定义文件指针变量，编译器为文件指针分配存储空间。注意：该文件指针是“值无定义的”。

如下语句定义了文件指针变量 fp 并将其初始化为空，以后要将 fp 与某个已打开的文件相关联。

```
FILE *fp = NULL;                    /*定义并初始化文件指针变量 fp*/
```

13.2 文件的当前位置指针

13.2.1 什么是文件的当前位置指针

C 语言把文件看作流式文件，即文件由一个个字节组成，文件结构体类型 FILE 中的成员_ptr 表示当前的位置指针，指向当前的读写位置，也就是将要操作的字节。一般情况下，在打开一个文件时，文件的当前位置指针位于文件首部，即指向第一字节，如图 13.2 所示。

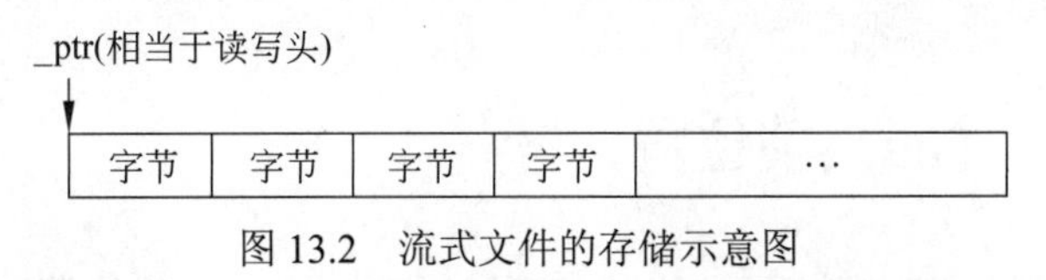

图 13.2 流式文件的存储示意图

随着文件读写操作的进行，文件的当前位置指针会自动向后移动。为了避免文件结束时还对文件进行读写操作，C 语言提供了符号常量 EOF（End of File）用来表示文件结束，其值为-1。如果文件的位置指针指向文件的末尾，则返回 EOF。

13.2.2 跟踪文件的当前位置指针

打开文件时，编译器根据打开方式将文件的当前位置指针设置在文件头或文件尾。随着文件读写操作的进行，系统会自动调整文件的当前位置指针。为了跟踪文件的读写位置，C 语言提供了 ftell 函数和 feof 函数用来检测文件的当前位置指针。

【函数原型】 ftell 函数的原型如下：

```
long ftell(FILE *filepointer)
```

其中，filepointer 是文件指针，且与某个打开的文件相关联；返回值类型为 long int 型。

【功能】 获得 filepointer 文件的当前位置指针。

---

1 为了与非文件变量区分开，有些程序员习惯在有关文件的变量名前加上字母 f（file），例如，将文件指针命名为 fp。系统提供的有关文件操作的库函数名也都以字母 f 开头，例如，fopen、fclose、fscanf、fprintf 等。

【返回值】 如果操作成功，返回 filepointer 文件的当前位置指针，即相对于文件开头的位移量（字节数）。否则，返回-1L（L 表示该常量为 long int 型）[1]。

假设文件指针 fp 已经与某个打开的文件相关联，如下语句获得文件 fp 的当前位置：

```
long int location;
location = ftell(fp);
```

【函数原型】 feof 函数的原型如下：

```
int feof(FILE * filepointer)
```

其中，filepointer 是文件指针，且与某个打开的文件相关联。

【功能】 测试 filepointer 文件的当前位置指针是否指向文件的末尾。

【返回值】 如果 filepointer 文件的当前位置指针已指向文件的末尾，则返回逻辑真；否则返回逻辑假。

假设文件指针 fp 已经与某个打开的文件相关联，如下语句执行循环体，直到文件的当前位置指针到达文件尾：

```
while (!feof(fp))
  ......
```

13.2.3 定位文件的当前位置指针

在 C 语言中，除了顺序读写方式外，还可以对文件进行随机读写，即根据需要读写特定位置的数据。C 语言提供了 rewind 函数和 fseek 函数用来改变文件的当前位置指针。

【函数原型】 rewind 函数的原型如下：

```
void rewind(FILE *filepointer)
```

其中，filepointer 是文件指针，且与某个打开的文件相关联。rewind 函数无返回值。

【功能】 将 filepointer 文件的当前位置指针定位到文件的开头。

【函数原型】 fseek 函数的原型如下：

```
int fseek(FILE * filepointer, long offset, int origin)
```

其中，filepointer 是文件指针，且与某个打开的文件相关联；offset 为偏移量，其类型是 long int 型，offset 的值为正值，表示新的位置在 origin 的后面，offset 的值为负值，表示新的位置在 origin 的前面；origin 是起始位置，其类型是 int 型，origin 包括文件头、文件尾和文件的当前位置，如表 13.1 所示。

---

1 整数字面常量的数据类型默认是 int 型，如果指定整数常量是 long int 型（长整型），则在整数常量的末尾加上字母 l 或 L，如果整数常量的值超出 int 型的表示范围，则自动确定该整数是长整型。

表 13.1　origin 的具体值

origin（起始位置）	符号常量	整数值
文件的开头	SEEK_SET	0
文件的当前位置	SEEK_CUR	1
文件的末尾	SEEK_END	2

【功能】 将 filepointer 文件的当前位置指针移动到距离 origin 的 offset 位置处。

【返回值】 如果操作成功，则返回 0，否则定位出错，返回 EOF。

假设文件指针 fp 已经与某个打开的文件相关联，整数常量后面的字母 L 表示该整数是 long int 型，如下定位文件的当前位置指针操作都是正确的：

```
rewind(fp);                       /*定位到文件头*/
fseek(fp, 0L, SEEK_SET);          /*定位到文件头，相当于 rewind(fp)*/
fseek(fp, 0L, SEEK_END);          /*定位到文件尾*/
fseek(fp, 10L, SEEK_SET);         /*定位到文件头后 10 字节处*/
fseek(fp, -10L, SEEK_END);        /*定位到文件尾前 10 字节处*/
fseek(fp, 10L, SEEK_CUR);         /*定位到当前位置后 10 字节处*/
```

练习题 13-2 在语句 "fseek(fp, 10L, SEEK_SET);" 中可以去掉整数 10 后面的字母 L 吗？

练习题 13-3 将文件 fp 的当前位置指针向后移动 10 字节，请写出正确语句。

13.3　文件的打开与关闭

对一个文件进行读写操作，首先要打开这个文件，操作完毕后要将这个文件关闭。打开文件，实际上是建立文件缓冲区以及文件的相关信息，并将文件指针指向该文件，以便执行文件的读写操作。关闭文件，实际上是断开文件指针与文件之间的联系，从而也就禁止了对该文件的读写操作，并将文件缓冲区中的数据写入文件，以避免数据丢失。C 语言提供了 fopen 函数和 fclose 函数用于打开和关闭文件。

13.3.1　文件的打开

【函数原型】 fopen 函数的原型如下：

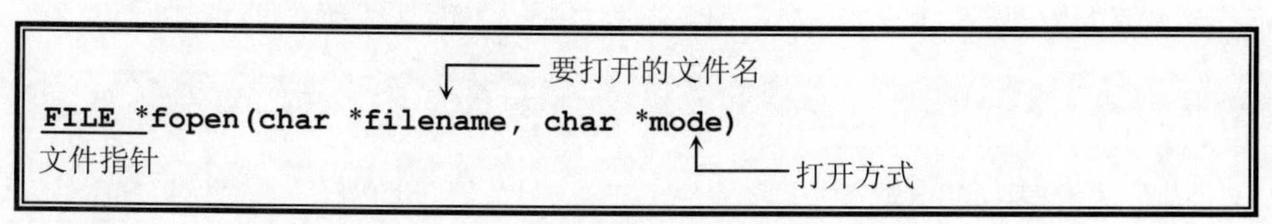

其中，FILE *表示文件指针；filename 表示要打开的文件名，可以带路径；mode 表示打

开文件的方式，即打开文件的类型[1]、打开文件后将要进行哪些操作，具体打开方式如表 13.2 所示。

【功能】 按指定方式打开文件，系统分配相应的文件缓冲区。

【返回值】 如果文件打开成功，返回指向该文件的指针；否则返回空指针。

表 13.2　文件的打开方式

打开方式		含　义		当前位置指针
文件类型	t(text)	打开一个文本文件	缺省表示打开文本文件	
	b(binary)	打开一个二进制文件		
操作类型	r(read)	以只读方式打开一个已经存在的文件，不能向文件写数据		文件的开头
	r+	以读写方式打开一个已经存在的文件		
	w(write)	以只写方式创建一个新文件，不能从文件读数据。如果文件已存在，则覆盖原文件		
	w+	以读写方式创建一个新文件。如果文件已存在，则覆盖原文件		
	a(append)	以追加方式打开一个已经存在的文件，不能从文件读数据。如果文件不存在，则创建这个文件		文件的末尾
	a+	以追加方式打开一个已经存在的文件，可以读写文件。如果文件不存在，则创建这个文件		

注：文件的具体打开方式由操作类型 r、w 或 a，文件类型 t 或 b 这两部分组成，其中操作类型在前，文件类型在后并且可以省略，“+”一般放在文件类型的后面。例如“w+”和“wt+”均表示以读写方式创建一个新的文本文件。

在 fopen 函数中，如果文件名前面不带路径，则默认在当前文件夹下，即与应用程序所在文件夹相同；如果文件名前面带路径，则路径中的斜线\需要用转义字符'\\'表示。以下都是合法的打开文件操作：

```
FILE *fp1 = NULL, *fp2 = NULL, *fp3 = NULL;
char *p = "c:\\aaa\\ test3 .txt ";
fp1 = fopen("test1.txt", "r");              /*以只读方式在当前文件夹下打开文件*/
fp2 = fopen("c:\\aaa\\test2.txt", "w+");    /*以读写方式在指定文件夹下打开文件*/
fp3 = fopen(p, "a+");                       /*以追加方式在指定文件夹下打开文件*/
```

如果 fopen 函数返回 NULL，则表明打开文件操作失败，其原因可能是以只读方式打开文件时文件不存在、路径不正确或是文件已被打开。为保证文件操作的可靠性，调用 fopen 函数后最好进行判断，以确认文件正常打开[2]。下面是一种常见的用法：

```
FILE *fp = NULL;
```

1　通常有两种类型的文件：文本文件和二进制文件。文本文件是基于字符编码的文件，能够以记事本的方式打开。扩展名是.txt、.c、.cpp、.h、.ini 等的文件大多是文本文件。二进制文件按照内存中二进制编码形式存储，一般不能以记事本的方式打开，即使能够打开，看起来也是一些乱码。扩展名是.exe、.dll、.lib、.dat、.gif、.bmp 等的文件大多是二进制文件。

2　可以将 fp = fopen ("test.txt", "r") 和 if (fp ==NULL) 合写为 if ((fp = fopen("test.txt", "r") == NULL)，这样，一个表达式就可以完成打开文件和判断文件是否正确打开两项操作，由于赋值运算符的优先级低于判等运算符，因此，赋值表达式的括号不能省略。

```
fp = fopen("test.txt", "r");              /*以只读方式打开文件*/
if (fp == NULL)
{
    printf("File open error !");
    exit(-1);                             /*终止程序的执行并返回状态码-1*/
}
```

13.3.2 文件的关闭

【函数原型】 fclose 函数的原型如下：

```
int fclose(FILE *filepointer)
```

其中，filepointer 是文件指针，且与某个打开的文件相关联。

【功能】 关闭 filepointer 文件。

【返回值】 如果正常关闭，则返回 0；如出现关闭错误，返回 EOF。

用 fclose 函数关闭的文件一定是已经打开的文件，以下是 fclose 函数常见的用法：

```
FILE *fp = NULL;
fp = fopen(…);                /*以某种方式打开一个文件*/
…                             /*对文件进行读写操作*/
fclose(fp);                   /*关闭 fp 指向的文件*/
```

练习题 13-4 在当前文件夹下打开文本文件 test.txt 进行读写操作，如果文件 test.txt 不存在，则创建这个文件，如果文件 test.txt 已存在，打开文件时不能破坏文件内容，写出正确的打开文件语句。

13.4 文件的读写操作

磁盘文件的读写操作是针对磁盘而言的，读文件操作（简称读操作）是将数据从磁盘文件中读取出来，写文件操作（简称写操作）是将数据写入磁盘文件中，如图 13.3 所示。

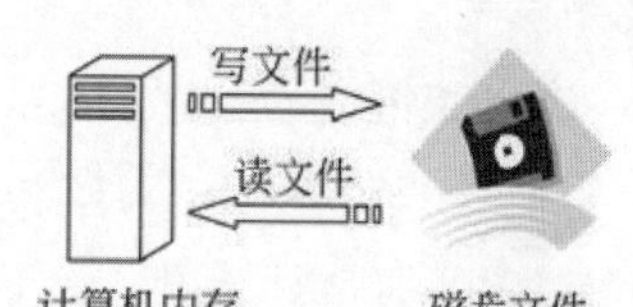

图 13.3 读文件与写文件的概念

在 C 语言中，对文件的读写操作通过调用库函数来完成，C 语言提供了字符方式读写文件函数 fgetc 和 fputc、字符串方式读写文件函数 fgets 和 fputs、格式化方式读写文件函数 fscanf 和 fprintf 用于读写文本文件，分别与字符数据输入/输出函数 getchar 和 putchar、字符串数据输入/输出函数 gets 和 puts、格式化输入/输出函数 scanf 和 printf 类似，区别在于前者的操作对象是标准输入/输出文件（即键盘/显示器），后者的操作对象是磁盘文件。此外，C 语言还提供了二进制文件读写函数 fread 和 fwrite 用于读写二进制文件。调用文件库函数需要包含头文件 stdio.h。

13.4.1 字符方式读写文件

字符方式读写文件就是以字符为单位进行文件的读写操作，即每次可从文件读出一个字符或向文件写入一个字符。

【函数原型】 fgetc 函数的原型如下：

```
                        ┌── 从这个文件读字符
                        ↓
int fgetc(FILE *filepointer)
```

其中，filepointer 是文件指针，且与某个可读文件相关联。

【功能】 从 filepointer 文件的当前位置读出一个字符，同时将文件的当前位置指针后移 1 字节。

【返回值】 如果读取成功，返回读取的字节值；如果读到文件尾或出错，返回 EOF。

读出的字符一般要保存到一个字符型变量中。假设文件指针 fp 已经与一个可读文件相关联，如下语句实现从 fp 文件的当前位置读出一个字符，并保存到变量 ch 中：

```
char ch;
ch = fgetc(fp);
```

【函数原型】 fputc 函数的原型如下：

```
                              ┌── 向这个文件写字符
                              ↓
int fputc(int ch, FILE *filepointer)
                ↑
                └── 要写入的字符
```

其中，ch 是要写入的字符，可以是字符常量、字符变量，也可以是一个字符表达式；filepointer 是文件指针，且与某个可写文件相关联。

【功能】 向 filepointer 文件的当前位置写入字符 ch，同时将文件的当前位置指针后移 1 字节。

【返回值】 如果写入成功，返回写入的字节值；如写入出错，返回 EOF。

假设文件指针 fp 已经与一个可写文件相关联，如下语句都是正确的：

```
char ch = 'a';
fputc(ch, fp);                    /*将字符'a'写入文件 fp*/
fputc('\n', fp);                  /*将回车符写入文件 fp*/
fputc('A' + 1, fp);               /*将字符'B'写入文件 fp*/
```

13.4.2 字符串方式读写文件

字符串方式读写文件就是以字符串为单位进行文件的读写操作，即每次可从文件读出一个字符串或向文件写入一个字符串。

【函数原型】 fgets 函数的原型如下：

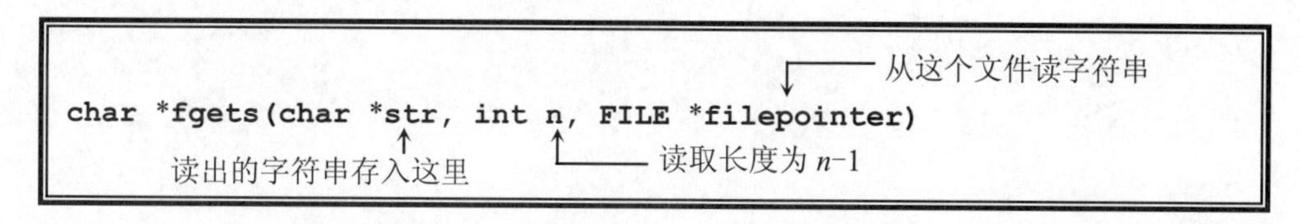

其中，str 可以是字符数组也可以是字符串指针，用来存储读出的字符串；*n* 表示字符串的长度，这个长度包括终结符'\0'，因此，读出的字符个数是 *n*−1，如果在读取过程中遇到换行符'\n'，则读取换行符之前的字符串，此时读出的字符个数不一定是 *n*−1；filepointer 是文件指针，且与某个可读文件相关联。

【功能】 从 filepointer 文件的当前位置读取长度为 n−1 的字节串，在末尾加上字符串终结符'\0'存入 str 所指内存单元中，同时将文件的当前位置指针后移 n−1 个字节。

【返回值】 如果读取成功，返回指向字符串的指针；如果读到文件尾或出错，则返回空指针。

假设文件指针 fp 已经与一个可读文件相关联，如下语句从文件 fp 的当前位置读出 14 个字符存储到字符数组 str 中，由于第 14 个字符是回车符，所以实际读出 13 个字符，同时将文件的当前位置指针指向回车符后的字符，如图 13.4 所示。

```
char str[80];
fgets(str, 15, fp);                /*字符数组 str 的值为"I love China!"*/
```

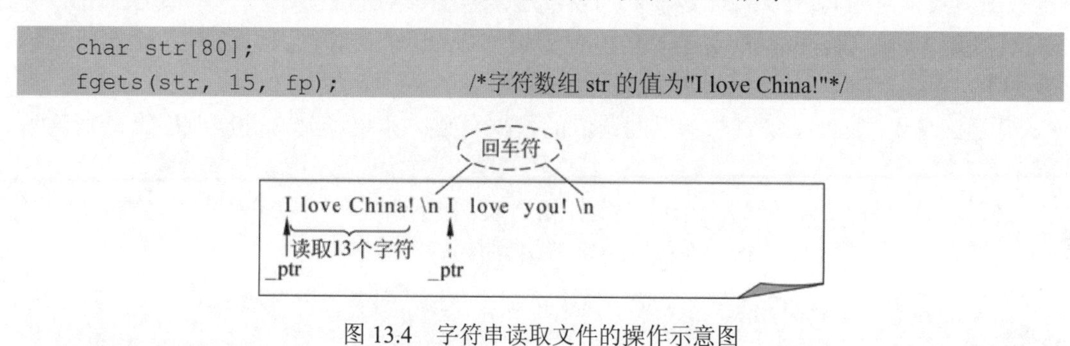

图 13.4　字符串读取文件的操作示意图

【函数原型】 fputs 函数的原型如下：

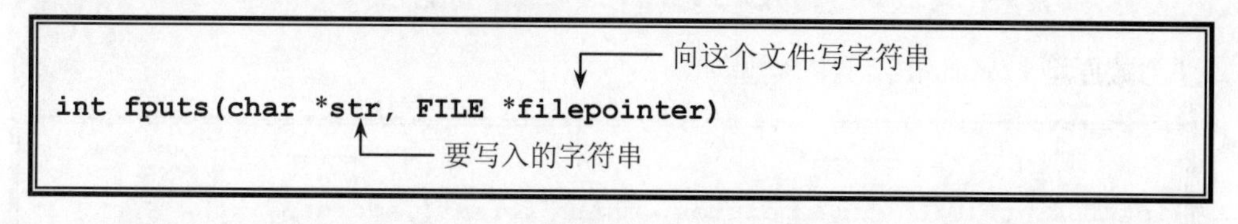

其中，str 是要写入的字符串，可以是字符串常量，也可以是字符数组或字符串指针；filepointer 是文件指针变量，且与某个可写文件相关联。

【功能】 向 filepointer 文件的当前位置写入字符串 str，同时将文件的当前位置指针向后移动等同于字符串长度的字节。

【返回值】 如果写入成功，返回最后写入的字节值；如写入出错，返回 EOF。

假设文件指针 fp 已经与一个可写文件相关联，如下语句都是正确的：

```
char str[80] = "I love China!";
char *ch = str;
fputs(str, fp);
fputs(ch, fp);
fputs("I love China!", fp);
```

13.4.3 格式化方式读写文件

格式化方式文件读写就是以某种格式进行文件读写操作，即从文件读出或向文件写入某种指定格式的数据。

【函数原型】 fscanf 函数的原型如下：

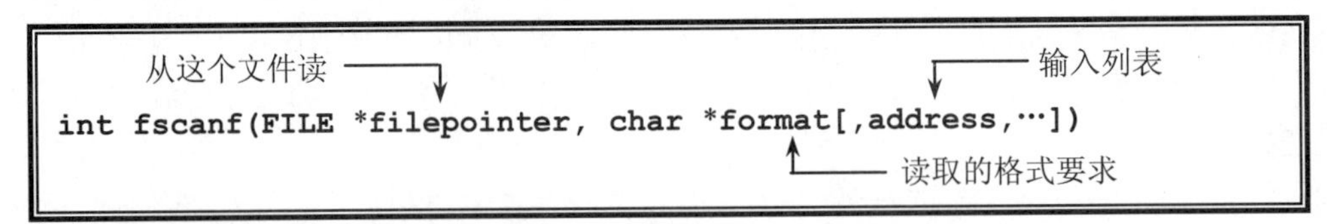

其中，filepointer 是文件指针，且与某个可读文件相关联；format 是格式控制，与 scanf 函数的格式控制相同；address 是输入列表，通常为变量的地址。

【功能】 从 filepointer 文件的当前位置按 format 格式读取数据并存入输入列表的变量中。

【返回值】 如果读取成功，返回读取的数据个数；如果读到文件尾或出错，则返回 EOF。

假设文件指针 fp 已经与一个可读文件相关联，如下语句从文件 fp 中按指定格式读出一个整数、一个实数、一个字符和一个字符串并存入相应变量。

```
int x;
double y;
char ch, str[80];
fscanf(fp, "%d%lf%c%s", &x, &y, &ch, str);
```

【函数原型】 fprintf 函数的原型如下：

向这个文件写 → filepointer；输出列表 → address

```
int fprintf(FILE *filepointer, char *format[,address,…])
```

写入的格式要求 → format

其中，filepointer 是文件指针，且与某个可写文件相关联；format 是格式控制，与 printf 函数的格式控制相同；address 是输出列表，通常是变量或表达式。

【功能】 将输出列表中的数据按照指定格式写入 filepointer 文件的当前位置。

【返回值】 如果写入成功，返回写入的字节数；如写入出错，返回 EOF。

假设文件指针 fp 已经与一个可写文件相关联，如下语句将变量 x、y、ch 和 str 的内容以指定格式写入文件 fp 中。

```
int x = 5;
double y = 3.5;
char ch = 'a', str[80] = "I love China!";
fprintf(fp, "%d%6.2f%c%s\n", x, y, ch, str);
```

13.4.4 二进制方式读写文件

二进制方式读写文件就是对二进制文件进行读写操作，通常以字节为单位读写数据块，常用来读写一组数据，如一个数组元素、一个结构体变量等。

【语法】 fread 函数的原型如下：

其中，ptr 是通用指针，指向内存的某个起始地址；size 表示数据的大小（以字节为单位）；*n* 表示读出数据的个数；filepointer 是文件指针，且与某个可读文件相关联。

【功能】 从 filepointer 文件的当前位置读出 *n* 个数据，每个数据的大小是 size 字节，并将读出的数据存放在 ptr 所指向的内存单元中，同时，将文件的当前位置指针向后移动 n*size 字节。

【返回值】 如果读取成功，则返回读出的数据个数；否则返回 0。

【函数原型】 fwrite 函数的原型如下：

其中，ptr 是通用指针，指向内存的某个起始地址；size 表示数据的大小（以字节为单位）；*n* 表示写入数据的个数；filepointer 是文件指针，且与某个可写文件相关联。

【功能】 将 ptr 所指内存单元的 *n* 个大小为 size 字节的数据写入 filepointer 文件的当前位置，同时，将文件的当前位置指针向后移动 n*size 字节。

【返回值】 如果写入成功，则返回写入数据的个数；否则返回 0。

由于数组和结构体变量在内存中占用连续的存储单元，可以使用 fread 函数和 fwrite 函数对数组或结构体变量进行整体读写操作。假设文件指针 fp 已经与某个可读写文件相关联，如下语句向文件 fp 写入一个数组，以及从文件 fp 中读出一个数组：

```
int x[10] = {1, 2, 3, 4, 5, 6, 7, 8, 9, 10};
```

```
int y[10];
fwrite(x, sizeof(int), 10, fp);                /*将数组 x 写入文件 fp*/
fread(y, sizeof(int), 10, fp);                 /*从文件 fp 读取 10 个整数存入数组 y*/
```

假设文件指针 fp 已经与某个可读写文件相关联，如下语句向文件 fp 写入一个结构体变量，以及从文件 fp 中读出一个结构体数据：

```
struct Date
{
  int year, month, day;
} day, today = {1968, 3, 26};
fwrite(today, sizeof(Date), 1, fp);          /*将结构体变量 today 写入文件 fp*/
fread(day, sizeof(Date), 1, fp); /*从文件 fp 读取一个 Date 类型数据存入变量 day*/
```

13.5 程序设计实例

13.5.1 程序设计实例 13.1——注册与登录

【问题】 模拟应用软件的用户注册和登录功能。

【想法】 如果是注册，则将用户输入的用户名和密码存入文件 table.txt；如果是登录，则将用户输入的用户名和密码与文件 table.txt 中的数据进行校验，限制用户输入次数不超过 3 次。

【算法】 设文件 table.txt 中存储用户的登录信息，函数 Login 完成用户登录，在文件 table.txt 中查找用户输入的用户名和密码是否存在，算法如下：

1. 以只读方式打开文件 table.txt；
2. 初始化输入次数 count = 0；
3. 当 count < 3 时，执行下述操作：
   3.1 输入用户名 name 和密码 password；
   3.2 count++；
   3.3 如果 name 和 password 在 table.txt 中，显示“登录成功！”，跳出循环；否则转 3.1 重新输入；
4. 如果 count >= 3，则显示“输入超过三次，退出程序！”；
5. 关闭文件 table.txt；

设函数 Register 完成用户注册，将用户输入的用户名和密码保存到文件 table.txt 中，算法如下：

1. 以追加方式打开文件 table.txt；
2. 输入用户名 name 和密码 password；
3. 将 name 和 password 写入文件 table.txt；
4. 关闭文件 table.txt；

【程序】 提示用户选择登录或注册，如果选择登录，则调用函数 Login，如果选择注册，则调用函数 Register，其他选择均退出程序。程序如下：

```
#include <stdio.h>
#include <string.h>
void Register(void);                              /*函数声明，注册功能*/
void Login(void);                                 /*函数声明，登录功能*/

int main( )
{
   int select;
   printf("1. 登录  2. 注册   0. 退出\n 请选择：");
   scanf("%d", &select);
   switch (select)
   {
      case 1: Login( ); break;                    /*函数调用，实现用户登录*/
      case 2: Register( ); break;                 /*函数调用，实现用户注册*/
      default: printf("退出程序！\n"); break;
   }
   return 0;
}

void Login(void)                                  /*函数定义，没有形参和返回值*/
{
   FILE *fp = NULL;                               /*定义文件指针 fp 并初始化为空*/
   char str1[10], str2[10];
   char name[10], password[10];
   int count = 0, flag = 0;                       /*flag 为 0 表示匹配不成功*/
   fp = fopen("table.txt", "r");                  /*以只读方式打开文件 table.txt*/
   while (flag == 0 && count < 3)                 /*匹配不成功且录入次数不到 3 次*/
   {
      printf("请输入用户名和密码：");
      scanf("%s%s", name, password);
      count++;
      rewind(fp);                                 /*文件 fp 的位置指针置回开头*/
      while (!feof(fp))                           /*当文件 fp 未结束时*/
      {
        fscanf(fp, "%s%s", str1, str2);           /*从文件 fp 中读出两个字符串*/
        if ((strcmp(str1, name) == 0) && (strcmp(str2, password) == 0))
        {                                         /*用户名和密码均匹配*/
```

```
            flag = 1; break;                 /*置匹配成功标志，退出内层 while 循环*/
          }
        }
        if (flag == 0)                        /*退出内层循环，测试匹配是否成功*/
          printf("用户名或密码错，请重新输入！\n");
    }
    if (flag == 1)                            /*退出外层循环，测试匹配是否成功*/
        printf("登录成功！\n");
    else
        printf("输入超过 3 次，退出程序！\n");
    fclose(fp);                               /*关闭文件*/
}
void Register(void)                           /*函数定义，没有形参和返回值*/
{
    FILE *fp = NULL;                          /*定义文件指针 fp 并初始化为空*/
    char name[10], password[10];
    fp = fopen("table.txt", "a");             /*以追加方式打开文件 table.txt*/
    printf("请输入用户名和密码：");
    scanf("%s%s", name, password);
    fprintf(fp, "%10s%10s", name, password);  /*以指定格式写入文件*/
    fputc(fp, '\n');
    printf("注册成功！\n");
    fclose(fp);                               /*关闭文件*/
}
```

练习题 13-5 在函数 Register 中去掉语句 “fputc(fp, '\n');”，运行程序观察结果有什么不同。

练习题 13-6 在函数 Login 中，为什么每次执行内层 while 循环之前都要执行语句 rewind(fp)?

13.5.2 程序设计实例 13.2——统计考研成绩（文件版）

【问题】 计算机学科考研专业课包括数据结构、计算机组成原理、操作系统和计算机网络。对于一批考生，输入各科成绩，并计算总分。要求用文件实现。

【想法】 对于大量的考生信息，不能每运行一次程序都录入大量数据，已经录入的成绩信息应该用文件保存下来，计算的总分也应该保存到文件中。设文件 stu_grade.txt 存放学生的成绩信息，录入时以追加方式打开文件，并将成绩信息写入该文件。

【算法】 设函数 WriteToFile 实现录入考生的成绩信息并存入文件 stu_grade.txt，算法描述如下：

1. 以追加方式打开文件 stu_grade.txt；
2. 输入考生的各项信息；
3. 计算该生的总分；
4. 将考生的各项信息以及总分以追加方式存入文件 stu_grade.txt；
5. 如果继续录入，转 step2；否则关闭文件 stu_grade.txt；

设函数 ReadFromFile 实现从文件 stu_grade.txt 中读出考生的成绩信息并输出，算法描述如下：

1. 以只读方式打开文件 stu_grade.txt；
2. 重复下述操作，直到文件 stu_grade.txt 的末尾：
   2.1 从文件 stu_grade.txt 读出一个考生的成绩信息；
   2.2 输出该生的成绩信息；
3. 关闭文件 stu_grade.txt；

【程序】 在录入成绩信息时，为保存已经录入的数据，以追加方式打开文件 stu_grade.txt，在输出成绩信息时，以只读方式打开文件 stu_grade.txt，采用格式化方式对文件进行读写操作，程序如下：

```
#include <stdio.h>
struct StudentType                              /*定义结构体类型*/
{
    char no[10], name[10];
    double spec1, spec2, spec3, spec4;
    double totalScore;
};
void WriteToFile(void);                         /*函数声明，向文件写入数据*/
void ReadFromFile(void);                        /*函数声明，从文件读出数据*/

int main( )
{
    int select;
    printf("1. 录入成绩   2. 输出成绩   0. 退出\n");
    printf("请输入要执行的操作：");
    scanf("%d", &select);
    switch (select)
    {
        case 1: WriteToFile( ); break;          /*录入考生成绩并写入文件*/
        case 2: ReadFromFile( ); break;         /*从文件读取考生成绩并输出*/
        default: printf("退出程序！"); break;
    }
    return 0;
}

void WriteToFile(void)                          /*函数定义，没有参数且没有返回值*/
{
    FILE *fp = NULL;                            /*定义文件指针并初始化为空*/
    struct StudentType stu;
    char flag = 'y';                            /*继续输入标志*/
    fp = fopen("stu_grade.txt", "a");
    while ((flag == 'y' || flag == 'Y'))
```

```
    {
       printf("请输入考生考号和姓名: ");
       scanf("%s%s", stu.no, stu.name);
       printf("请输入考生各科成绩: ");
       scanf("%lf%lf%lf%lf",&stu.spec1,&stu.spec2,&stu.spec3,&stu.spec4);
       stu.totalScore = stu.spec1 + stu.spec2 + stu.spec3 + stu.spec4;
       fprintf(fp, "%10s%10s",stu.no, stu.name);       /*以指定格式写文件*/
       fprintf(fp, "%8.2f%8.2f%8.2f", stu.spec1, stu.spec2, stu.spec3);
       fprintf(fp, "%8.2f%8.2f", stu.spec4, stu.totalScore);
       fputc('\n', fp);                                   /*将换行符写入文件*/
       fflush(stdin);                                     /*清空键盘缓冲区*/
       printf("继续输入吗? 继续请输入 y 或 Y: ");
       scanf("%c", &flag);
    }
    fclose(fp);                                  /*关闭文件*/
 }
 void ReadFromFile(void)                         /*函数定义,没有参数且没有返回值*/
 {
    FILE *fp = NULL;                             /*定义文件指针并初始化为空*/
    struct StudentType stu;
    fp = fopen("stu_grade.txt", "r");            /*以只读方式打开文件*/
    printf(" 考生姓名      总分\n");             /*打印表头*/
    while (!feof(fp))                            /*当文件未结束时*/
    {
       fscanf(fp, "%s%s", stu.no, stu.name);        /*以指定格式读文件*/
       fscanf(fp, "%lf%lf%lf", &stu.spec1, &stu.spec2, &stu.spec3);
       fscanf(fp, "%lf%lf", &stu.spec4, &stu.totalScore);
       fgetc(fp);  fgetc(fp);                       /*读取行末回车符*/
       printf("%10s%8.2f\n", stu.name, stu.totalScore);
    }
    fclose(fp);                                     /*关闭文件*/
 }
```

练习题 13-7 程序中打开文件后都没有测试是否正确打开文件，请在合适的位置增加测试语句。

练习题 13-8 在函数 WriteToFile 中去掉语句“fflush(stdin);”，运行程序出现什么现象？

13.6 本章实验项目

〖**实验 1**〗 上机实现 13.5.1 节程序设计实例 13.1，写出程序的执行结果。延伸实验：①如果第一次输入用户名和密码登录不成功，再进行登录时除了要求输入用户名和密码外，增加输入验证码；②如果规定密码必须由字母和数字组成，请修改程序。

〖**实验 2**〗 参会人员管理系统。一个小型学术会议，在参会人员报到时收集姓名、性别、单位、职称、房间号（假设每个房间只住一个人）等信息，主要功能如下：基本信息录入、报到人员信息查询、根据单位对与会人员进行分类统计、修改与会人员的信息、删除某个参会人员并清空其所住房间。要求用文件实现。

13.7 本章教学资源

<table>
<tr><td>练习题答案</td><td colspan="3">练习题 13-1　文件 test2.txt 的内容和 test1.txt 完全相同，说明复制成功。
练习题 13-2　可以，整数 10 是实参，进行参数结合时会自动转换为 long int 型。
练习题 13-3　long int location;
location = ftell(fp);
fseek(fp, location+10, SEEK_SET);
练习题 13-4　fopen("test.txt", "at+");
练习题 13-5　table.txt 中的用户信息没有分行。
练习题 13-6　内层 while 循环将文件的当前位置指针从开头移动到文件尾，在移动过程中查找匹配的用户名和密码，再次输入用户名和密码须从文件的开头进行新一轮查找。
练习题 13-7　在所有打开文件后增加测试语句如下：
if (fp == NULL)
{
  printf("文件打开失败!\n");
  exit(-1);
}
练习题 13-8　由于没有清空键盘缓冲区，输入的 y 或 Y 没有正确读入变量 flag，程序有可能出现死循环。</td></tr>
<tr><td>二维码</td><td>课件</td><td>源代码</td><td>“每课一练”答案</td></tr>
</table>

知之者不如好之者，好之者不如乐之者。
——《论语》

第14章

再谈程序的基本结构

按照程序文件的数量，可以将 C 程序分为单文件程序和多文件程序。单文件程序的所有程序代码都在一个源程序文件中，多文件程序通常包含一个或多个自定义头文件和一个或多个源程序文件。严格地讲，结构化程序应该使用多文件结构，尤其对于大型程序。前面各章的程序都属于单文件程序，本章介绍多文件程序。

14.1　多文件程序

14.1.1　多文件程序的构成

多文件程序通常包含一个或多个自定义头文件和一个或多个源程序文件，每个文件称为程序文件模块。通常编程环境都使用工程（project，也称项目）来管理程序文件模块，将若干个程序文件模块添加到一个工程中，再单击“连接”按钮，就将这些程序文件模块连接成一个可执行文件。

在多文件程序中，头文件通常包含程序文件模块的共享信息，如符号常量定义、数据类型定义、全局变量定义和函数原型等。例如，某个工程使用共同的符号常量（如 PI = 3.1415926、E = 2.718 等），或者全局变量（如次数、人数等），就可以把这些符号常量和全局变量放到头文件中，然后用#include 预处理指令将这个头文件包含到源程序文件中，这样就不必重复定义这些符号常量和全局变量，从而避免重复工作，减少差错和不一致性。在多文件程序中，源程序文件通常包含主函数和其他函数定义，相应的函数原型一般放在头文件中。由于整个程序的运行只能从主函数 main 开始，所以，有且只能有一个源程序文件包含主函数。一般将主函数放到一个源程序文件中，将其他函数定义组成若干个源程序文件，如图 14.1 所示。

工程			
头文件	源程序文件1	源程序文件2	源程序文件3

#define ……
typedef ……
Fun1( );
Fun2( );
	int main( )
	{
	……
	}
		Fun1( )
		{
		……
		}
			Fun2( )
			{
			……
			}

图 14.1　多文件程序的构成示例

14.1.2　将源程序文件分解为多个程序文件模块

如果源程序文件的规模较大，应该将源程序文件分解为几个程序文件模块；如果一个项目需要多人开发，应该将任务分解，每个人编写的程序代码放在自己的程序文件模块中。如何将源程序文件分解为多个程序文件模块呢？在多文件程序中，一般将函数定义放在源程序文件中，相应的函数原型放在头文件中，为了方便编译器检查头文件中的函数原型与源程序文件中的函数定义是否一致，在定义函数的源程序文件中也包含该头文件。下面请看一个例子。

例 14.1　图 14.2 所示为边长为 R 的正方形内切直径为 R 的圆，求阴影部分的面积。要求用多文件程序实现。

解：设函数 AreaSquare 求正方形的面积，函数 AreaCircle 求圆的面积，主函数调用函数 AreaSquare 和 AreaCircle 求得正方形的面积 area1 和圆的面积 area2，则 area1 – area2 即为阴影部分的面积。可以将程序分解为 1 个头文件和 3 个源文件，其中头文件 func.h 包含符号常量 PI 和函数声明，程序如下：

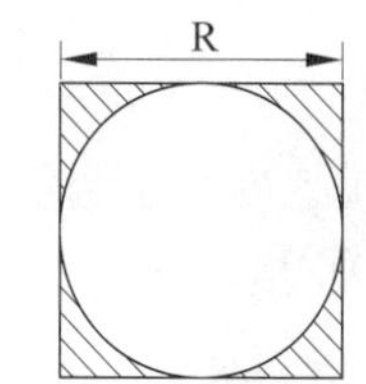

图 14.2　求阴影部分的面积

```
/*   func.h   */
#define PI 3.14
double AreaSquare(double R);                /*函数声明*/
double AreaCircle(double r);                /*函数声明*/
```

源文件 func1.cpp 完成 AreaSquare 的函数定义，程序如下：

```
/*   func1.cpp   */
#include "func.h"                   /*包含用户自定义头文件，用双引号*/
double AreaSquare(double R)         /*函数定义，形参 R 为正方形的边长*/
{
  return R * R;
}
```

源文件 func2.cpp 完成 AreaCircle 的函数定义，程序如下：

```
/*   func2.cpp   */
#include "func.h"                   /*包含用户自定义头文件，用双引号*/
double AreaCircle(double r)         /*函数定义，形参 r 为圆的半径*/
```

```
{
    return PI * r * r;
}
```

源程序 example14-1.cpp 用来完成主函数，程序如下：

```
/*   example14-1.cpp   */
#include <stdio.h>                              /*包含系统头文件，用尖括号*/
#include "func.h"                               /*包含用户自定义头文件，用双引号*/

int main( )
{
   double R, area1, area2;
   printf("请输入正方形的边长：");
   scanf("%lf", &R);
   area1 = AreaSquare(R);                       /*变量 area1 接收函数的返回值*/
   area2 = AreaCircle(R/2);                     /*变量 area2 接收函数的返回值*/
   printf("阴影部分的面积是：%5.2f\n", area1 - area2);
   return 0;
}
```

练习题 14-1　在源程序文件 example14-1.cpp 中，为什么不包含源程序文件 func1.cpp 和 func2.cpp?

练习题 14-2　在源程序文件 func2.cpp 中，如果增加预处理指令“#define PI 3.14159”，能否通过编译？

14.2　外部变量和外部函数

14.2.1　外部变量

在单文件程序中，全局变量的作用域是所在源程序文件。在多文件程序中，如果希望全局变量的作用域只限于所在源程序文件，而不能被其他源程序文件引用，则称为**静态全局变量**，定义静态全局变量须加上关键字 static。静态全局变量拒绝扩展全局变量的作用域，可以避免某个源程序文件中定义的全局变量影响到其他源程序文件。

在多文件程序中，如果希望将全局变量的作用域扩展到其他源程序文件，则称为**外部变量**，在引用该外部变量的源程序文件中用关键字 extern 声明外部变量，在定义该外部变量时须加上关键字 extern，缺省 extern 则默认是外部变量[1]。

例如，如果源程序文件 A 要引用源程序文件 B 中定义的外部变量，则在源程序 A 中用关键字 extern 声明该外部变量，即可将该外部变量的作用域扩展到源程序 A 中。关键

1　当同一个全局变量在不同的源程序文件中进行外部变量声明时，编译器无法检查所有声明是否与变量定义一致，因此，一个良好的编程习惯是：将共享变量的声明放在头文件中，然后在使用这个变量的源程序文件中用#include 包含该头文件。

字 extern 提示编译器该变量是在其他源程序文件中定义的全局变量，因此不需要为变量分配存储空间。由于声明外部变量不进行内存分配，因此，声明外部数组无须指明数组长度。如下均是合法的外部变量声明：

```
extern int count;         /*声明外部变量 count，不进行内存分配*/
extern int data[ ];       /*声明外部数组 data，无须指明数组长度*/
```

例 14.2 利用外部变量求两个一维数组元素的累加和。要求用多文件程序。

解：设全局变量 Gsum 保存数组元素的累加和，则两个数组的元素之和要累加到同一个变量 Gsum 上。可以将程序分解为 1 个头文件和 2 个源程序文件，头文件 func.h 中包括求和函数 Sum 的原型；源程序文件 example14-2.cpp 完成主函数，并定义全局变量 Gsum；源程序文件 func.cpp 完成函数 Sum 的定义，函数 Sum 需要引用源程序文件 example14-2.cpp 中定义的全局变量 Gsum，因此，需要声明该外部变量。程序如下：

```
/*  func.h  */
void Sum(int r[ ], int n);

/*  func.cpp  */
extern int Gsum;                    /*外部变量 Gsum 在其他源程序文件中定义*/
void Sum(int r[ ], int n)           /*函数定义，累加一维数组的元素值*/
{
    int i;
    for (i = 0; i < n; i++)
      Gsum += r[i];
}

/*  example14-2.cpp  */
#include <stdio.h>                     /*包含系统头文件，用尖括号*/
#include "func.h"                      /*包含用户自定义头文件，用双引号*/
int Gsum = 0;                          /*定义全局变量 Gsum 并初始化*/

int main( )
{
    int a[5] = {1, 2, 3, 4, 5};
    int b[10] = {1, 1, 1, 1, 1, 2, 2, 2, 2, 2};
    Sum(a, 5);                         /*累加数组 a[5]所有元素之和*/
    Sum(b, 10);                        /*累加数组 b[10]所有元素之和*/
    printf("数组元素的累加和是：%d\n", Gsum);
    return 0;
}
```

练习题 14-3 头文件包含全局变量 Gsum，可以避免在其他源程序文件中声明该全局变量。请设计程序实现。

14.2.2 外部函数

本质上，C 语言的函数都是全局函数，其作用域从函数定义（或函数声明）的位置开始到程序结束。在多文件程序中，如果希望函数的作用域只限于所在源程序文件，即该函数只能被所在源程序文件的其他函数调用，则称为**内部函数**（也称为**静态函数**），在定义内部函数时函数首部须加上关键字 static。把函数的作用域限制在当前源程序文件，即使各源程序文件中有相同的函数定义，相互之间也不会有任何关联，体现了模块的独立性。如果希望将函数的作用域扩展到其他源程序文件，则称为**外部函数**，定义外部函数须加上关键字 extern，缺省 extern 则默认为外部函数[1]，在引用该外部函数的源程序文件中用关键字 extern 声明外部函数。

例 14.3 利用外部函数求两个整数中较大值与较小值的差。要求用多文件程序。

解：设函数 Max 求两个整数的较大值，函数 Min 求两个整数的较小值，主函数调用函数 Max 和 Min 求得整数 x 和 y 中的较大值 max 和较小值 min，则 max−min 即为所求。可以将程序分解为 3 个源文件，其中，源文件 func1.cpp 完成求两个整数的较大值，源文件 func2.cpp 完成求两个整数的较小值，程序如下：

```
/*   func1.cpp   */
extern int Max(int x, int y)                /*定义外部函数 Max，extern 可以省略*/
{
    if (x >= y) return x;
    else return y;
}

/*   func 2.cpp   */
extern int Min(int x, int y)                /*定义外部函数 Min，extern 可以省略*/
{
    if (x <= y) return x;
    else return y;
}
```

源程序 example14-3.cpp 用来完成主函数，主函数需要调用在源程序文件 func1 中定义的函数 Max 和在源程序文件 func2 中定义的函数 Min，因此，在主函数中声明函数 Max 和 Min 为外部函数。程序如下：

```
/*   example14-3.cpp   */
#include <stdio.h>
extern int Max(int x, int y);               /*外部函数声明，本程序将要调用*/
extern int Min(int x, int y);               /*外部函数声明，本程序将要调用*/
```

1　一个良好的编程习惯是：将函数原型放在头文件中，相应的函数定义放在源程序文件中，然后在所有调用这个函数的源程序文件中用#include 预处理指令包含该头文件，如果函数定义发生了改变，则仅需修改相应的源程序文件。

```
int main( )
{
    int x, y, max, min ;
    printf("请输入两个整数: ");
    scanf("%d%d", &x, &y);
    max = Max(x, y);                          /*调用外部函数，求x和y的较大值*/
    min = Min(x, y) ;                         /*调用外部函数，求x和y的较小值*/
    printf("最大值与最小值的差是: %d\n", max - min);
    return 0 ;
}
```

练习题 14-4 将函数原型声明在头文件中，可以在所有包含该头文件中的程序中调用，请设计程序实现。

14.3 嵌套包含

头文件自身可以包含#include 指令，如果一个源程序文件重复包含同一个头文件（称为嵌套包含），可能会产生编译错误。为避免出现嵌套包含现象，可以用条件编译有选择地编译源程序的不同部分。

14.3.1 条件编译

一般情况下，源程序中的所有语句都需要进行编译，但有时希望根据一定的条件去编译源程序中的不同部分，这就是**条件编译**。条件编译使得同一源程序在不同的编译条件下得到不同的目标代码，提高了程序的灵活性。C 语言提供了三种预处理指令实现条件编译：#if ~ #endif、#ifdef ~ #endif 和#ifndef ~ #endif。

【语法】 #if ~ #endif 的一般形式如下：

```
#if 条件1
    程序段1
#elif 条件2    ┐
    程序段2    │
…              │ 可以没有
#else          │
    程序段n    ┘
#endif
```

其中，条件是常量表达式；#elif（else if 的简写）指令可以没有也可以有多个；#else 可以没有；#endif 表示结束#if 指令。

【语义】 如果条件 1 成立则编译程序段 1，如果条件 2 成立则编译程序段 2……如果所有条件都不成立则编译程序段 *n*。

【语法】 #ifdef ~ #endif 的一般形式如下：

```
#ifdef  宏名1
    程序段1
#elif  宏名2  ⎫
     程序段2  ⎪
...           ⎬ 可以没有
#else         ⎪
    程序段n   ⎭
#endif
```

其中，宏名是用预处理指令#define定义的符号常量；#elif指令可以没有也可以有多个；#else可以没有；#endif表示结束#ifdef（if defined的简写）指令。

【语义】 如果定义了宏名1则编译程序段1，否则如果定义了宏名2则编译程序段2，……，如果所有宏名都未定义则编译程序段 *n*。

【语法】 #ifndef ~ #endif的一般形式如下：

```
#ifndef  宏名
     程序段1
#else
     程序段2
#endif
```

其中，宏名是用预处理指令#define定义的符号常量；#endif表示结束#ifndef（if not defined的简写）指令。

【语义】 如果没有定义宏名则编译程序段1，否则编译程序段2。

例14.4 显示不同书籍的相关信息，信息的格式相同。要求用条件编译。

解： 将各种书籍的信息分别用头文件存储，在selectbook.h文件中根据符号常量ID的值包含相应的头文件。在源程序文件example14-4.cpp预处理后，符号常量NAME、PUBLISH、PRICE根据ID的值被定义为相应的值。程序如下：

```
/*   python.h     */
#define NAME "Python编程"
#define PUBLISH "人民邮电出版社"
#define PRICE 62.80
/*   java.h    */
#define NAME "Java 从入门到精通"
#define PUBLISH "清华大学出版社"
#define PRICE 55.70
/*   photoshop.h     */
#define NAME "photoshop 经典教程"
#define PUBLISH "电子工业出版社"
#define PRICE 90.50
/*   selectbook.h    */
#if ID == 1
#include "python.h"
#elif ID == 2
```

```
#include "java.h"
#else
#include "photoshop.h"
#endif

/*   example14-4.cpp    */
#include <stdio.h>                    /*包含系统头文件，用尖括号*/
#define ID 1                          /*定义符号常量ID，ID也称为宏名*/
#include "selectbook.h"               /*包含用户自定义头文件，注意用双引号*/

int main( )
{
   printf("书名\t出版社\t定价\n");
   printf("%s\t%s\t%6.2f\n", NAME, PUBLISH, PRICE);
   return 0;
}
```

14.3.2 保护头文件

在源程序文件中包含头文件时，如果出现嵌套包含现象，会导致程序的编译错误。如图 14.3 所示，在编译源程序文件 func.cpp 时，头文件 file1.h 就会被编译两次。可以使用条件编译将头文件的某些内容屏蔽掉，从而达到保护头文件的目的。

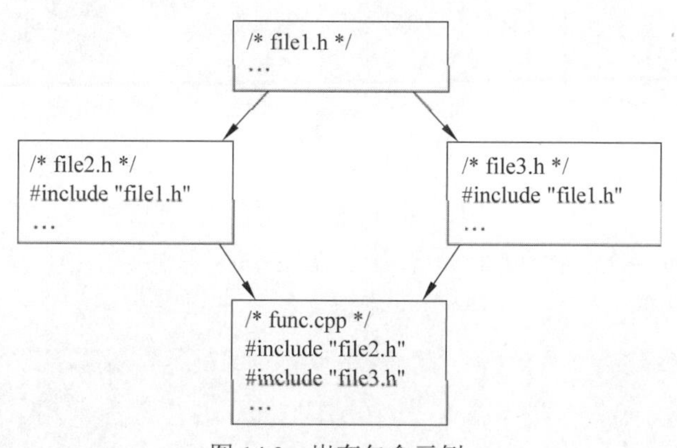

图 14.3　嵌套包含示例

例 14.5　已知圆柱体的底面半径和高，求其底面面积和体积。要求用多文件实现。

解：可以将程序分解为 3 个头文件和 3 个源程序文件，头文件 file1.h 包含符号常量 PI 的定义，为避免重复定义符号常量，采用条件编译。程序如下：

```
/*   file1.h   */
#ifndef PI                          /*如果没有定义宏名PI*/
  #define PI 3.14                   /*则定义符号常量PI*/
#endif
```

头文件 file2.h 包含头文件 file1.h，以及函数 Area 的原型，程序如下：

```
/*   file2.h   */
#include "file1.h"                              /*包含用户自定义头文件*/
double Area(int r);                             /*函数声明，求圆的面积*/
```

头文件 file3.h 包含头文件 file1.h，以及函数 Volume 的原型，程序如下：

```
/*   file3.h   */
#include "file1.h"                              /*包含用户自定义头文件*/
double Volume(int r, int h);                    /*函数声明，求圆柱体的体积*/
```

源程序文件 area.cpp 包含头文件 file2.h，以及函数 Area 的定义，程序如下：

```
/*   area.cpp   */
#include "file2.h"                              /*file2.h 中含有函数 Area 的原型*/
double Area(int r)                              /*函数定义，r 为圆的半径*/
{
   return PI * r * r;
}
```

源程序文件 volume.cpp 包含头文件 file3.h，以及函数 Volume 的定义，程序如下：

```
/*   volume.cpp   */
#include "file3.h"                              /*file3.h 中含有函数 Volume 的原型*/
double Volume(int r, int h)                     /*函数定义*/
{
   return PI * r * r * h;
}
```

源程序文件 example14-5.cpp 包含主函数，在包含头文件 file2.h 时首次包含头文件 file1.h，由于尚未定义符号常量 PI，所以预处理器执行#ifndef~#endif 之间的内容，在包含头文件 file3.h 时再次包含 file1.h，由于已经定义了符号常量 PI，所以预处理器将忽略#ifndef~#endif 之间的内容，从而避免重复定义符号常量。程序如下：

```
/*   func.cpp   */
#include <stdio.h>                              /*包含系统头文件，用尖括号*/
#include "file2.h"                              /*包含用户自定义头文件，用双引号*/
#include "file3.h"                              /*包含用户自定义头文件，用双引号*/

int main( )
{
    int r, h;
    printf("请输入底面半径和高：");
    scanf("%d%d", &r, &h);
    printf("底面积为：%8.2f\n", Area(r));
    printf("体积为：%8.2f\n", Volume(r, h));
```

```
    return 0;
}
```

14.4 程序设计实例 14.1——石头、剪子、布游戏

【问题】 石头、剪子、布的游戏规则是：用手表示石头、剪子或布，握紧拳头表示石头，伸出食指和中指表示剪子，伸出五指表示布。石头会硌坏剪子，剪子能剪断布，布能包住石头。设计程序实现游戏者和计算机之间的石头、剪子、布游戏，要求能够重复游戏，直到游戏者选择结束。除此之外，还能够阅读游戏指南，查看当前战况等。

【想法】 一次游戏的过程是：计算机随机生成石头、剪子或布，游戏者从键盘输入石头、剪子或布，然后进行比较并给出游戏结果。由于需要查看战况，因此，需要保存游戏次数和每次的结果。

【算法】 设枚举类型 HandType {stone = 1, scissor, paper}表示石头、剪子和布，设枚举类型 ResultType{lose, tie, win}表示负、平和胜，设全局数组 gameResult[N]保存游戏结果，设全局变量 count 保存游戏次数。设函数 Game 实现一次游戏，算法如下：

1. handComputer = 随机生成石头、剪子或布；
2. handPlayer = 从键盘输入石头、剪子或布；
3. 比较 handComputer 和 handPlayer，根据不同情况给出游戏结果；
4. gameResult[count] = 游戏结果；
5. count++;

设函数 Secret 实现随机生成石头、剪子或布，函数 Guide 完成游戏指南，函数 Check 完成查看游戏战况。函数 Secret、Guide 和 Check 的算法较简单，请读者自行完成。

【程序】 头文件 game.h 包含符号常量定义、数据类型定义、全局变量定义和函数原型，程序如下：

```
/*   game.h   */
#define N 10                           /*定义符号常量N，最多玩10次*/
enum HandType                          /*定义枚举类型表示石头、剪子、布*/
{
   stone = 1, scissor, paper
};
enum ResultType                        /*定义枚举类型表示负、平、胜*/
{
   lose, tie, win
};
struct StateType                       /*定义结构体类型表示一次游戏的结果*/
{
   HandType computer;                  /*计算机出的手形*/
```

```
    HandType player;                        /*玩家出的手形*/
    ResultType result;                      /*比较的结果*/
};

void Guide(void);                           /*函数声明，游戏指南*/
void Check(void);                           /*函数声明，查看战况*/
void Game(void);                            /*函数声明，一次游戏*/
int Secret(int low, int high);              /*函数声明，产生随机数*/
```

源程序文件 handgame.cpp 完成主函数，为实现重复游戏，将菜单和相应函数调用放在 do-while 循环中，程序如下：

```
/*  handgame.cpp   */
#include <stdio.h>
#include "game.h"                                 /*包含用户自定义头文件*/

int main( )
{
    int select;
    do                          /*do-while 循环实现重复游戏，以及查看游戏指南或战况*/
    {
        printf("1.游戏指南 2.开始游戏 3.查看战况 0.退出游戏\n");
        printf("请输入: ");
        scanf("%d", &select);
        switch (select)
        {
          case 1: Guide( ); break;
          case 2: Game( ); break;
          case 3: Check( ); break;
          default: printf("游戏结束! \n"); break;
        }
    } while (select == 1 || select == 2 ||select == 3);
    return 0;
}
```

源程序文件 guide.cpp 包含函数 Guide 的函数定义，该函数用于实现输出游戏指南，程序如下：

```
/*  guide.cpp   */
#include <stdio.h>
void Guide(void)                                  /*函数定义，没有参数和返回值*/
{
    printf("握紧拳头表示石头，伸出食指和中指表示剪子，伸出五指表示布.\n");
    printf("石头会砸坏剪子、剪子能剪断布、布能包住石头.\n");
    printf("能够重复游戏、阅读游戏指南、查看当前战况等.\n");
}
```

源程序文件 random.cpp 包含函数 Secret 的函数定义，该函数产生 low ~ high 之间的随机数，程序如下：

```
/*    random.cpp   */
#include <stdio.h>
#include <stdlib.h>
#include <time.h>
int Secret(int low, int high)                  /*生成[low, high]之间的随机数*/
{
    srand(time(NULL));                         /*用当前系统时间初始化随机种子*/
    return (low + rand( ) % (high - low +1));
}
```

源程序文件 game.cpp 包含函数 Game 的函数定义，该函数实现一次游戏，在比较 handComputer 和 handPlayer 时，先进行判等运算，相当于进行 3 次比较，再用 switch 语句进行其他 6 次比较，程序如下：

```
/*   game.cpp   */
#include <stdio.h>
#include "game.h"                          /*包含用户自定义头文件*/
int count = 0;                             /*全局变量 count 表示游戏次数*/
struct StateType gameResult[N];            /*全局数组 gameResult 存储游戏结果*/

void Game(void)                            /*函数定义，没有参数和返回值*/
{
   enum HandType handComputer, handPlayer;        /*存储人和机器的手形*/
   enum ResultType result;                        /*存储比较结果*/
   int temp, select;
   temp = Secret(1, 3);                    /*生成[1, 3]之间的随机数*/
   handComputer = (HandType)temp;          /*将整数 temp 转换为枚举元素*/
   printf("请输入您的选择：1. 石头  2. 剪子  3. 布：");
   scanf("%d", &select);
   handPlayer = (HandType)select;
   if (handComputer == handPlayer)         /*包含 3 种情况*/
      result = tie;
   else
   {
      switch (handPlayer)                  /*判断其他 6 种情况*/
      {
        case stone: if (handComputer == scissor) result = win;
                    else result = lose;
                    break;
        case scissor: if (handComputer == paper) result = win;
                    else result = lose;
                    break;
        case paper: if (handComputer == stone) result = win;
```

```
                    else result = lose;
                    break;
          }
      }
      if (result == win)
         printf("你赢了！\n");
      else if (result == lose)
         printf("你输了！\n");
      else
         printf("平局！\n");
      gameResult[count].computer = handComputer;  /*保存游戏结果*/
      gameResult[count].player = handPlayer;
      gameResult[count].result = result;
      count++;                                     /*游戏次数加 1*/
}
```

源程序文件 check.cpp 包含函数 Check 的函数定义，该函数实现输出当前战况，由于不能直接输出枚举变量的值，因此，需要调用函数 OutResult1 和 OutResult2 分别输出枚举变量 hand 和 result 的值。程序如下：

```
/*   check.cpp   */
#include <stdio.h>
#include "game.h"                              /*包含用户自定义头文件*/
void OutResult1(enum HandType hand);           /*只在本程序使用*/
void OutResult2(enum ResultType result);       /*只在本程序使用*/

extern StateType gameResult[];                 /*引用外部变量*/
extern int count; /*引用外部变量*/

void Check(void)
{
   int i;
   printf("计算机\t 游戏者\t 结果\n");           /*输出表头*/
   for (i = 0; i < count; i++)                 /*依次输出每一次的游戏结果*/
   {
      OutResult1(gameResult[i].computer);
      OutResult1(gameResult[i].player);
      OutResult2(gameResult[i].result);
   }
}
void OutResult1(enum HandType hand)
{
   switch (hand)
   {
      case stone: printf("石头\t"); break;
      case scissor: printf("剪子\t"); break;
```

```
        case paper: printf("布\t"); break;
    }
}
void OutResult2(enum ResultType result)
{                              /*函数定义，输出枚举类型 ResultType 的枚举元素*/
    switch (result)
    {
        case lose: printf("负\n"); break;
        case tie: printf("平\n"); break;
        case win: printf("胜\n"); break;
    }
}
```

14.5 本章实验项目

〖**实验**〗 上机实现 14.4 节程序设计实例 14.1，写出程序的运行结果。延伸实验：将该游戏由人机对战修改为双人对战游戏，即玩家 A 和玩家 B 的手形均由玩家输入。

14.6 本章教学资源

<table>
<tr><td>练习题
答案</td><td colspan="3">练习题 14-1　由于头文件 func.h 中包括函数 AreaSquare 和 AreaCircle 的原型，包含相应头文件相当于进行了函数声明，在编程环境中连接程序后就可以正常执行。
练习题 14-2　不能，因为符号常量 PI 被重复定义了。
练习题 14-3　在源程序文件 func.cpp 中不用进行外部变量声明，包含头文件 func.h，同时在主函数中可以对全局变量 Gsum 进行赋值。
练习题 14-4　在 example14-2.cpp 中不用进行外部函数声明，包含头文件 func.h 即可。</td></tr>
<tr><td>二维码</td><td>课件</td><td>源代码</td><td>“每课一练”答案</td></tr>
</table>

苟日新，日日新，又日新。

——《大学》

第15章

低级程序设计

在计算机中，二进制位是可以操作的最小数据单位，理论上，可以用位运算来完成所有的运算处理。C 语言提供了机器级的概念，如位、字节、地址等，使得编程人员可以直接对内存的二进制位进行操作，而这些是其他程序设计语言试图隐藏的内容。C 语言的低级特性曾为早期的系统编程提供了便利，常用于编写需要较短执行时间或较少内存空间的程序。本章介绍 C 语言的低级程序设计[1]。

【引例 15.1】 异或加密

【问题】 信息加密的一个简单方法是将要加密的每一个字符与一个密钥进行按位异或运算（数学符号为 ⊕，若 a 和 b 的值不同，则 $a \oplus b$=1，否则 $a \oplus b$=0）。假设采用 ASCII 码字符集，密钥是字符'$'，将字符'a'与密钥进行按位异或，得到字符'E'，如图 15.1 所示。

	01100001	（a 的 ACSII 码）
异或	00100100	（$的 ACSII 码）
	01000101	（E 的 ACSII 码）

图 15.1　按位异或计算示例

【想法】 依次取待加密的每一个字符，与给定密钥进行异或运算。需要注意的是，一个字符异或密钥后可能会得到不可见的控制字符，此时可保留待加密字符。

【算法】 设字符串 str1 和 str2 分别表示明文和密文，密钥为 key，函数 Encrypt 实现异或加密，算法如下：

1　低级程序设计也称为机器级程序设计，指的是程序员要从机器的层面上考虑问题，直接面对内存的具体存储单元以及二进制位进行操作。

1. 循环变量 i 从 0～len(str1)-1 重复执行下述操作：
   1.1 ch = str1[i] ⊕ key;
   1.2 如果 ch 是控制字符，则 str2[i] = str1[i]; 否则 str2[i] = ch;
   1.3 i++;
2. 返回 str2;

【程序】 用字符数组 str1 存储明文，加密后的信息存储在数组 str2 中，C 语言提供运算符^实现按位异或。程序如下：

```
#include <stdio.h>
#include <ctype.h>                                    /*调用库函数 iscntrl */
#define key '$'                                       /*密钥是字符'$'*/
void Encrypt(char str1[ ], char str2[ ]);

int main ( )
{
    char str1[80], str2[80];
    printf("请输入待加密的信息：");
    gets(str1);
    printf("明文是：%s\n", str1);
    Encrypt(str1, str2);
    printf("密文是：%s\n", str2);
    return 0;
}
void Encrypt(char str1[ ], char str2[ ])
{
    char ch;
    int i;
    for (i = 0; str1[i] != '\0'; i++)
    {
      ch = str1[i] ^ key;                             /*进行异或运算*/
      if (iscntrl(ch) == 1)                           /*ch 是控制字符*/
        str2[i] = str1[i];
      else
        str2[i] = ch;
    }
}
```

练习题 15-1 假设待加密信息是 computer，给出程序的运行结果。程序中出现了哪些新的语法？

15.1 数据表示

15.1.1 二进制数与八进制数和十六进制数之间的转换

低级程序设计常常采用二进制表示数据。二进制数的位数太长，不便于书写和理解，而八进制和十六进制与二进制具有较为直观的对应关系（$2^3=8$，$2^4=16$），因而程序中通常采用八进制数或十六进制数。表 15.1 给出了二进制数与八进制数和十六进制数之间的对应关系。

表 15.1　二进制数与八进制数和十六进制数的对应关系

二进制	八进制	十六进制	二进制	八进制	十六进制
000	0	0	1000	10	8
001	1	1	1001	11	9
010	2	2	1010	12	A
011	3	3	1011	13	B
100	4	4	1100	14	C
101	5	5	1101	15	D
110	6	6	1110	16	E
111	7	7	1111	17	F

由于 3 位二进制数恰好是 1 位八进制数，所以，将二进制数转换为八进制数只需以小数点为界，将整数部分自右向左、小数部分自左向右每 3 位一组（不足 3 位用 0 补足）转换为对应的 1 位八进制数。反之，将八进制数转换为二进制数只需把每 1 位八进制数转换为对应的 3 位二进制数。

例 15.1　将二进制数 11100101.110111 转换为八进制数。

解：$(11100101.110111)_2=(\underline{011}\ \underline{100}\ \underline{101}.\underline{110}\ \underline{111})_2=(345.67)_8$

例 15.2　将八进制数 345.67 转换为二进制数。

解：$(345.67)_8=(\underline{011}\ \underline{100}\ \underline{101}.\underline{110}\ \underline{111})_2=(11100101.110111)_2$

同理，将二进制数转换为十六进制数只需以小数点为界，将整数部分自右向左，小数部分自左向右每 4 位一组（不足 4 位用 0 补足）转换为对应的 1 位十六进制数。反之，将十六进制数转换为二进制数只需把每 1 位十六进制数转换为对应的 4 位二进制数。

练习题 15-2　将二进制数 11010101100.01010111 转换为十六进制数。

练习题 15-3　将十六进制数 6AC.57 转换为二进制数。

15.1.2 位域

有些信息在存储时可能只需占用一个或几个二进制位，此时不需要一个完整的字节。

为了节省存储空间，并使处理简单快速，C 语言提供了位域的概念。所谓**位域**，是把一字节的二进制位划分成几个不同的区域，每个区域有一个域名，以及占用的位数。

【语法】 位域在本质上是一种结构体类型，定义位域的一般形式如下：

```
struct 位域类型名
{
  数据类型 1 位域名 1: 长度;  ┐
  数据类型 2 位域名 2: 长度;  │
      ⋮                      ├ 位域列表
  数据类型 n 位域名 n: 长度;  ┘
};  ←—— 以分号结尾
```

其中，数据类型最好是 unsigned int，使用 int 可能会引起二义性；位域名是一个合法的标识符，位域可以无位域名，此时该位域只能用来填充或调整位置。

【语义】 定义位域，相当于定义结构体类型。

例 15.3 由于年、月、日都是很小的整数，如果按 int 型进行存储会浪费存储空间，DOS 操作系统使用 2 字节来存储日期[1]，其中 5 位用于表示日、4 位用于表示月、7 位用于表示年。请用位域表示日期。

解：位域的定义如下，其存储示意图如图 15.2 所示。

```
struct Date                        /*定义位域类型 Date*/
{
  unsigned int day: 5;
  unsigned int month: 4;
  unsigned int year: 7;
};
```

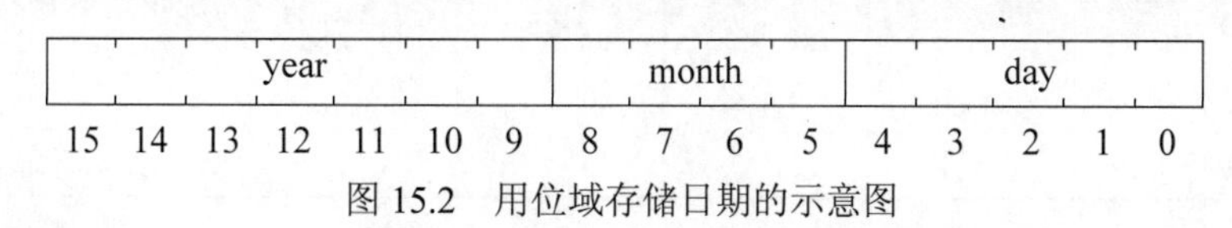

图 15.2　用位域存储日期的示意图

定义位域变量后，可以和引用结构体变量的成员一样引用位域变量的成员。如下语句对 today 变量的各个位域进行赋值：

```
struct Date today;                 /*定义变量 today 是 Date 类型*/
today.day = 26;
today.month = 3;
today.year = 88;                   /*相当于 1988*/
```

练习题 15-4 对于 Date 位域类型变量 today，以下赋值语句是否正确？请说明原因。

（1）today.month = 15;　　（2）today.month = 18;

练习题 15-5 体会千年虫问题。DOS 操作系统使用 2 字节来存储日期，用十进制数两位数表示年

1　千年虫问题（计算机 2000 年问题）：在 DOS 等操作系统中，用 7 个二进制位表示年份，转换为十进制数是 2 位，当系统进行跨世纪的日期处理运算时，就可能出现错误的结果。

份，例如 99 表示 1999 年。假设某人在 1999 年 9 月 9 日存入 1 万元人民币，整存一年后取出，则计算利息时会出现什么问题？

15.2 位 运 算

系统程序常常需要对二进制位表示的数据进行操作，例如，计算机硬件设备的状态信息通常是用二进制位串来表示的，如果要对硬件设备进行操作，也要以二进制位串的方式发送命令。C 语言的位运算使得 C 语言能像汇编语言那样编写系统程序，在一些内存要求较高的场合使用位运算能够节省内存，并提高运算速度。

15.2.1 位逻辑运算

所谓**位逻辑运算**就是对二进制位进行逻辑运算，由位逻辑运算符、运算对象和圆括号组成的式子称为**位逻辑表达式**。

【语法】 位逻辑表达式的一般形式如下：

运算对象　位逻辑运算符　运算对象

其中，运算对象通常是 int 型或 char 型数据；C 语言的位逻辑运算符如表 15.2 所示。

表 15.2　C 语言的位逻辑运算符

运算符	运算规则	运算类别	运算对象	运算结果	说明	优先级	结合性
&	按位与	二目	int 型或 char 型	int 型或 char 型	符号位参与运算	逻辑运算符和关系运算符之间	左结合
|	按位或						
^	按位异或						
~	按位取反	一目				高于算术运算符	右结合

【语义】 进行位逻辑运算符规定的位逻辑运算，注意符号位参与位逻辑运算。

例 15.4　写出下列逻辑位运算的结果。

（1）-4 & 7　（2）4 | 7　（3）4 ^ 7　（4）~4

解：常量默认是 int 型，假设在内存中占 4 字节。按位与运算将运算对象按对应的二进制逐位进行逻辑与运算，将一个二进制位和 0 进行逻辑与运算，则将该位清零；和 1 进行逻辑与运算，则保留该位的值。-4 & 7 的运算过程为：

	1111 1111 1111 1111 1111 1111 1111 1100	$[-4]_{补}$
&	0000 0000 0000 0000 0000 0000 0000 0111	$[7]_{补}$
	0000 0000 0000 0000 0000 0000 0000 0100	$[4]_{补}$

按位或运算将运算对象按对应的二进制逐位进行逻辑或运算，将一个二进制位和 0 进行逻辑或运算，则保留该位的值，和 1 进行逻辑或运算，则将该位的值置 1。4 | 7 的运

算过程为：

$$
\begin{array}{cl}
 & 0000\ 0000\ 0000\ 0000\ 0000\ 0000\ 0000\ 0100 \quad [4]_{\text{补}} \\
| & 0000\ 0000\ 0000\ 0000\ 0000\ 0000\ 0000\ 0111 \quad [7]_{\text{补}} \\
\hline
 & 0000\ 0000\ 0000\ 0000\ 0000\ 0000\ 0000\ 0111 \quad [7]_{\text{补}}
\end{array}
$$

按位异或运算将运算对象按二进制逐位进行逻辑异或运算，只有当对应两个二进制位不相同时，对应的结果位是 1。4 ^ 7 的运算过程为：

$$
\begin{array}{cl}
 & 0000\ 0000\ 0000\ 0000\ 0000\ 0000\ 0000\ 0100 \quad [4]_{\text{补}} \\
\wedge & 0000\ 0000\ 0000\ 0000\ 0000\ 0000\ 0000\ 0111 \quad [7]_{\text{补}} \\
\hline
 & 0000\ 0000\ 0000\ 0000\ 0000\ 0000\ 0000\ 0011 \quad [3]_{\text{补}}
\end{array}
$$

按位取反运算将运算对象按二进制逐位进行求反操作，原来为 1 的二进制位变为 0，原来为 0 的二进制位变为 1。~4 的运算过程为：

$$
\begin{array}{cl}
\sim & 0000\ 0000\ 0000\ 0000\ 0000\ 0000\ 0000\ 0100 \quad [4]_{\text{补}} \\
\hline
 & 1111\ 1111\ 1111\ 1111\ 1111\ 1111\ 1111\ 1011 \quad [-5]_{\text{补}}
\end{array}
$$

不同长度的数据之间进行位运算，按右侧对齐的原则进行处理，即按长度较大的数据进行处理，将长度较小的数据在左侧进行补位，对于正数和无符号数，左侧补 0；对于负数，左侧补 1。例如，一个 char 型数据和一个 int 型数据进行位操作，先将 char 型数据左侧位补齐，再进行位运算。

15.2.2 移位运算

所谓**移位运算**就是对二进制位进行移位处理，由移位运算符、运算对象和圆括号组成的式子称为**移位表达式**。

【语法】 移位表达式的一般形式如下：

```
运算对象  移位运算符  整型表达式
```

其中，运算对象通常是 int 型或 char 型数据；整型表达式的值表示移动的位数。C 语言的移位运算符如表 15.3 所示。

表 15.3 C 语言的移位运算符

运算符	运算规则	运算对象	运算结果	优先级	结合性
<<	左移	int 型或 char 型	int 型或 char 型	关系运算符和算术运算符之间	左结合
>>	右移				

【语义】 将运算对象移动确定的位数。具体地，左移运算将运算对象的二进制数逐位左移若干位，左移的位数由右侧表达式的值确定，左侧被移出的位将被舍弃（如果是有符号数，则保留符号位），右侧空出的位补 0；右移运算将运算对象的二进制数逐位右移若干位，右移的位数由右侧表达式的值确定，右侧被移出的位将被舍弃。如果运算对

象为正数或无符号数，则左侧空出的位补 0，如果运算对象为负数，则取决于所使用的系统，补 0 称为逻辑右移，补 1 称为算术右移。

例 15.5 假设 int 型数据占 4 字节，写出下列移位运算的结果。

（1）5 << 2 （2）−5 << 2 （3）5 >> 2 （4）−5 >> 2

解：（1）$[5]_{\text{补}}$= 0000 0000 0000 0000 0000 0000 0000 0101

左移 2 位后为 0000 0000 0000 0000 0000 0000 0001 0100 = $[20]_{\text{补}}$

即 5 << 2 后结果为 20。

（2）$[-5]_{\text{补}}$= 1111 1111 1111 1111 1111 1111 1111 1011

左移 2 位后为 1111 1111 1111 1111 1111 1111 1110 1100 = $[-20]_{\text{补}}$

即−5 << 2 后结果为−20。

（3）$[5]_{\text{补}}$= 0000 0000 0000 0000 0000 0000 0000 0101

右移 2 位后为 0000 0000 0000 0000 0000 0000 0000 0001 = $[1]_{\text{补}}$

即 5 >> 2 后结果为 1。

（4）$[-5]_{\text{补}}$= 1111 1111 1111 1111 1111 1111 1111 1011

右移 2 位后为 1111 1111 1111 1111 1111 1111 1111 1110 = $[-1]_{\text{补}}$

即−5 >> 2 后结果为−1。

移位运算会引起数据的变化。左移 1 位相当于将该数据乘以 2，左移 *n* 位相当于将该数据乘以 2^n；右移 1 位相当于将该数据除以 2，右移 *n* 位相当于将该数据除以 2^n。由于位操作的运算速度比乘法的运算速度快很多，因此，在处理数据的乘除运算时，采用移位运算可以获得较快的速度。

C 语言提供了复合位赋值运算符来简写位赋值表达式，具体有&=、|=、^=、<<=和>>=等。例如，可以将位赋值表达式“a = a << 2”简写为“a <<= 2”。

15.2.3 位运算的应用举例

巧妙地使用位运算，可以提高程序的执行效率。以下是位运算的几个典型应用。

（1）判断 int 型变量 x 是奇数还是偶数。将变量 x 和 1 进行逻辑与运算，如果结果为 0，则变量 x 为偶数；如果结果为 1，则变量 x 为奇数。表达式为：(x & 1) == 0。

（2）取 int 型变量 x 的第 *k* 位。将变量 x 右移 *k* 位，再和 1 进行逻辑与运算，结果既为变量 x 第 *k* 位的二进制值。表达式为：x >> k & 1。

（3）将 int 型变量的第 *k* 位置 1。将 1 左移 *k* 位，再和变量 x 进行逻辑或运算，则将变量 x 的第 k 位置 1，其他位保持不变。表达式为：x = x | (1 << k)。

（4）将 int 型变量的第 *k* 位清 0。将 1 左移 *k* 位再取反，其结果再和变量 x 进行逻辑与运算，则将变量 x 的第 *k* 位清 0，其他位保持不变。表达式为：x = x & ~ (1 << k)。

（5）计算两个整数的平均值。表达式为：(x & y) + ((x ^ y) >> 1)，例如整数 x = 3，y = 5，采用 8 位二进制表示整数，计算示意图如图 15.3 所示。

（6）对于大于 1 的整数 x，判断 x 是不是 2 的幂。将 x 和 x−1 进行逻辑与运算，如果结果为 0，则 x 是 2 的幂，表达式为：x & (x − 1) == 0。例如，采用 8 位二进制表示整数，

x = 8 的计算示意图如图 15.4(a)所示，x = 9 的计算示意图如图 15.4(b)所示。

```
    00000011   [3]补            00000011   [3]补            00000001
&   00000101   [5]补       ^    00000101   [5]补       +    00000011
-----------------------    ------------------------    ------------------------
    00000001                    00000110                    00000100   [4]补
      (a) x & y                   (b) x ^ y              (c) (x & y) + ((x ^ y) >> 1)
```

图 15.3　位运算求两个整数的平均值

```
    00001000   [8]补            00001001   [9]补
&   00000111   [7]补       &    00001000   [8]补
-----------------------    ------------------------
    00000000   [0]补            00001000   [8]补
(a) 结果为0，8 是2的幂       (b) 结果不为0，9不是2的幂
```

图 15.4　位运算判断 x 是不是 2 的幂

15.3　程序设计实例

15.3.1　程序设计实例 15.1——快速欧几里得算法

【问题】 求两个自然数的最大公约数。要求用位运算。

【想法】 快速欧几里得算法基于如下**定理**：若 a 和 b 均为偶数，则 gcd(a,b)=2×gcd(a/2,b/2)；若 a 为偶数 b 为奇数，则 gcd(a,b)=gcd(a/2,b)；若 a 为奇数 b 为偶数，则 gcd(a,b)=gcd(a,b/2)；若 a 和 b 均为奇数，gcd(a,b)=gcd((max(a,b) - min(a,b))/2, min(a,b))。

【算法】 设函数 Kgcd 实现求两个整数 a 和 b 的最大公约数，算法如下：

1. 如果 a 等于 0，则返回 b; 如果 b 等于 0，则返回 a;
2. 分别处理以下四种情况：
   （1）a 和 b 均为偶数，则返回 2 * Kgcd(a/2, b/2);
   （2）a 为偶数且 b 为奇数，则返回 Kgcd(a/2, b);
   （3）a 为奇数且 b 为偶数，则返回 Kgcd(a, b/2);
   （4）a 和 b 均为奇数，则返回 Kgcd((max(a, b) – min(a, b))/2, min(a, b));

【程序】 快速欧几里得算法快速的原因主要有以下两点：①将偶数折半可以加快求解进程；②使用位运算可以加快运算速度。a 的奇偶性通过判断 a&1 是否为 0 来完成，除以 2 通过右移操作来完成，乘以 2 通过左移操作来完成。程序如下：

```
#include <stdio.h>
int Kgcd(int a, int b);

int main( )
{
```

```
    int m, n, factor;
    printf("请输入两个自然数：");
    scanf("%d%d", &m, &n);
    factor = Kgcd(m, n);
    printf("%d 和%d 的最大公约数是%d\n", m, n, factor);
    return 0;
}
int Kgcd(int a, int b)
{
    if (0 == a) return b;
    if (0 == b) return a;
    if (((a & 1) == 0) && ((b & 1) == 0))
        return Kgcd(a >> 1, b >> 1) << 1;
    if ((a & 1) == 0) return Kgcd(a >> 1, b);
    if ((b & 1) == 0) return Kgcd(a, b >> 1);
    if (a > b) return Kgcd((a - b) >> 1, b);
    else return Kgcd((b - a) >> 1, a);
}
```

15.3.2 程序设计实例 15.2——过滤特殊字符

【问题】 某项目的处理要求需要过滤掉一些特殊字符，例如，如果是某些特殊字符，则不做任何处理。假设特殊字符是：~、!、@、#、$、%、^、&、*、?共 10 个。

【想法】 通常的想法是依次判断输入数据是否是特殊字符，语句示例如下：

```
if (ch != '*' && ch != '&' && ch != '$' && ch != '!' ……)
```

显然，这个条件判断即冗长效率又低。

考虑用位图的方法过滤掉特殊字符，具体方法如下：

（1）求出每个特殊字符的 ASCII 码的值，例如，'*'的值是 42，'&'的值是 38，等等。

（2）由于一字节 8 位，128 = 8×16，则需要 16 字节表示标准 ASCII 码。定义字符型数组 ch[16]作为位图来表示 ASCII 字符集中每个字符的状态，即数组 ch 的二进制序列（从低位到高位）表示每一个字符的状态。特殊字符及其对应的 ASCII 码值如下：[~ 126]，[! 33]，[@ 64]，[# 35]，[$ 36]，[% 37]，[^ 94]，[& 38]，[* 42]，[? 63]。将位图中对应的二进制位置 1，如图 15.5 所示。采用位图作为存储结构，基于位运算实现过滤特殊字符，只需一次比较即可完成，大大提高了程序效率。

ch[3]	ch[2]	ch[1]	ch[0]	31 ~ 0 位：	00000000	00000000	00000000	00000000
ch[7]	ch[6]	ch[5]	ch[4]	63 ~ 32 位：	10000000	00000000	00000100	01111010
ch[11]	ch[10]	ch[9]	ch[8]	95 ~ 64 位：	01000000	00000000	00000000	00000001
ch[15]	ch[14]	ch[13]	ch[12]	127~96 位：	01000000	00000000	00000000	00000000

图 15.5　位图存储特殊字符（ASCII 码值对应的位为 1）

（3）对于输入的字符 x，先计算字符所在数组 ch 中的下标 x / 8；再计算字符所在元素的位数 x % 8；最后判断该位是否为 1，表达式为：ch[x / 8] & (1 << (x % 8))。

【程序】 设字符数组 str 存储从键盘输入的字符串，并将此字符串过滤掉特殊字符后输出。为清晰起见，位图数组 ch 可以存储对应的十进制数。程序如下：

```
#include <stdio.h>

int main( )
{
   char ch[16] = {0, 0, 0, 0, 122, 4, 0, 128, 1, 0, 0, 64, 0, 0, 0, 64};
   char str[80];
   int i;
   printf("请输入一个字符串：");
   gets(str);
   printf("滤掉特殊字符后的字符串是：");
   for (i = 0; str[i] != '\0'; i++)
     if (ch[str[i] / 8] & (1 << str[i] % 8) != 1) /*如果该字符不是特殊字符*/
        putchar(str[i]);
   return 0;
}
```

练习题 15-6 假设输入字符串为“mail@.wang%h&m#?”，给出程序的运行结果。

15.4 本章实验项目

〖**实验 1**〗 上机实现 15.3.1 节程序设计实例 15.1，写出程序的运行结果。延伸实验：将快速欧几里得算法与欧几里得算法进行实验对比，设计多组测试用例给出实际的执行时间，并以表格的形式记录实验数据（提示：欧几里得算法的最坏情况是求两个相邻斐波那契数的最大公约数）。

〖**实验 2**〗 在一个 int 型数组中，恰好有两个元素只出现一次，其余所有元素均出现两次，请找出只出现一次的两个元素。例如，对于数组（1，2，1，3，2，5），只出现一次的元素是 3 和 5，要求用位运算实现。

15.5 本章教学资源

练习题答案	练习题 15-1 密文是：GKIYQPAF。 练习题 15-2 $(11010101100.01010111)_2=(\underline{0110}\ \underline{1010}\ \underline{1100}.\underline{0101}\ \underline{0111})_2=(6AC.57)_{16}$ 练习题 15-3 $(6AC.57)_{16}=(\underline{0110}\ \underline{1010}\ \underline{1100}.\underline{0101}\ \underline{0111})_2=(11010101100.01010111)_2$ 练习题 15-4 （1）语法正确，但语义错误，月份的最大整数是 12；（2）编译会提示错误，超出取值范围，4 位二进制能够表示的最大无符号整数是 15。

<table>
<tr><td></td><td colspan="3">练习题 15-5　利息 = 所存时间 × 利率，由于只存储年份的后两位，则 2000 年被表示为 00，减去 99 出现错误。需要修改相应程序，因此在 1999 年全世界都投入了大量人力财力修改相应程序，来应对千年虫可能带来的各种问题。
练习题 15-6　滤掉特殊字符后的字符串是：mail.wanghm。</td></tr>
<tr><td>二维码</td><td>
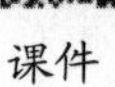
课件</td><td>
源代码</td><td>
“每课一练”答案</td></tr>
</table>

标准 ASCII 码

字符	$\mathbf{b_7b_6\ldots b_1}$	十进制	字符	$\mathbf{b_7b_6\ldots b_1}$	十进制	字符	$\mathbf{b_7b_6\ldots b_1}$	十进制	字符	$\mathbf{b_7b_6\ldots b_1}$	十进制
NUL	0000000	0	DLE	0010000	16	SP	0100000	32	0	0110000	48
SOH	0000001	1	DC1	0010001	17	!	0100001	33	1	0110001	49
STX	0000010	2	DC2	0010010	18	“	0100010	34	2	0110010	50
ETX	0000011	3	DC3	0010011	19	#	0100011	35	3	0110011	51
EOT	0000100	4	DC4	0010100	20	$	0100100	36	4	0110100	52
ENQ	0000101	5	NAK	0010101	21	%	0100101	37	5	0110101	53
ACK	0000110	6	SYN	0010110	22	&	0100110	38	6	0110110	54
BEL	0000111	7	ETB	0010111	23	‘	0100111	39	7	0110111	55
BS	0001000	8	CAN	0011000	24	(	0101000	40	8	0111000	56
HT	0001001	9	EM	0011001	25	)	0101001	41	9	0111001	57
LF	0001010	10	SUB	0011010	26	*	0101010	42	:	0111010	58
VT	0001011	11	ESC	0011011	27	+	0101011	43	;	0111011	59
FF	0001100	12	FS	0011100	28	,	0101100	44	<	0111100	60
CR	0001101	13	GS	0011101	29	−	0101101	45	=	0111101	61
SO	0001110	14	RS	0011110	30	.	0101110	46	>	0111110	62
SI	0001111	15	US	0011111	31	/	0101111	47	?	0111111	63

续表

字符	$b_7b_6\ldots b_1$	十进制	字符	$b_7b_6\ldots b_1$	十进制	字符	$b_7b_6\ldots b_1$	十进制	字符	$b_7b_6\ldots b_1$	十进制
@	1000000	64	P	1010000	80	`	1100000	96	p	1110000	112
A	1000001	65	Q	1010001	81	a	1100001	97	q	1110001	113
B	1000010	66	R	1010010	82	b	1100010	98	r	1110010	114
C	1000011	67	S	1010011	83	c	1100011	99	s	1110011	115
D	1000100	68	T	1010100	84	d	1100100	100	t	1110100	116
E	1000101	69	U	1010101	85	e	1100101	101	u	1110101	117
F	1000110	70	V	1010110	86	f	1100110	102	v	1110110	118
G	1000111	71	W	1010111	87	g	1100111	103	w	1110111	119
H	1001000	72	X	1011000	88	h	1101000	104	x	1111000	120
I	1001001	73	Y	1011001	89	i	1101001	105	y	1111001	121
J	1001010	74	Z	1011010	90	j	1101010	106	z	1111010	122
K	1001011	75	[	1011011	91	k	1101011	107	{	1111011	123
L	1001100	76	\	1011100	92	l	1101100	108	|	1111100	124
M	1001101	77	]	1011101	93	m	1101101	109	}	1111101	125
N	1001110	78	^	1011110	94	n	1101110	110	~	1111110	126
O	1001111	79	_	1011111	95	o	1101111	111	DEL	1111111	127

运算符的优先级和结合性

运　算　符	意　　义	运算类别	优先级	结合性
()	圆括号	一目	↑	左结合
[ ]	下标运算符	二目	高	
.	成员运算符，引用结构体成员			
->	通过指针引用结构体成员			
!	逻辑非	一目		右结合
~	按位取反			
+、−	取正、取负			
++、− −	自增、自减			
&	取变量的地址			
*	间接引用运算符			
(type)	强制类型转换			
sizeof	取数据所占的字节数			
*、/、%	乘、除、求余	二目		左结合
+、−	加、减			
<<、>>	向左移位、向右移位			
<、<=、>、>=	小于、小于或等于、大于、大于或等于			
= =、!=	等于、不等于			
&、^、|	按位与、按位异或、按位或			
&&、||	逻辑与、逻辑或			
? :	条件运算符	三目		右结合
=	赋值运算符	二目		
*=、/=、%= +=、−=	复合赋值运算符：左值与右值完成算术运算后再赋给左值			
|=　^=　&=	复合赋值运算符：左值与右值完成按位逻辑运算后再赋给左值			
>>=　<<=	复合赋值运算符：左值与右值完成移位运算后再赋给左值			
,	逗号运算符，顺序求值	多目	低	左结合

常用库函数

不同编程环境提供库函数的数目、函数名及函数功能并不完全相同，本附录列出 Dev C++提供的常用库函数，具体使用时请读者查阅所用系统的相关说明。

1. 数学函数

调用数学函数时，要在源文件中包含头文件 math.h，常用数学函数如表 C.1 所示。

表 C.1　常用数学函数

分类	函数原型	函数功能	返回值	说明
三角函数	double acos(double x)	计算 x 的反余弦	x 的反余弦	x 的取值范围是[−1, 1]
	double asin(double x)	计算 x 的反正弦	x 的反正弦	
	double atan(double x)	计算 x 的反正切	x 的反正切	
	double cos(double x)	计算 x 的余弦	x 的余弦	参数 x 以弧度表示
	double sin(double x)	计算 x 的正弦	x 的正弦	
	double tan(double x)	计算 x 的正切	x 的正切	
指数函数	double exp(double x)	计算 e^x 的值	e^x 的值	
	double pow(double x, double y)	计算 x^y 的值	x^y 的值	
	double sqrt(double x)	计算 x 的平方根	x 的平方根	$x \geqslant 0$
对数函数	double log(double x)	计算 $\log_e x$ 的值，即 lnx	$\log_e x$ 的值	
	double log10(double x)	计算 $\log_{10} x$ 的值	$\log_{10} x$ 的值	
绝对值函数	double fabs(double x)	计算实数 x 的绝对值	x 的绝对值	
	double labs(long int x)	计算长整数 x 的绝对值		
取整函数	double ceil(double x)	计算不小于 x 的最小整数	该整数的双精度形式	向上取整
	double floor(double x)	计算不大于 x 的最大整数		向下取整

2. 字符处理函数

调用字符处理函数时，要在源文件中包含头文件 ctype.h，常用字符处理函数如表 C.2 所示。

表 C.2　常用字符处理函数

分类	函数原型	函数功能	返回值
字符测试：测试字符的类型	int isalnum(int ch)	测试 ch 是否为字母或数字	是，则返回非 0，否则返回 0
	int isalpha(int ch)	测试 ch 是否为字母	
	int islower(int ch)	测试 ch 是否为小写字母	
	int isupper(int ch)	测试 ch 是否为大写字母	
	int isdigit(int ch)	测试 ch 是否为数字	
	int isxdigit(int ch)	测试 ch 是否为十六进制数码	
	int isascii(int ch)	测试 ch 是否为 ASCII 字符	
	int isspace(int ch)	测试 ch 是否为空格、跳格符等	
	int isgraph(int ch)	测试 ch 是否为可打印字符	
	int iscntrl(int ch)	测试 ch 是否为控制字符	
字符转换	int tolower(int ch)	将 ch 转换为小写字母	该字母对应的 ACSII 码
	int toupper(int ch)	将 ch 转换为大写字母	

3．字符串处理函数

调用字符串处理函数时，要在源文件中包含头文件 string.h，常用字符串处理函数如表 C.3 所示。

表 C.3　常用字符串处理函数

分类	函数原型	函数功能	返回值
字符串长度	unsigned int strlen(const char *str)	计算字符串 str 的字符个数	字符个数
字符串复制	char *strcpy(char *str1, const char *str2)	将字符串 str2 复制到字符串 str1 中	字符串 str1 的指针
	char *strncpy(char *str1, const char *str2, unsigned int n)	将字符串 str2 的前 n 个字符复制到字符串 str1 中	
字符串比较	int strcmp(const char *str1, const char *str2)	比较字符串 str1 和 str2，区分大小写	str1<str2：返回负数 str1=str2：返回 0 str1>str2：返回正数
	int stricmp(const char *str1, const char *str2)	比较字符串 str1 和 str2，不区分大小写	
	int strncmp(const char *str1, const char *str2, unsigned int n)	比较字符串 str1 和 str2 的前 n 个字符，区分大小写	
	int strnicmp(const char *str1, const char *str2, unsigned int n)	比较字符串 str1 和 str2 的前 n 个字符，不区分大小写	
字符串拼接	char *strcat(char *str1, const char *str2)	将字符串 str2 拼接到字符串 str1 之后	字符串 str1 的指针
	char *strncat(char *str1, const char *str2, unsigned int n)	将字符串 str2 的前 n 个字符拼接到字符串 str1 之后	

续表

分类	函数原型	函数功能	返回值
字符串查找	char *strchr(const char *str, int ch)	在字符串 str 中查找字符 ch 第一次出现的位置	找到，则返回该位置的指针；否则返回 NULL
	char *strrchr(const char *str, int ch)	在字符串 str 中反向查找字符 ch 第一次出现的位置	
大小写转换	char *strlwr(char *str)	将字符串 str 中的字母转换为小写字母	字符串 str 的指针
	char *strupr(char *str)	将字符串 str 中的字母转换为大写字母	

4．动态内存分配函数

调用动态内存分配函数时，要在源文件中包含头文件 malloc.h，常用动态内存分配函数如表 C.4 所示。

表 C.4　常用动态内存分配函数

分类	函数原型	函数功能	返回值
内存分配	void *malloc(unsigned int size)	分配 size 字节的内存单元	成功，则返回所分配内存单元的起始地址；否则返回 NULL
	void *calloc(unsigned int n, unsigned int size)	分配 n 个数据的内存单元，每个数据占 size 字节	
	void *realloc(void *p, unsigned int size)	将 p 所指向的已分配内存单元的大小改为 size 字节	
内存释放	void free(void *p)	释放 p 所指向的内存单元	无

5．输入输出函数

调用输入输出函数时，要在源文件中包含头文件 stdio.h，常用输入输出函数如表 C.5 所示。

表 C.5　常用动态内存分配函数

分类	函数原型	函数功能	返回值
标准输入	int getchar( )	从标准输入设备读取一个字符	正确读取，则返回读取的字符；否则返回-1
	char *gets(char *str)	从标准输入设备读取一个字符串放到 str 所指向的内存单元	正确读取，则返回 str 指针；否则返回 NULL
	int scanf(const char *format, args,…)	从标准输入设备按 format 规定的格式读取数据，依次赋给输入列表 args 所指向的内存单元	正确读取，则返回读入并赋给 args 的数据个数；出错返回 0

续表

分类	函数原型	函数功能	返回值
标准输出	int putchar(char ch)	将字符 ch 输出到标准输出设备	正确输出，则返回字符 ch；否则返回 EOF
	int puts(const char *str)	将 str 指向的字符串输出到标准输出设备	正确输出，则返回换行符；否则返回 EOF
	int printf(const char *format, args,…)	将输出列表 args 的值按 format 规定的格式输出到标准输出设备	正确输出，则返回输出的字符个数；否则返回负数
文件的打开和关闭	FILE *fopen(const char *filename, const char *mode)	以 mode 方式打开文件 filename	成功，则返回一个文件指针；否则返回 NULL
	int fclose(FILE *fp)	关闭 fp 指向的文件，释放文件缓冲区	成功，则返回 0；否则返回非 0
文件的读取（文件输入）	int fgetc(FILE *fp)	从 fp 指向的文件读取一个字符	正确读取，则返回读取的字符；否则返回 EOF
	char *fgets(char *buf, int n, FILE *fp)	从 fp 指向的文件读取长度为 n−1 的字符串，存入起始地址为 buf 的内存单元	正确读取，则返回地址 buf；否则返回 NULL
	int fscanf(FILE *fp, const char *format, args,…)	从 fp 指向的文件按 format 规定的格式读取数据并依次赋给输入列表 args 所指向的内存单元	正确读取，则返回读取的数据个数；否则返回负数
	int fread(char *buf, unsigned size, unsigned n, FILE *fp)	从 fp 指向的文件读取大小为 size 字节的 n 个数据，存入 buf 所指向的内存单元	正确读取，则返回读取的数据个数；否则返回 0
文件的写入（文件输出）	int fputc(int ch, FILE *fp)	将字符 ch 输出到 fp 指向的文件	正确写入，则返回该字符；否则返回 EOF
	int fputs(const char *str, FILE *fp)	将 str 指向的字符串输出到 fp 指向的文件	正确写入，则返回 0；否则返回非 0
	int fprintf(FILE *fp, const char *format, args,…)	将输出列表 args 的值按 format 规定的格式输出到 fp 指向的文件	正确输出，则返回输出的字符个数；否则返回负数
	unsigned int fwrite(const char *ptr, unsigned int size, unsigned int n, FILE *fp)	将 ptr 所指向的 n*size 字节输出到 fp 指向的文件	正确输出，则返回输出的字符个数；否则返回 0
文件的定位	void rewind(FILE *fp)	将 fp 指向文件的当前位置指针置于文件的开头	无
	int fseek(FILE *fp, long int offset, int base)	将 fp 指向文件的当前位置指针移动到以 base 为基准，偏移量为 offset 的位置	成功，则返回文件的当前位置指针，否则返回 −1
	long int ftell(FILE *fp)	fp 指向文件的当前位置指针（即读写位置）	返回 fp 指向文件的当前位置指针
	int feof(FILE *fp)	测试 fp 指向文件的当前位置指针是否到文件末尾	到文件末尾，则返回非 0；否则返回 0

续表

分类	函数原型	函数功能	返回值
其他	int ferror(FILE *fp)	测试 fp 指向的文件是否有错误	无错，则返回 0；否则返回非 0
	int fflush(FILE *fp)	如果 fp 指向的文件为写打开，则将文件缓冲区的内容写入文件；如果 fp 指向的文件为读打开，则清除文件缓冲区的内容	成功，则返回 0；否则返回 EOF

6．实用函数

头文件 stdlib.h 中包含了所有不能归类于某个头文件的实用函数，常用的实用函数如表 C.6 所示。

表 C.6　常用的实用函数

分类	函数原型	函数功能	返回值
字符串转换	double atof(const char *str)	将字符串 str 转换为 double 型	转换后的双精度值
	int atoi(const char *str)	将字符串 str 转换为 int 型	转换后的整型值
	long int atol(const char *str)	将字符串 str 转换为 long int 型	转换后的长整型值
	char *itoa(int value, char *str, int radix)	将整数 value 转换为 radix 进制表示的字符串	指向 str 的指针
	char *ltoa(long int value, char *str, int radix)	将长整数 value 转换为 radix 进制表示的字符串	
	char *ultoa(unsigned long int value, char *str, int radix)	将无符号长整数 value 转换为 radix 进制表示的字符串	
生成伪随机数	int rand(void)	生成 0 ~ RAND_MAX 之间的随机数，RAND_MAX 为 32767	生成的随机数
	void srand(unsigned int seed)	为 rand 函数设置随机种子	无
终止程序	void exit(int code)	终止程序的执行，清空和关闭所有打开的文件，code 表示程序终止时的状态	无
	void abort(void)	终止程序的执行，但不清空、不关闭所有打开的文件	无

参 考 文 献

[1] B W Kernighan, D M Rirchie. C 程序设计语言[M]. 徐宝文，译. 2 版. 北京：机械工业出版社，2019.

[2] A Kingsley-Hughes, K Kingsley-Hughes. 程序设计入门经典[M]. 顾晓锋，译. 北京：清华大学出版社，2006.

[3] 谭浩强. C 程序设计[M]. 5 版. 北京：清华大学出版社，2017.

[4] 王红梅，胡明. 算法设计与分析[M]. 2 版. 北京：清华大学出版社，2013.

[5] 陈娟，张长海. 程序设计基础[M]. 3 版. 北京：高等教育出版社，2019.

[6] 张莉. C 程序设计案例教程[M]. 3 版. 北京：清华大学出版社，2019.

[7] 吴文虎，徐明星，邬晓钧. 程序设计基础[M]. 4 版. 北京：清华大学出版社，2019.

[8] 汪小林，罗英伟，李文新. 计算概论——程序设计阅读题解[M]. 北京：清华大学出版社，2011.

程序设计基础

——从问题到程序（第3版）

每 课 一 练

班　级		姓　名		学　号	
目　标	1.1~1.2，重点练习程序设计的基本概念、程序的基本构成等				

一、单项选择题

1．计算机硬件能唯一识别和执行的语言是（　　）。

A．机器语言　　B．汇编语言　　C．低级语言　　D．高级语言

2．下列不属于 C 语言基本字符集的字符是（　　）。

A．$　　B．%　　C．&　　D．#

3．以下不是 C 语言保留的关键字是（　　）。

A．switch　　B．begin　　C．while　　D．default

4．C 语言规定，标识符的第一个字符（　　）。

A．必须是字母　　B．必须是下画线

C．可以是字母或下画线　　D．可以是字母、数字或下画线

5．以下合法的 C 语言标识符是（　　）。

A．3a　　B．a-3　　C．a_3　　D．3_a

6．对于 C 程序中的语句，下列说法中正确的是（　　）。

A．不区分大小写字母　　B．一行只能写一条语句

C．一条语句可分成几行书写　　D．每行必须有分号

7．语句 int x, y;中用到的分隔符是（　　）。

A．空格　　B．逗号　　C．分号　　D．以上都是

8．以下说法中正确的是（　　）。

A．程序设计的主要工作是编写程序

B．编写程序的人员称为程序员

C．一条机器指令只能完成一个最基本的动作

D．计算机的机器指令系统是计算机能够识别的指令

二、简答题

1．什么是程序？什么是程序设计？什么是程序设计语言？

2．请列举 10 种常用的程序设计语言。

3．简述编译型和解释型翻译程序的工作过程，二者的主要区别是什么？

4．什么是计算机系统字符集？什么是程序设计语言字符集？二者之间是什么关系？

5．什么是关键字？请列出 C 语言常用的 10 个关键字。

《程序设计基础》每课一练　　作业 1-2　　提交日期：　月　日

班　级		姓　名		学　号	
目　标	1.3~1.4，重点练习 C 程序的典型结构、基本的输入/输出语句、C 程序的执行过程等				

一、单项选择题

1．在 C 程序中，main 函数的位置（　　）。

A．必须在最开始　　B．必须在预处理指令的后面

C．可以任意　　D．必须在最后

2．关于 C 语言的翻译程序，以下说法中错误的是（　　）。

A．用C语言编写的程序称为源程序　　B．翻译得到的程序称为目标程序

C．翻译程序能够检查程序的语法错误　　D．C程序经过翻译之后就可以正确执行

3．关于 C 程序的注释，下列说法中正确的是（　　）。

A．翻译程序将注释转换为机器指令　　B．注释只能出现在语句的后面

C．注释可以出现在任何位置　　D．注释可以嵌套

4．对于输入语句"scanf("%d %d", &x, &y);"，输入数据时不能作为数据分隔符的是（　　）。

A．空格　　B．Tab键　　C．回车　　D．逗号

5．C 程序经过编译后生成目标文件，其文件名的后缀为（　　）。

A．.c　　B．.obj　　C．.exe　　D．.cpp

二、读程序写结果

1．

```
#include <stdio.h>
int main( )
{
    int x, y;
    printf("请输入两个整数：");
    scanf("%d%d", &x, &y);
    printf("%d", x + y);
    return 0;
}
```

注：假设键盘输入 3<Enter>5<Enter>

2．

```
#include <stdio.h>
int main( )
{
    printf("================\n");
    printf("Hello World!")
    printf("Hello C!");
    printf("\n");
    printf("================");
    return 0;
}
```

三、改错题（每个小题分别有 5 处错误，请指出并改正）

1．

```
#include <stdio.h>
int mian( )
{
    int x
    scanf("%d", x);
    printf("%d, x");
}
return 0;
```

2．

```
#include <stdio.h>
main( )
{
    double x;
    scanf("%6.2f", &x);
    x = 5x + 2;
    printf("%d", x);
}
```

四、程序设计题

1．已知正方形的边长是 5，计算正方形的周长和面积。

2．假设圆周率 π 为 3.1415926535，请分别输出其保留小数点后 2 位、4 位、7 位和 10 位的值。

班　级		姓　名		学　号	
目　标	第 2 章，重点练习算法的基本概念、描述方法及时间复杂度分析等				

一、单项选择题

1．算法是（　　）。

A．描述特定问题的求解步骤，是指令的有限序列　　B．计算机程序

C．解决问题的方法　　D．数据处理的过程

2．下面（　　）不是算法所必须具备的特性。

A．有穷性　　B．确定性　　C．高效性　　D．可行性

3．算法应该具有（　　）等特性。

A．可行性、可移植性和可扩充性　　B．可行性、确定性和有穷性

C．确定性、稳定性和有穷性　　D．易读性、稳定性和健壮性

4．算法的有穷性是指（　　）。

A．算法在有穷的时间内终止　　B．输入是有穷的

C．输出是有穷的　　D．描述步骤是有穷的

5．当输入非法错误时，算法进行适当处理而不会产生灾难性后果，这称为算法的（　　）。

A．可读性　　B．健壮性　　C．正确性　　D．有穷性

6．算法的时间复杂度与（　　）有关。

A．问题规模　　B．计算机硬件性能

C．编译程序的质量　　D．程序设计语言

7．某算法的时间复杂度是 $O(n^2)$，表明该算法（　　）。

A．问题规模是 n^2　　B．执行时间等于 n^2

C．执行时间与 n^2 成正比　　D．问题规模与 n^2 成正比

8．某算法的运行时间函数 $T(n) = 100n\log_2 n+200n+500$，该算法的时间复杂度是（　　）。

A．$O(1)$　　B．$O(n)$　　C．$O(n\log_2 n)$　　D．$O(n\log_2 n+n)$

二、分析下列算法的时间复杂度，并用大 O 记号表示

1. 初始化累加器 sum = 0;
2. 循环变量 i 从 0 到 n−1，重复执行下述操作：
   2.1 sum = sum + a[i][i];
   2.2 i++;
3. 输出 sum;

三、简答题

1．程序设计的过程就是用计算机求解问题的过程，请根据一个实际问题说明程序设计的关键。

2．上网查找关于计算思维的文章和评论，并说明你对计算思维的理解。

四、用伪代码描述下列问题的算法

1．求三个数中的最小值。

2．在一个含有 n 个元素的集合中查找最小值元素和次小值元素。

3．判定一个整数 n 能否同时被 3 和 5 整除。

《程序设计基础》每课一练　　作业 3-1　　提交日期：　月　日

班　级		姓　名		学　号	
目　标	3.1~3.2，重点练习二进制、基本数据类型等				

一、单项选择题

1．在计算机内一切信息的存取、传输和处理都是以（　　）形式进行的。

A．ASCII码　　B．二进制　　C．十进制　　D．十六进制

2．十进制数 35 转换成二进制数是（　　）。

A．100011　　B．0100011　　C．100110　　D．100101

3．十进制数 0.65625 转换成二进制数是（　　）。

A．0.11001　　B．0.10101　　C．0.01011　　D．0.10001

4．用 8 位二进制表示有符号整数，可表示的最大整数是（　　）。

A．127　　B．128　　C．255　　D．256

5．假设用一个字节表示有符号整数，则−23 的补码表示是（　　）。

A．00010111　　B．11101001　　C．11101000　　D．10010111

6．在 C 语言中，字符型数据进行（　　）运算没有实际意义。

A．+　　B．−　　C．>　　D．<

7．在 C 语言中，实数不能参与的运算是（　　）。

A．+　　B．−　　C．*　　D．%

8．以下整数可以作为逻辑真的是（　　）。

A．1　　B．−1　　C．5　　D．以上都是

二、简答题

1．假设 int 型数据占 2 字节，分别写出 123 和−123 在内存中的存储格式。

2．假设 short int 型数据占 1 字节，计算 100 + 100 的值。

3．假设某编译系统的 float 型数据占 32 位二进制，其中用 24 位表示尾数，用 8 位表示阶码，写出十进制数 4.6 在内存中的存放形式。

三、程序设计题

1．输入一个三位整数，计算各位数字的和。

2．求两个数中较大值和较小值的差。

班　级		姓　名		学　号	
目　标	3.3~3.4，重点练习符号常量、转义字符变量的定义和赋值等				

一、单项选择题

1．以下可以作为字符串常量的是（　　）。

A．abc　　B．"abc"　　C．'abc'　　D．'a"b"c'

2．转义字符'\n'在内存中占用的字节数是（　　）。

A．1　　B．2　　C．3　　D．4

3．以下不合法的整型常量是（　　）。

A．01a　　B．0xe　　C．−01　　D．−0x48a

4．以下合法的转义字符是（　　）。

A．'\xf '　　B．'\1011'　　C．'\'　　D．'\ab'

5．下面正确的符号常量定义是（　　）。

A．#define base = 2.13　　B．#define base 1/3

C．#define int integer　　D．#define count 999;

6．以下正确的变量定义是（　　）。

A．int a = b = 5;　　B．int a, b = 5;　　C．int, a = 5, b = a;　　D．int a = 5; b = 5;

7．以下叙述正确的是（　　）。

A．在C程序中，SUM和sum是两个不同的变量

B．执行赋值表达式a = b后，将a的值放入b中，且a的值不变

C．在C语言中，整数能够被准确表示，但实数不能被准确表示

D．执行double a = 10后变量a的值是10，因此实型变量可以存储整数

8．假设变量已正确定义并初始化，下面合法的赋值语句是（　　）。

A．a == b + 1;　　B．a = c + 2;　　C．18.5 = a + b;　　D．a + 1 = c;

二、改错题（以下每个小题有 4 处错误，请指出并改正）

1．

```
#include <stdio.h>
#define PI = 3.1415;
int main( )
{
    radius = 5;
    double radius, area;
    printf("%f", area);
    area = PI * radius²;
    return 0;
}
```

2．

```
#include <stdio.h>
int main( )
{
    int y = x = 2;
    printf(x, y);
    char ch1 = "a";
    ch2 = ch1 + 1;
    printf("%3c %3c\n", ch1, ch2);
    return 0;
}
```

三、程序设计题

1．编写程序输出以下对话：A：Hello, Tom!　B："Jerry!", How are you?

2．在古希腊时代，宙斯叫来一个铁匠铸造一个环绕地球的铁环，要求铁环的直径正好与

地球的直径相匹配。但可怜的铁匠出了点差错，他造出的铁环比原定的周长长出 1 米。宙斯让铁环环绕着地球，让它和地球的一个点相接触，如右图所示。现在的问题是：铁环在地球另一端的狭缝突出多少？编写程序求解。

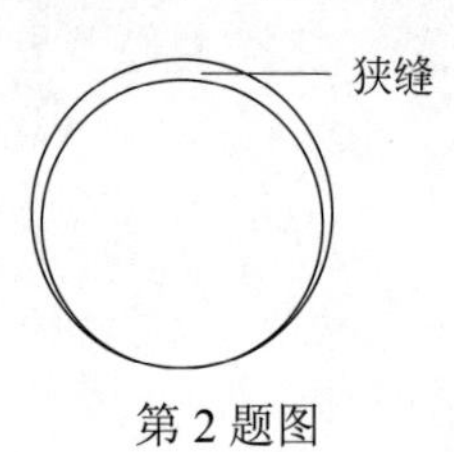

第 2 题图

班　级		姓　名		学　号	
目　标	4.1~4.2，重点练习算术运算符和逻辑运算符的使用，运算符的优先级和结合性等				

一、单项选择题

1. 设变量 m 为 int 型，变量 n 为 double 型，以下能实现将变量 n 中的数据保留小数点后两位，第 3 位进行四舍五入运算的表达式是（　　）。

   A．n = (n * 100 + 0.5) / 100　　B．n = (n / 100 + 0.5) * 100

   C．m = n * 100 + 0.5; n = m / 100.0　　D．m = n / 100 + 0.5; n = m * 100.0

2. 设整型变量 s 和 h 分别表示三角形的底和高，求三角形面积的表达式是（　　）。

   A．1 / 2 * s * h　　B．1 / 2.0 * s * h

   C．s × h / 2　　D．s * h / 2

3. 若有变量定义"double x = 1, y;"，则表达式 y = x + 3 / 2 的运算结果是（　　）。

   A．1　　B．2　　C．2.0　　D．2.5

4. 表示关系 $x \leqslant y \leqslant z$ 的 C 语言表达式为（　　）。

   A．x <= y && y <= z　　B．x <= y AND y <= z

   C．x <= y <= z　　D．x <= y & y <= z

5. 设整型变量 m、n、a、b 的值均为 1，执行表达式(m = a > b) || (n = a < b)后，表达式的值以及变量 m 和 n 的值是（　　）。

   A．0，1，1　　B．0，0，0　　C．1，1，0　　D．1，1，1

6. 对于变量定义"int a = 7; float x = 2.5, y = 4.7;"，表达式 x + a % 3 + (int)(x + y) % 2 / 4 的值是（　　）。

   A．2.5　　B．2.75　　C．3.5　　D．0

7. 设变量 a 是 int 型，f 是 float 型，d 是 double 型，则表达式 a * f + (d – a)运算结果的数据类型为（　　）。

   A．int　　B．float　　C．double　　D．不确定

8. 下列运算符中优先级最高的是（　　）。

   A．<　　B．+　　C．&&　　D．!=

9. 判断 char 型变量 ch 是否为小写字母的正确表达式是（　　）。

   A．'a' <= ch <= 'z'　　B．(ch >= a) && (ch <= z)

   C．('a' >= ch) || ('z' <= ch)　　D．(ch >= 'a') && (ch <= 'z')

10. 若变量 a = 3, b = 2, c = 1，表达式 a > b > c 的运算结果是（　　）。

    A．1　　B．0　　C．不确定　　D．有语法错误

二、读程序写结果

1.
```
#include <stdio.h>
int main( )
{
```

```c
    int x = 3, y = 2, z = 1;
    int flag = 0, count = 1;
    printf("%d %d\n", x > y > z, x >= z + y);
    if (flag == 0 && x > y) count++;
    printf("%d\n", count);
    return 0;
}
```

2.
```c
#include <stdio.h>
int main( )
{
    int a = 3, b = 5;
    printf("a = %d, b = %d\n", a, b);
    printf("%d %d\n", b / a, b % a);
    printf("%d %d\n", -b % a, b % -a);
    a = a + b;  b = a - b;  a = a - b;
    printf("a = %d, b = %d\n", a, b);
}
```

三、程序设计题

1．设 $P_1 = (x_1, y_1)$和 $P_2 = (x_2, y_2)$分别是二维空间的两个点，编写程序求 P_1 和 P_2 构成线段的中点。

2．将以英寸为单位的长度值转换成以厘米为单位的长度值，要求精度为小数点后三位。（1 英寸=2.54 厘米）

《程序设计基础》每课一练　　作业 4-2　　提交日期：　月　日

班　级		姓　名		学　号	
目　标	4.3~4.5，重点练习赋值运算、逗号运算、取长度运算，以及运算对象的类型转换等				

一、单项选择题

1．若变量 x 为 int 类型，则表达式 x = 1, x + 5, x++的值是（　　）。

A．1　　B．2　　C．6　　D．7

2．若有变量定义"int x = 5, y = 10;"，则"printf("%d, %d", x++, --y)"的执行结果是（　　）。

A．5, 9　　B．5, 10　　C．6, 9　　D．6, 10

3．若有变量定义"double x = 5.6;"，则表达式(int)x != 6 的值是（　　）。

A．true　　B．非0值　　C．0　　D．1

4．设 int 型变量 x 的值是 5，则 sizeof(x)、sizeof(x++)以及变量 x 的值是（　　）。

A．4, 4, 5　　B．4, 5, 5　　C．4, 5, 6　　D．4, 4, 6

5．设 char 型变量 ch 的值为'A'，则表达式(ch >= 'A' && ch <= 'Z') ? (ch+32) : ch 的值是（　　）。

A．'A'　　B．'a'　　C．'Z'　　D．'z'

6．下列说法中错误的是（　　）。

A．设有变量定义"int a, b;"，则变量a和b是值无定义的

B．执行赋值表达式a = b后，将b的值放入a中且b的值不变

C．设变量x的值是5，则执行表达式x += 10后，变量x的值是15

D．对于语句"int x = 2.5;"，在进行编译时将出现语法错误

7．在 C 语言中，运算符++的运算对象（　　）。

A．必须是变量　　B．可以是常量、变量或表达式

C．可以是变量或表达式　　D．必须是表达式

8．如果有变量定义"int a = 3, b = 4;"，则条件表达式 a > b ? a: b 的运算结果是（　　）。

A．3　　B．4　　C．0　　D．1

二、读程序写结果

1．

```
#include <stdio.h>
int main ( )
{
   int a = 3, b = 3;
   printf("%d %d\n", ++a, b--);
   a = b = 3;
   a += a++;
   b += ++b;
   printf("%d %d\n", a, b);
   return 0;
}
```

2．

```
#include <stdio.h>
int main ( )
{
   double x = 3.4, y = 6.8;
   int a, b, c, d;
   a = x + y; b = (int)(x + y);
   c = (int)x + y; d = x + (int)y;
   printf("%d %d %d %d\n",a, b, c, d);
   return 0;
}
```

三、程序设计题

1．若用小时和分钟表示时间，假设当前时间为上午 9 点半，分别求 100 分钟和 100 小时后的时间。

2．给定两个电阻的阻抗 $r1$ 和 $r2$，计算并联电阻的阻抗 R。$\left(R = \dfrac{1}{\dfrac{1}{r1} + \dfrac{1}{r2}} \right)$

班　级		姓　名		学　号	
目　标	5.1~5.2，重点练习复合语句、if 语句、if-else 语句、switch 语句，以及选择结构的嵌套等				

一、单项选择题

1．if-else 语句嵌套使用时，else 与（　　）相配对。

A．缩排位置相同的if　　B．其上最近的if

C．其下最近的if　　D．其上最近的未配对的if

2．以下不正确的语句是（　　）。

A．if (x > y);　　B．if (x == y) && (x != 0) x++;

C．if (x != y) scanf("%d", &x);　　D．if (x < y){x++; y--;}

3．设有变量定义"int count = 0, x = 5;"，则执行语句"if (x++ && x > 5) count++;"后变量 count 和 x 的值分别是（　　）。

A．0和5　　B．0和6　　C．1和5　　D．1和6

4．以下关于 switch 语句的说法中正确的是（　　）。

A．case后的多条语句无须用大括号括起来

B．case后只能跟常量

C．case语句后一定要有break语句

D．switch语句中一定有default分支

5．如有变量定义"int a = 5, b = 4;"，执行如下程序段后，a 和 b 的值分别是（　　）。

```
if (a > b) a = b; b =a;
else a++; b++;
```

A．有语法错误　　B．5和5　　C．6和4　　D．6和5

二、读程序写结果

1．

```
#include <stdio.h>
int main( )
{
  int x = 1, a = 0, b = 0;
  switch(x)
  {
    case 0: b++;
    case 1: a++;
    case 2: a++; b++;
  }
  printf("a = %d, b = %d\n", a, b);
  return 0;
}
```

2．

```
#include <stdio.h>
int main( )
{
  int x = 5, y = 3, z = 2;
  if (x > y) x = y; y = z; z = x;
  printf("%d, %d, %d\n", x, y, z);
  if (x = y + z) printf("****\n");
  else printf("====\n");
  if (x > y > z) printf("****\n");
  else printf("====\n");
  return 0;
}
```

三、程序设计题

1. 某超市为了促销规定：购物金额不足 50 元，按原价付款；超过 50 元不足 100 元，超过部分按九折付款；超过 100 元，超过部分按八折付款。根据购物金额，计算实际应付金额。
2. 在平面上，连接两个点(x_1, y_1)和(x_2, y_2)的直线由如下方程定义：

$$ax + by = c \quad (\text{其中，} a = y_2 - y_1, b = x_1 - x_2, c = x_1y_2 - y_1x_2)$$

   这样一条直线把平面分成两个半平面：其中一个半平面中的点都满足 $ax + by > c$，另一个半平面中的点都满足 $ax + by < c$。对于点(1, 1)和(5, 3)确定的直线，给定任意两个点 P_1 和 P_2，判断 P_1 和 P_2 是否位于这条直线的同一个半平面。

班　级		姓　名		学　号	
目　标	5.3~5.4，重点练习 while 语句、do-while 语句、for 语句，以及 break 和 continue 语句等				

一、单项选择题

1. 下列语句中，有语法错误的是（　　）。

   A. while (x = y) x++;　　B. do x++ while (x == 10);

   C. while (1) ;　　D. do x++; while (x = y);

2. 循环语句"for (i = 2; i != 0; i--) printf("%d", i);"中，循环体的执行次数是（　　）。

   A. 无限次　　B. 0次　　C. 1次　　D. 2次

3. 以下程序段（　　）。

```
int x = -1;
do{
   x = x * x;
} while (!x);
```

   A. 有语法错误　　B. 是死循环

   C. 循环体执行1次　　D. 循环体执行2次

4. 以下程序段中内循环体的执行次数是（　　）。

```
for (i = 5; i > 0; i--)
   for (j = 0; j < 4; j++){......}
```

   A. 20　　B. 24　　C. 25　　D. 30

5. 以下说法中正确的是（　　）。

   A. do-while语句构成的循环不能用其他语句构成的循环来代替

   B. 用do-while语句构成循环时，当while的表达式为0时结束循环

   C. 在for (表达式1; 表达式2; 表达式3)中，表达式1和表达式3不能同时是逗号表达式

   D. 在for (表达式1; 表达式2; 表达式3)中，如果表达式2为空，则该循环一定是死循环

二、读程序写结果

```
#include <stdio.h>
int main( )
{
   int a, b;
   for (a = 1, b = 1; a <= 5; a++)
   {
      if (b % 3 == 1)
      {b = b + 2; continue;}
      b = b + 5;
```

```
    }
    printf("%d\n", b);
    return 0;
}
```

三、改错题（有 4 处错误）

```
#include <stdio.h>
int main( )
{
    int n = 100;
    for (  n < 1000, n++);
        if (n % 2 == 0) printf("%d", n);
    do
    {
        if (n % 2 == 1)
            printf("%3d", n--);
    }while (n > 100)
    return 0;
}
```

四、程序设计题

1. 判断给定的自然数是否为降序数。降序数是指对于 $n = d_1d_2\ldots d_k$，满足 $d_i \geqslant d_{i+1}$（$1 \leqslant i \leqslant k-1$）。
2. 我国古代数学家祖冲之采用正多边形逼近的割圆术将圆周率 π 精确到小数点后 8 位。请用祖冲之的方法求 π 的近似值，要求精确到小数点后 16 位。

班　级		姓　名		学　号	
目　标	6.1，重点练习一维数组的定义、初始化和基本操作，以及用一维数组处理实际问题等				

一、单项选择题

1．在 C 语言中引用数组元素时，其数组下标允许是（　　）。

A．整型常量　　B．整型表达式

C．整型常量表达式　　D．任何类型的表达式

2．在 C 语言中，数组下标的下限是（　　）。

A．0　　B．1　　C．−1　　D．视具体情况

3．若有数组定义"int a[10];"，则对数组元素的正确引用是（　　）。

A．a[10]　　B．a[2.5]　　C．a[9+3]　　D．a[9-3]

4．若有数组定义"int a[10] = {1,4,7,5,2,5,8,9,3,6};"，且变量 i 的值是 6，则元素 a[a[i]]的值是（　　）。

A．3　　B．9　　C．6　　D．5

5．以下一维数组的初始化语句中，正确的是（　　）。

A．int a[ ] = {6, 7, 8};　　B．int a[5];

C．int a[5] = {1, 2, 3, ,};　　D．int a[5] = { };

6．设有数组定义"int a[5];"，给数组元素 a[3]赋值，以下语句错误的是（　　）。

A．a[3] = 9;　　B．scanf("%c", a[3]);

C．a[3] = getchar( );　　D．a[3] = 'a' + 3;

7. 设有变量定义"int a[2];"，若要给数组 a 的两个元素赋值为 10 和 20，下面正确的是（　　）。

A．scanf("%d%d", a[0], a[1]};　　B．scanf("%s", a);

C．a = {10, 20};　　D．a[0] = 10; a[1]=a[0]+10;

二、读程序写结果

1．
```
#include <stdio.h>
int main ( )
{
   char a[ ] = "ABCDEFGH";
   char b[ ] = "abCDefGh";
   for (int i = 0; i < 8; i++)
      if (a[i] == b[i])
         printf("%c", a[i]);
   return 0;
}
```

2．
```
#include <stdio.h>
int main( )
{
   int i, num, a[5] = {1, 2, 3, 4, 5};
   num = sizeof(a) / sizeof(int);
   for (i = 0; i < num; i++)
     printf("%3d", a[i]);
   return 0;
}
```

三、程序设计题

1．在一个整数数组中，对于下标为 i 的元素，如果大于与它相邻的元素，则称该整数为一个极大值点。对于长度为 n 的整型数组，输出所有极大值点的元素值及其下标。

2．设数组 a[m]和 b[n]均为升序序列，将这两个数组合并成一个升序序列 c[m+n]。

3．在一维数组中删除所有值为 x 的元素。

4．期末考试及格线要求如下：①及格线是 10 的倍数；②保证至少有 60%的学生及格；③如果所有的学生都高于 60 分，则及格线为 60 分。要求为期末考试划及格线。

班　级		姓　名		学　号	
目　标	6.2，重点练习二维数组的定义、初始化等基本操作，以及用二维数组处理实际问题等				

一、单项选择题

1．以下对二维数组定义正确的是（　　）。

A．float a[3,4];　　B．int a[ ][4];　　C．double a[2+1][4];　　D．char a(3);

2．以下语句实现二维数组初始化，正确的是（　　）。

A．int a[ ][ ] = {1,2,3,4,5,6};　　B．int a[2] [ ] = {1,2,3,4,5,6};

C．int a[ ] [3] = {1,2,3,4,5,6};　　D．int a[2,3] = {1,2,3,4,5,6};

3．下列语句的输出结果是（　　）。

```
int k, int a[3][3] = {9,8,7,6,5,4,3,2,1};
for (k = 0; k < 3; k++) printf("%d", a[k][k]);
```

A．7 5 3　　B．9 5 1　　C．9 6 3　　D．7 4 1

4．若定义数组"int x[2][4]={1,2,3,4,5,6,7,8};"，则"printf("%d", x[2][4]);"的输出结果是（　　）。

A．8　　B．1　　C．随机数　　D．语法错误

5．若二维数组 a 有 m 列，则在 a[i][j]前的元素个数为（　　）。

A．j * m + i　　B．i * m + j　　C．i * m + j - 1　　D．j * m + i - 1

6．若有变量定义"int a[ ][3] = {1, 2, 3, 4, 5, 6, 7};"，则数组 a 第一维的大小是（　　）。

A．2　　B．3　　C．4　　D．无确定值

二、读程序写结果

```
#include <stdio.h>
int main( )
{
   int i, j;
   int a[3][3], b[3][3], c[3][3], x;
   for (i = 0; i < 3; i++)
   {
      for (j = 0; j < 3; j++)
      {
         a[i][j] = i + j;
         b[i][j] = a[i][j] + 1;
         c[i][j] = a[i][j] + b[i][j];
         printf("%3d", c[i][j]);
      }
      printf("\n");
   }
   return 0;
}
```

三、改错题（以下程序有 6 处错误，请指出并改正）

```
#include <stdio.h>
int main( )
{
   int i, j, w = 0, a[3][4];
   for (i = 1; i <= 3; i++)
      for (j = 1; j <= 4; j++)
        scanf("%d", a[i][j]);
   for (i = 0; i < 3; i++)
   {
      for (j = 0; j < 4; j++)
      {
         w = w + a[i][j];
         printf("第%d 行元素和：%d", i, w);
      }
   }
   return 0;
}
```

四、程序设计题

1. 已知矩阵 $\boldsymbol{A}_{n\times n}$ 中的元素均为整数，求矩阵 $\boldsymbol{A}$ 中主对角线以下（不含主对角线）的最大元素。
2. 求二维数组 a[m][n]的所有周边元素之和。

班　级		姓　名		学　号	
目　标	7.1，重点练习自定义函数，以及用函数实现模块化程序设计等				

一、单项选择题

1．关于 C 语言函数的参数，下列说法中正确的是（　　）。

A．实参必须是常量　　B．实参可以是常量、变量或表达式

C．实参可以是任何类型　　D．实参与对应形参的数据类型必须一致

2．C 语言规定，函数返回值的类型取决于（　　）。

A．return语句中的表达式类型　　B．主调函数的数据类型

C．调用函数时系统临时决定　　D．定义函数时指定的数据类型

3．在函数调用 Fun((el, e2), (e3, e4, e5))中，实参的个数是（　　）。

A．1　　B．2　　C．4　　D．5

4．以下函数定义正确的是（　　）。

A．double Fun(int x, int y);
{return x + y;}

B．double Fun(int x, int y)
{return x + y;}

C．Fun(int x, int y)
{int x, y;
return x + y;}

D．double Fun(int x, y)
{return x + y;}

5．以下函数声明正确的是（　　）。

A．float Fun(int x, int y)　　B．float Fun(int x, y)

C．float Fun(int x, int y);　　D．float Fun(int, int)

6．在函数调用时，以下说法正确的是（　　）。

A．函数调用后必须带回返回值　　B．实际参数和形式参数可以同名

C．形参的值可以传递给实参　　D．主调函数和被调函数必须在同一个文件中

二、读程序写结果

1．
```
#include <stdio.h>
int Fun(int a, int b)
{
   return a + b;
}
int main( )
{
   int x = 3, y = 4, z = 5, r;
   r = Fun(Fun(x, y), z);
   printf ("%d", r);
   return 0;
}
```

2．
```
#include <stdio.h>
void Fun(int x, int y, int z)
{
   z = x + y;
}
int main( )
{
   int a = 2, b = 3, c = 8;
   Fun(a, b, c);
   printf("%d\n", c);
   return 0;
}
```

三、程序设计题（要求用函数实现）

1．已知首项、公差和数列个数，求等差数列的和。

2．给定一个整数，将该整数中各位上为偶数的数字去掉，再顺次排列，得到一个新的整数，例如对于整数 15236，输出 153。

3．请给小学生随机出 10 道练习题，每道题 10 分，要求：题目为 10 以内加减法，能批改并给出得分。

班　级		姓　名		学　号	
目　标	7.2，熟悉基本的库函数及调用格式，重点练习调用库函数编程等				

一、单项选择题（注：以下□表示空格）

1．使用“scanf("x=%f, y=%f", &x, &y);”，要使变量 x 和 y 的值均为 1.5，正确的输入是（　　）。

A．1.5, 1.5　　B．1.5□1.5　　C．x=1.5, y=1.5　　D．x=1.5□y=1.5

2．执行下面程序段，假设用户输入为 1□□2□3，则变量 ch1，ch2 和 ch3 的值为（　　）。

```
char ch1, ch2, ch3;
scanf("%c%c%c", &ch1, &ch2, &ch3);
```

A．'1', '2', '3'　　B．'1','□', '2'　　C．'1','□', '3'　　D．'1','□', '□'

3．以下说法正确的是（　　）。

A．在调用标准库函数前，必须重新定义该库函数

B．用户可以重新定义标准库函数，重新定义后，该库函数将失去原有含义

C．标准C不允许用户重新定义标准库函数

D．在调用标准库函数时，系统自动将该库函数所在的头文件包含到源文件中

4．若有变量定义"int k = 5678;"，则"printf("|%06d|\n", k);"的输出为（　　）。

A．005678　　B．5678　　C．|005678|　　D．|-05678|

5．表达式 18/4*sqrt(4)的数据类型为（　　）。

A．int　　B．float　　C．double　　D．不确定

6．用 getchar 函数可以从键盘读入一个（　　）。

A．字符　　B．字符串　　C．整型表达式　　D．实数

二、描述下列程序的功能

1.
```
#include <stdio.h>
#include <math.h>
int main( )
{
   int n = 127, k1 = 0, k2 = 0;
   double x = log10(n) / log10(2);
   double y = log(n) / log(2);
   k1 = ceil(x) + 1;
   k2 = ceil(y) + 1;
   printf("%d %d\n", k1, k2);
   return 0;
}
```

2.
```
#include <stdio.h>
int main( )
{
   int c[26], i;
   char ch;
   while (ch = getchar( ) != '\n')
      if (ch >= 'a' && ch <= 'z')
         c[ch - 'a']++;
   for (i = 0; i < 26; i++)
      printf("%c:%d\n",i+'a',c[i]);
   return 0;
}
```

三、程序设计题

1．从键盘输入一行字符，统计其中的字母、数字、空格的个数，同时统计字母中大写、小写字母的个数。

2．打印输出 0~360°、增量是 30°的所有角度的正弦、余弦函数值。

《程序设计基础》每课一练　　　　作业 7-3　　　　提交日期：　　月　日

班　级		姓　名		学　号	
目　标	7.3~7.4，重点练习全局变量、局部变量、静态变量的使用，及须注意的问题等				

一、单项选择题

1. 在 C 语言中，使用关键字（　　）将变量的存储类别指定为静态存储。

   A．auto　　B．default　　C．static　　D．extern

2. 在 C 语言中，如果未指定存储类别，则变量隐含的存储类别为（　　）。

   A．auto　　B．default　　C．static　　D．extern

3. 当全局变量与函数内部的局部变量同名时，则在函数内部（　　）。

   A．全局变量有效　　B．局部变量有效

   C．全局变量与局部变量都有效　　D．全局变量与局部变量都无效

4. 以下说法中不正确的是（　　）。

   A．在不同的函数中可以使用相同名字的变量

   B．函数中的形式参数是局部变量

   C．在一个函数内定义的变量只在本函数范围内有效

   D．主函数中定义的变量是全局变量，其作用范围从定义之处到文件结束

5. 以下说法中不正确的是（　　）。

   A．利用全局变量可以在函数间传递数据

   B．形式参数的作用域局限于所在函数

   C．不同函数中相同名字的变量代表相同的存储单元

   D．全局变量在程序的执行过程中始终占用存储单元

二、读程序写结果

1.

```
#include <stdio.h>
int Fun(int a, int b);
int main( )
{
   int k = 4, m = 1, p1, p2;
   p1 = Fun(k, m);
   p2 = Fun(k, m);
   printf("%d %d\n", p1, p2);
}
int Fun(int a, int b)
{
   static int m = 0, i = 1;
   i = m + 1;
   m = i + a + b;
   return m;
}
```

2.

```
#include <stdio.h>
int m = 5;
int Fun(int x, int y)
{
   static int m = 1;
   m = m + 2;
   return (x + y - m);
}
int main( )
{
   int a = 7, b = 5;
   printf("%d\t", Fun(a, b)/m);
   printf("%d\n", Fun(a + m, b + m));
   return 0;
}
```

三、程序设计题

1．用静态变量计算 $1! + 2! + 3! +\cdots+ n!$。

2．用全局变量计算 $1! + 2! + 3! +\cdots+ n!$。

班　级		姓　名		学　号	
目　标	8.1，重点练习指针变量的定义和初始化，对指针变量以及指针所指变量的操作等				

一、单项选择题

1. 若有变量定义"int *p, m = 5, n;"，以下语句正确的是（　　）。

   A．p = &n; scanf("%d", &p);　　B．p = &n; scanf("%d", *p);

   C．scanf("%d", &n); *p = n;　　D．p = &n; *p = m;

2. 若有变量定义"int a＝3, b, *p = &a;"，下列语句执行后 b 的值不为 3 的语句是（　　）。

   A．b = *&a;　　B．b = *p;　　C．b = a;　　D．b = *a;

3. 若有变量定义"int i, j = 7, *p = &i;"，与 i = j 等价的表达式是（　　）。

   A．i = *p　　B．*p = j　　C．i = &j　　D．j = *p

4. 对于两个类型相同的指针变量，没有实际意义的运算是（　　）。

   A．+　　B．−　　C．=　　D．==

5. 若有变量定义"int a = 5, *p = &a;"，以下说法中正确的是（　　）。

   A．*p表示的是指针变量p的地址　　B．*p表示的是变量a的值

   C．*p表示的是指针变量p的值　　D．*p表示的是变量a的地址

6. 若有变量定义"int a = 5, *p = &a, *q = &a;"，不能正确执行的赋值语句是（　　）。

   A．a = p - q;　　B．p = a;　　C．p = q;　　D．a = (*p) * (*q);

7. 以下语句序列中能够实现交换指针 p 和 q 所指内存单元值的是（　　）。

   A．temp = *p ; *p = *q ; *q = temp;　　B．temp = p ; p = q ; q = temp;

   C．temp = p ; *p = *q ; q = temp;　　D．temp = &p ; *p = *q ; q = *temp;

8. 以下程序段求数组中的最大值，画线处的语句是（　　）。

```
int a[5] = {3, 5, 1, 8, 6}, *p , *q;
for(p = a, q = a; p < a + 5; p++)
  if (______) q = p;
printf("%d\n", *q);
```

   A．p > q　　B．*p > *q　　C．a[p] > a[q]　　D．p–a > q–a

二、读程序写结果

1.
```
#include <stdio.h>
int main( )
{
   int a = 10, b = 20, *p, *q, *t;
   p = &a; q = &b;
   t = p; p = q; q = t;
   printf("%d, %d\n", *p, *q);
   printf("%d, %d\n", a, b);
   return 0;
}
```

2.
```
#include <stdio.h>
int main( )
{
   int a = 5, *p = &a;
   printf("%d %d\n", a, *p);
   *p = 8;
   printf("%d %d\n", a, *p);
   return 0;
}
```

三、程序设计题

1. 从键盘输入三个整数，要求设三个指针变量 p1、p2、p3，使其分别从小到大指向三个整数。
2. 设变量 x 和 y 均是 double 型，要求设两个指针变量 p 和 q，用指针 p 和 q 来交换变量 x 和 y 的值。

班　级		姓　名		学　号	
目　标	8.2，重点练习利用指针作为函数的参数实现数据传递等				

一、单项选择题

1．在 C 程序中调用函数时，实参和形参之间的数据传递方式是（　　）。

A．传地址　　B．传指针　　C．传值　　D．由用户指定

2．设有如下函数定义，则语句 “printf("%d\n", Fun("goodbye!"));” 的输出结果是（　　）。

```
int Fun(char *s)
{char *p = s; while(*p != '\0') p++; return p - s;}
```

A．3　　B．6　　C．8　　D．0

3．设有如下函数定义，Fun 函数返回的值是（　　）。

```
int Fun(int *p)
{int x = 5; p = &x; return *p;}
```

A．不确定　　B．p的值　　C．p的地址　　D．p所指存储单元的值

4．在 32 位编译系统中，若有变量定义"int a, *p = &a;"，当执行 p++后，下列说法错误的是（　　）。

A．p向高地址移了1个字节　　B．p向低地址移了1个字节

C．p向高地址移了4个字节　　D．p向低地址移了4个字节

5．若有函数声明"void Fun(int *p);"，设 a 是整型变量，以下函数调用正确的是（　　）。

A．Fun(&*a)　　B．Fun(a)　　C．Fun(&a)　　D．Fun(*a)

二、读程序写结果

1．

```
#include <stdio.h>
int *Fun(int *p, int *q);
int main( )
{
   int m = 10, n = 20, *r = NULL;
   r = Fun(&m, &n);
   printf("%d\n", *r);
   return 0;
 }
int *Fun(int *p, int *q )
{
   if (*p > *q)
      return p;
   else
      return q;
 }
```

2．

```
#include <stdio.h>
void Count(int a[ ], int n, int *p,
int *q)
{
  int i;
  for(*p = *q = 0, i = 0; i < n; i++)
     if (a[i] >= 60) (*p)++;
     else (*q)++;
}
int main( )
{
  int score[6] ={82,75,36,91,73,87};
  int pass = 0, fail = 0;
  Count(score, 6, &pass, &fail);
  printf("%d,%d\n", pass, fail);
  return 0;
}
```

三、程序设计题（用函数实现）

1. 把 1、2、3、4、5、6、7、8、9 组合成三个三位数，要求每个数字仅用一次，并且每个三位数均是完全平方数。
2. 哥德巴赫猜想：任意大于 7 的奇数都可以分解为三个素数之和。随机产生 10 个大于 7 的奇数进行验证，并给出每个奇数的分解结果。

《程序设计基础》每课一练　　　作业 8-3　　　提交日期：　　月　　日

班　级		姓　名		学　号	
目　标	8.3，重点练习一维数组和二维数组作为函数的参数实现数据传递等				

一、单项选择题

1．若使用一维数组名作为函数实参，函数调用时向形参传送的是（　　）。

A．数组的长度　　　　B．数组的首地址

C．数组每个元素的地址　　　　D．数组每个元素的值

2．若使用一维数组名作为函数实参，以下正确的说法是（　　）。

A．必须在实参中说明数组的大小　　　　B．形参数组可以不指定大小

C．实参数组和形参数组的大小必须一致　　D．实参数组名与形参数组名必须一致

3．一维数组作为函数的参数实现数据传递，以下合法的函数声明是（　　）。

A．void Fun(array[ ]);　　　　B．void Fun(int *array[ ]);

C．void Fun(int array);　　　　D．void Fun(int array[ ]);

4．二维数组作为函数的参数实现数据传递，以下合法的函数声明是（　　）。

A．void Fun(int array[ ][ ]);　　　　B．void Fun(int array[ ][10]);

C．void Fun(int array);　　　　D．void Fun(int array[10][ ]);

5．若有变量定义"int a[3][5];"和函数声明"void Fun(int array[3][5]);"，则正确的函数调用是（　　）。

A．Fun(a[3][5])　　B．Fun(a[ ][5])　　C．Fun(a)　　D．Fun(&a)

二、描述以下函数的功能

1.
```
int Find(int a[ ], int n)
{
   int i, m = a[0];
   for (i = 1; i < n; i++)
   {
      if (m > a[i]) m = a[i];
   }
   return m;
}
```

2.
```
int Sum(int a[ ], int n)
{
   int i = 0, s = 0;
   for ( ; i < n; i++)
      s = s + a[i];
   return s;
}
```

三、读程序写结果

```
#include <stdio.h>
int Search(int a[ ], int n);
int main( )
{
   int r[10] = {4, 6, 9, 1, 3, 2, 6, 8, 4, 5};
   printf("%d\t", Search(r + 1, 9));
   printf("%d\n", Search(r + 3, 5));
   return 0;
}
int Search(int a[ ], int n)
```

```
{
   int i, max = a[0];
   for (i = 0; i < n; i++)
     if (max < a[i]) max = a[i];
   return max;
}
```

四、程序设计题（用函数实现）

1. 从 n 个人中选出身高差值最小的两个人作为礼仪（如果差值相同的话，选取其中最高的两人），要求输出两个礼仪的身高。
2. 设 $T[n]$是一个含有 n 个元素的数组，x 是数组 T 的一个元素，如果数组中有一半以上的元素与 x 相同，则称元素 x 是数组 T 的主元素。设计函数求数组中的主元素。

班　级		姓　名		学　号	
目　标	第 9 章，重点练习字符串变量的定义、初始化和基本操作等				

一、单项选择题

1．若有变量定义"char s[12] = "string";"，则"printf("%d\n", strlen(s));"的输出是（　　）。

A．6　　B．7　　C．11　　D．12

2．下列语句中，合法的数组定义是（　　）。

A．char a[ ] = {"string"};　　B．char *a = {'0', '1', '2', '3', '4', '5'};

C．char a = {"string"};　　D．char a[ ] = {0, 1, 2, 3, 4, 5};

3．下列语句中，合法的数组定义是（　　）。

A．char a[3][ ] = {'abc', '1'};　　B．char a[ ][3] = {'a', '1'};

C．char a[3][ ] = {'a', "1"};　　D．char a[ ][3] = {"a", "1"};

4．下列语句中，能正确进行字符串赋值操作的语句是（　　）。

A．char s[5] = "ABCDE";　　B．char s[5] = {'A', 'B', 'C', 'D', 'E'};

C．char *s; s = "ABCDE";　　D．char *s; scanf("%s", s);

5．设有变量定义"char ch, str1[4], *str2;"，则正确的赋值语句是（　　）。

A．ch = "MBA";　　B．str1 = "MBA";　　C．str2 = "MBA";　　D．*str2 ="MBA";

二、读程序写结果

1.
```
#include <stdio.h>
#include <string.h>
int main ( )
{
   char *str1 = "My name is Tony";
   char *str2 = "Hello", *temp;
   printf("%d\n", strlen(str1) + strlen(str2));
   temp = str1; str1 = str2; str2 = temp;
   printf("str1:%s\n", str1);
   printf("str2:%s\n", str2);
   return 0;
}
```

2.
```
#include <stdio.h>
#include <string.h>
int main ( )
{
   char p[20] = {'a', 'b', 'c', 'd'};
   char q[ ] = "abc", r[ ] = "abcde";
   strcpy(q + strlen(q), r);
   strcat(p, q);
   printf("%s\n", p);
   printf("%d %d\n", sizeof(p), strlen(p));
   return 0;
}
```

3.
```
#include <stdio.h>
int main( )
{
   char s[ ] = "ABCD", *p = NULL;
   for (p = s; p < s + 4; p++)
      putchar(*p);
   return 0;
}
```
4.
```
#include <stdio.h>
int main( )
{
   char ch[20] = "IBM\n012\012\0\\";
   printf("%s\n", ch);
   return 0;
}
```

三、程序设计题（要求用函数实现）

1. 在一个英文句子中查找最长单词，假定句子中只包含字母和空格，各单词之间用空格分隔，单词之间的空格可以有多个。
2. 给定字符串 S 和子串 t，将字符串 S 反转但保留子串 t 的顺序不变。例如 S="abcdefgabc"，t="efg"，反转结果是"cbaefgdcba"。

班 级		姓 名		学 号	
目 标	第 10 章，重点练习结构体类型的定义，结构体变量的定义、初始化和基本操作等				

一、单项选择题

1．对于枚举类型“enum ColorType {red, green, blue, yellow = 7, black};”，枚举元素 red 和 black 的值分别是（ ）。

A．1和5 B．1和7 C．0和8 D．1和8

2．以下对枚举类型的定义，正确的是（ ）。

A．enum a = {one，two，three}; B．enum a {a1, a2, a3};

C．enum a = {'1', '2', '3'}; D．enum a {"one", "two", "three"};

3．下列说法中不正确的是（ ）。

A．枚举类型中的枚举元素必须具有不同的枚举值

B．枚举元素可以定义为任意合法整数

C．枚举元素具有的性质和用#define定义的符号常量的性质完全相同

D．枚举元素在表达式中可以作为整数使用

4．对于变量定义"enum {FALSE, TRUE} flag; int i = 0;"下列语句中合法的是（ ）。

A．flag = TRUE; B．flag = 1; C．flag = i; D．i = flag;

5．在定义一个结构体变量时，系统分配给该变量的内存大小是（ ）。

A．各成员所需内存量的总和 B．结构体中第一个成员所需内存量

C．成员中占内存量最大者所需的容量 D．结构体中最后一个成员所需内存量

6．设有如下结构体变量定义，以下对结构体变量成员的操作，正确的是（ ）。

```
struct stu{ char name[10]; double score;} boy;
```

A．boy.name = "john"; B．strncpy(boy.name, "john", 4);

C．stu.name = "john"; D．strncpy(stu.name, "john", 4);

7．以下对结构体变量 day 的定义中，正确的是（ ）。

A．
```
struct Date
{
  int x, y;
} day;
```

B．
```
typedef struct
{
  int x, y;
} day;
```

C．
```
struct
{
  int x, y;
} Date;
struct Date day;
```

D．
```
struct Date
{
  int x, y;
};
struct day;
```

8．以下说法中错误的是（　　）。

A．可以通过typedef增加新的数据类型

B．可以用typedef将已存在的类型用一个新的名字来代表

C．用typedef定义新的类型名后，原有类型名仍然有效

D．用typedef可以为各种数据类型起别名，但不能为变量起别名

二、程序设计题

1．已知平面上两个点的坐标，以这两个点为左上角和右下角可以确定一个矩形，求这个矩形的周长。要求平面上点的坐标和矩形都用结构体来表示。

2．在一个职工工资管理系统中，职工的工资信息包括工号、姓名、基本工资、岗位津贴、扣款金额、实发工资等。请设计相应的结构体类型，输入 n 个职工工资的前5项信息，计算并输出实发工资。

其中，实发工资=基本工资+岗位津贴−扣款金额。

《程序设计基础》每课一练　　　　作业 11-1　　　　提交日期：　　月　　日

班　级		姓　名		学　号	
目　标	11.1，重点练习函数的并列定义，以及函数的嵌套调用等				

一、单项选择题

1．对于 C 语言的函数，下列说法中正确的是（　　）。

A．函数不能嵌套定义，但可以嵌套调用

B．函数不能嵌套定义，也不可以嵌套调用

C．函数可以嵌套定义，也可以嵌套调用

D．函数可以嵌套定义，但不可以嵌套调用

2．函数的调用接口指的是（　　）。

A．函数名　　B．形参表　　C．返回值类型　　D．以上都是

3．设有以下函数定义，假设 int 型变量 a、b 和 c 的值分别为 2、5 和 8，则函数调用 Fun(Fun(a+b, c), a-b)的返回值是（　　）。

```
int Fun(int x, int y)
{return x + y;}
```

A．编译出错　　B．9　　C．12　　D．21

二、读程序写结果

1．

```
#include <stdio.h>
int Fun2(int a, int b)
{
  return a * b % 3;
}
int Fun1(int a, int b)
{
  int c;
  a = a + a; b = b + b;
  c = Fun2(a, b);
  return c + c;
}
int main( )
{
  int x = 7, y = 9;
  printf("%d\n", Fun1(x, y));
  return 0;
}
```

2．

```
#include <stdio.h>
#define PI 3.14
double Area(double r)
{
  return PI * r * r;
}
double Volume(double r, double h)
{
  return Area(r) * h;
}
int main( )
{
  double r = 2, h = 1.5, s, v;
  s = Area(r);
  v = Volume(r, h);
  printf("%f %f\n", s, v);
  return 0;
}
```

三、程序设计题（要求用嵌套函数实现）

1．求三个数中最大值和最小值的差。

2．验证卡布列克运算。该运算指对任意各位数字不完全相同的四位数 n：①把四位数字从小到大排列，形成由原来四位数字组成的最小的四位数 n_1；②把四位数字从大到小排列，形成由原来四位数字组成的最大的四位数 n_2；③执行 n_2-n_1，得到一个新的各位数字不完全相同的四位数。重复上述操作，最后总能得到整数 6174。

《程序设计基础》每课一练　　　　作业 11-2　　　　提交日期：　　月　　日

班　级		姓　名		学　号	
目　标	11.2，重点练习递归函数的定义和调用，以及递归函数的执行过程等				

一、单项选择题

1．递归函数中形参的存储类型是（　　）。

A．自动变量　　B．外部变量　　C．静态变量　　D．根据需要定义

2．以下说法中正确的是（　　）。

A．一个函数在函数体内调用其自身称为嵌套调用

B．一个函数在函数体内调用其自身称为递归调用

C．一个函数在函数体内调用其他函数称为递归调用

D．一个函数在函数体内不能调用其自身

3．对于递归函数，以下说法正确的是（　　）。

A．递归函数的执行效率低于对应的非递归函数的执行效率

B．递归函数的执行效率高于对应的非递归函数的执行效率

C．递归函数的执行效率与对应的非递归函数的执行效率相同

D．递归函数的执行效率与对应的非递归函数的执行效率之间不能进行比较

4．对于以下递归函数，调用 Fun(4)的返回值是（　　）。

```
int Fun(int n)
{
  if (n == 0) return n;
  else return Fun(n-1) + n;
}
```

A．8　　B．10　　C．11　　D．12

5．对于以下递归函数，调用 Fun(7)的返回值是（　　）。

```
int Fun(int n)
{
  if (n == 0 || n == 1) return 3;
  else return n - Fun(n-2);
}
```

A．7　　B．3　　C．2　　D．0

6．对于以下递归函数，执行 Fun(5)的输出结果是（　　）。

```
int Fun(int i)
{
  int sum = 0;
  if (i ==1) return 1;
  else return (sum + Fun(i - 1));
}
```

A．0　　　　　B．1　　　　　C．8　　　　　D．15

二、程序设计题（要求用递归函数实现）

1．编写递归函数，在一个整型数组中求最大值。

2．设 $a_1, a_2,\cdots, a_n$ 是集合$\{1, 2, \cdots, n\}$的一个排列，如果 $i<j$ 且 $a_i>a_j$，则序偶(a_i, a_j)称为该排列的一个逆序。例如，2, 3, 1 有两个逆序：(3, 1)和(2, 1)。统计给定排列中含有逆序的个数。

《程序设计基础》每课一练	作业 12-1	提交日期：　月　日

班　级		姓　名		学　号	
目　标	12.1，重点练习用指针访问一维数组和二维数组等				

一、单项选择题

1．设有变量定义"char s[10], *p = s;"，下列语句中错误的是（　　）。

A．p = s + 5;　　B．s = p + s;　　C．s[2] = p[4];　　D．*p = s[0];

2．设有变量定义"char a[10] = "abcd", *p = a;"，则*(p + 4)的值是（　　）。

A．"abcd"　　B．'d'　　C．'\0'　　D．不能确定

3．设有变量定义"int b[ ] = {1, 2, 3, 4}, y, *p = b;"，则执行语句"y = *p++;"之后，变量 y 和 *p 的值为（　　）。

A．1, 1　　B．1, 2　　C．2, 1　　D．2, 2

4．若有变量定义"char ch[ ] = {"abc\0def"}, *p = ch;"，则执行"printf("%c", *p+4);"的输出结果是（　　）。

A．def　　B．d　　C．e　　D．0

5．若有变量定义"int a[5] = {1, 2, 3, 4, 5}, *p = a;"，下列（　　）不能引用数组第 2 个元素。

A．a[1]　　B．p[1]　　C．*p + 1　　D．*(p + 1)

二、读程序写结果

1．

```
#include <stdio.h>
int main ( )
{
  int a[3] = {5, 6, 7}, *p = &a[2];
  char s[ ] = "ABCDE", *q;
  for ( ; p >= a; p--)
    printf("%d\t", *p);
  for (q = s; q < s + 2; q++)
    printf("%s\t", q);
  return 0;
}
```

2．

```
#include <stdio.h>
int main( )
{
  int s = 0;
  char ch[7] = "89ab12", *p = ch;
  for ( ; *p != '\0'; p++)
    if (*p >= '0' && *p <= '9')
      s = 10 * s + *p - '0';
  printf("%d\n", s);
  return 0;
}
```

3．

```
#include <stdio.h>
int main( )
```

```
{
   char *a[4] = {"AB", "CD", "EF", "GH"};
   int i;
   for (i = 0; i < 4; i++)
      printf("%s", a[i]);
   printf("\n");
   return 0;
}
```

4.
```
#include<stdio.h>
int main( )
{
   int a[2][4] = {1, 3, 5, 7, 9, 11, 13, 15}, *p;
   for (p = &a[0][0]; p < &a[0][0] + 8; p++)
   {
      printf("%4d", *p);
      if ((p - &a[0][0] +1) % 4 == 0) printf("\n");
   }
}
```

三、程序设计题（要求用指针访问数组）

1. 对两个字符串进行比较。不能调用库函数。
2. 设字符串 strA 包括 n 个字符，请将此字符串从第 i（$1 \leqslant i \leqslant n$）个字符开始的全部字符复制给另一个字符串 strB。

班　级		姓　名		学　号	
目　标	12.2，重点练习用指针访问结构体，以及结构体指针作为函数的参数实现数据传递等				

一、单项选择题

1．设有如下变量定义，且指针 p 已指向结构体变量 data，以下对成员 num 的正确引用是（　　）。

```
struct
{
   int num; float size;
} data;
```

A．p->num　　B．*p.num　　C．p->data.num　　D．*p.data.num

2．对于第 1 题的变量定义，若要使 p 指向变量 data 中的成员 num，正确的赋值语句是（　　）。

A．p = *data.num;　　B．p = &data.num;

C．*p = data->num　　D．*p = data.num;

3．设有如下变量定义语句，以下说法中正确的是（　　）。

```
typedef struct Node
{
  int data;
  struct Node *next;
} *LINK;
LINK p;
```

A．p是Node型结构体变量　　B．p存储Node结构体指针的地址

C．p是指向Node型结构体的指针　　D．有语法错误

二、读程序写结果

1．
```
#include <stdio.h>
struct stud
{
   char name[10];
   float k1, k2;
};
int main ( )
{
   struct stud a[2] = {{"li",90,70},{"hu",70,80}};
   struct stud *p = a;
   float x, y;
   x = p->k1 + p->k2;
   printf("%s: total = %f\n", p->name, x);
   p++;
```

```
    y = p->k1 + p->k2;;
    printf("%s: total = %f\n", p->name, y);
    return 0;
}
```

2.
```
#include <stdio.h>
#include <string.h>
struct worker
{
    char name[10]; float pay;
};
void Fun(struct worker *p)
{
    p->pay = p->pay * 1.2;
}
int main( )
{
    struct worker x = {"Wanning", 2500};
    Fun(&x);
    printf("%s\t%f\n", x.name, x.pay);
    return 0;
}
```

班　级		姓　名		学　号	
目　标	12.3，重点练习内存空间的申请和释放，链表的操作等				

一、单项选择题

1．若申请空间"int *p = (int *)malloc(sizeof(int));"，向申请到的内存空间输入整数的语句为（　　）。

A．scanf("%d", p);　　B．scanf("%d", &p);

C．scanf("%d",*p);　　D．scanf("%d", **p);

2．下列语句的执行结果是（　　）。

```
int *p, *q;
p = q = (int *)malloc(sizeof(int));
*p = 3; *q = 5;
printf("%d\n", *p + *q);
```

A．8　　B．10　　C．6　　D．有语法错误

3．内存释放函数的原型是"void *free(void *memblock);"，其中 void *的含义是（　　）。

A．指向任意位置的指针　　B．指向空类型的指针

C．指向任意数据类型的指针　　D．空指针NULL

二、读程序写结果

1．

```
#include <stdio.h>
#include <stdlib.h>
#include <string.h>
#include <ctype.h>
int main( )
{
   char *p, *q, *r;
   int x = 0, y = 0;
   r = (char *)malloc(10 * sizeof(char));
   strncpy(r, "ThinkPad", 8);
   p = r; q = r + 7;
   while (p < q)
   {
      if (isupper(*p++)) x++;
      if (islower(*q--)) y++;
   }
   printf("%d, %d\n", x, y);
   free(r);
   return 0;
}
```

2．

```
#include <stdio.h>
#include <string.h>
#include <stdlib.h>
int main( )
```

```
{
    char *p;
    p = (char *) malloc(5 * sizeof(char));
    strcpy(p, "Data");
    puts(p);
    p = (char *) realloc(p, 2*strlen(p)+1);
    puts(p);
    strcat(p, " structure");
    puts(p);
    free(p);
    return 0;
}
```

三、程序设计题

1. 用单链表实现将一个二进制数加 1 的运算。
2. 中文输入法对于每个发音相同的汉字都有一个列表，可以根据使用的频率调整出现的顺序。例如，设输入法“de”对应 4 个字“的”“得”“地”“德”，按顺序设定其初始频率。每次输入一个字，将这个字的频率加 1，再按其频率大小降序输出。

班　级		姓　名		学　号	
目　标	第 13 章，理解文件指针和文件的位置指针，重点练习用文件实现数据的输入/输出等				

一、单项选择题

1．若文件指针 fp 的当前位置处在文件末尾，则函数 feof(fp)的返回值是（　　）。

A．0　　B．−1　　C．非零值　　D．NULL

2．函数 fseek 可以实现的操作是（　　）。

A．改变文件的位置指针的当前位置　　B．文件的顺序读写

C．文件的随机读写　　D．以上都不对

3．以下不能将文件的位置指针重新移到文件开头位置的语句是（　　）。

A．rewind(fp);　　B．fseek(fp, 0, SEEK_SET);

C．fseek(fp, 0, SEEK_END);　　D．fseek(fp, ftell(fp), SEEK_CUR);

4．设数据文件 data.dat 中存储了若干个 int 型数据，文件指针 fp 已经与 data.dat 文件相关联，若要修改该文件中已经存在的数据，则 fopen 函数的正确调用形式是（　　）。

A．fp = fopen("a:\\data.dat", "r+");　　B．fp = fopen("a:\\data.dat", "w+");

C．fp = fopen("a:\\data.dat", "a+");　　D．fp = fopen("a:\\data.dat", "w");

5．设文件指针 fp 已经与正确打开的 out.dat 文件相关联，将变量 x 的值以文本形式保存到文件 out.dat 中，以下正确的函数调用是（　　）。

A．fprintf("%d", x);　　B．fprintf(fp, "%d", x);

C．fprintf("%d", x, fp);　　D．fprintf("out.dat", "%d", x);

二、描述下列程序的功能

1．

```
#include <stdio.h>
#include <stdlib.h>
int main( )
{
    char ch;
    FILE *fp;
    fp = fopen("a1.txt", "r");
    while ((ch = fgetc(fp)) != '#')
    {
        putchar(ch);
    }
    fclose(fp);
    return 0;
}
```

2．

```
#include <stdio.h>
void  WriteStr(char *filename,
               char *str)
{
   FILE *fp;
   fp = fopen(filename, "w");
   fputs(str, fp);
   fclose(fp);
}
int main( )
{
   WriteStr("t1.dat", "start");
   WriteStr("t1.dat", "end");
   return 0;
}
```

三、程序设计题

1．将两个文件 file1 和 file2 连接成一个新文件 newFile。

2．日志维护。建立一个日志文件记载每天的主要活动，活动的格式为“时间：事件”。以周为单位，输出每周的活动记录。

班　级		姓　名		学　号	
目　标	第 14 章，重点练习多文件程序的编写、外部变量、外部函数和嵌套包含等				

一、单项选择题

1．以下说法错误的是（　　）。

A．C语言的函数可以单独进行编译　　B．C程序可以由多个程序文件组成

C．C程序可以由多个函数组成　　D．一个C函数可以作为一个程序文件

2．以下说法正确的是（　　）。

A．在函数外部定义的变量称为外部变量

B．在函数内部定义的变量称为内部变量

C．外部变量不能与内部变量同名

D．外部变量可以是局部变量也可以是全局变量

3．以下关于#include 的叙述中正确的是（　　）。

A．在#include命令行中，包含的文件名用双引号和用尖括号没有区别

B．一个包含文件中不可以再包含其他文件

C．#include命令只能放在源程序的开始

D．一个源程序中允许有多个#include命令行

4．在 C 语言中，如果限制一个变量只能被本程序使用，必须通过（　　）实现。

A．静态内部变量　　B．静态外部变量　　C．外部变量　　D．局部变量

5．在源程序文件中定义的静态全局变量，其作用域是（　　）。

A．某个函数内部　　B．该源程序文件

C．该文件所在工程　　D．不限制作用域

6．定义函数时，默认的函数类型是（　　）。

A．auto　　B．register　　C．static　　D．extern

二、程序设计题（用多文件结构）

1．建立一个函数库，可以求三角形、长方形、正方形、菱形和圆形等各种形状的面积，以及三棱锥、四棱锥、圆柱体、球体等各种立方体的体积。

2．星座查询。根据用户输入的日期，输出对应的星座以及该星座的特点、幸运数字、幸运颜色等。

3．摆十二月。一副扑克牌共有 48 张，其中花色有梅花、方块、红桃和黑桃，点数有 A、2、3、4、5、6、7、8、9、10、J、Q，洗牌后将他们随机摆成 12 摞，每摞 4 张。从第一摞的最下边取出一张牌并翻开，该牌的点数是几就把它放在第几摞的上边，然后从该摞的最下边取出一张牌并翻开，该牌的点数是几就把它放在第几摞的上边，以此类推，直到第一摞的 4 张牌全部翻开为止。若 48 张牌全部翻开并归位，则游戏成功，否则游戏失败。

《程序设计基础》每课一练　　作业 15-1　　提交日期：　月　日

班　级		姓　名		学　号	
目　标	第 15 章，重点练习位运算，以及使用位运算提高程序的执行效率等				

一、单项选择题（注：以下假设 int 型数据占 1 字节）

1. 十六进制数 A9.F 对应的二进制数为（　　）。

   A. 10101001.111　B. 10101001.1111　C. 10011010.101　D. 10001111.101

2. 在位运算中，操作数每左移一位，其结果相当于（　　）。

   A. 操作数乘以2　B. 操作数乘以4　C. 操作数除以4　D. 操作数除以2

3. 整型变量 a 和 b 的值相等且均不为 0，以下选项中运算结果为 0 的表达式是（　　）。

   A. a || b　B. a | b　C. a & b　D. a ^ b

4. 可以将字符型变量 ch 中存储的大写字母转换为小写字母的表达式是（　　）。

   A. ch ^= 0x20　B. ch |= 0x20　C. ch &=0x20　D. a << 2

5. 设有变量定义"int x = 3, y = 6, z;"，执行语句"z = x ^ y << 2;"后，变量 z 的值是（　　）。

   A. 3　B. 6　C. 18　D. 27

6. 设有变量定义"int x = 35;"，则表达式 x & x 的运算结果是（　　）。

   A. 0　B. 1　C. 35　D. int型的最大值

7. 以下不能将变量 x 清零的是（　　）。

   A. x = x & ~x　B. x = x & 0　C. x = x ^ x　D. x = x | x

8. 设有以下变量定义，不正确引用位域的是（　　）。

```
struct RR
{
  unsigned int one: 1;
  unsigned int two: 3;
  unsigned int three: 4;
} data;
```

   A. data.one = 4　B. data.one = 1　C. data.two = 1　D. data.two = 4

二、读程序写结果

1.
```
int a = 1, b = 2, c;
c = a ^ (b << 2);
printf("%d\n", c);
```

2.
```
int a = 10, b = 010, c;
   c = a & b;
   printf("%d\n", c);
```

3.
```
int a = 0xff, b, c;
b = a | 1 << 8;
c = a << 8;
printf("%x %x %x\n", a, b, c);
```

4.
```
int a = 5, b, c;
b = a >> 1;
c = a << 1;
printf("%d %d %d\n", a, b, c);
```

三、程序设计题（要求用位运算）

1. 对于大于 1 的整数 x，判断 x 是不是 2 的幂。
2. 输入一个整数（假设占 4 字节），输出它的二进制形式。